职业教育电类
系列教材

变频及伺服应用技术

第2版|微课版

郭艳萍 包西平 / 主编
钟立 郑益 李晓波 陈冰 / 副主编

ELECTROMECHANICAL

人民邮电出版社
北京

图书在版编目（CIP）数据

变频及伺服应用技术 : 微课版 / 郭艳萍, 包西平主编. -- 2版. -- 北京 : 人民邮电出版社, 2024.8
职业教育电类系列教材
ISBN 978-7-115-63982-0

Ⅰ. ①变… Ⅱ. ①郭… ②包… Ⅲ. ①变频器－职业教育－教材②伺服系统－职业教育－教材 Ⅳ. ①TN773 ②TP275

中国国家版本馆CIP数据核字(2024)第056179号

内容提要

本书以三菱变频器、西门子变频器和三菱伺服驱动器为载体，系统介绍变频器、步进驱动器和伺服驱动器的结构、工作原理、常用功能、运行与操作，PLC与变频器的通信，以及步进电机控制系统和伺服控制系统的构成与编程等。本书共5个项目，分别是三菱变频器的运行与操作、西门子变频器的运行与操作、变频器与PLC在工程中的典型应用、步进电机的应用、伺服电机的应用。本书每个任务都有详细的任务实施步骤，并配有微课视频，展示变频器、步进驱动器以及伺服驱动器在实际工程设备上的任务实施过程。

本书可作为职业院校电气自动化技术、机电一体化技术、智能控制技术和工业机器人技术等专业的变频器和运动控制课程的教材，也可作为相关工程技术人员的培训、自学教材，以及各类企业设备管理人员的参考书。

◆ 主　　编　郭艳萍　包西平
　副 主 编　钟　立　郑　益　李晓波　陈　冰
　责任编辑　王丽美
　责任印制　王　郁　焦志炜
◆ 人民邮电出版社出版发行　　北京市丰台区成寿寺路11号
　邮编　100164　　电子邮件　315@ptpress.com.cn
　网址　https://www.ptpress.com.cn
　三河市君旺印务有限公司印刷
◆ 开本：787×1092　1/16
　印张：15.25　　2024年8月第2版
　字数：400千字　　2024年12月河北第2次印刷

定价：56.00元

读者服务热线：(010)81055256　印装质量热线：(010)81055316
反盗版热线：(010)81055315
广告经营许可证：京东市监广登字20170147号

前言

本书全面贯彻“教育、科技、人才是全面建设社会主义现代化国家的基础性、战略性支撑。必须坚持科技是第一生产力、人才是第一资源、创新是第一动力”的党的二十大精神，针对“智能制造工程技术人员”新职业岗位的技术需求，以社会主义核心价值观为引领，将《运动控制系统开发与应用职业技能等级标准》“1+X”证书、“现代电气控制系统安装与调试”大赛项目的内容与教材的知识点和技能点进行解构和重构，构建“岗、课、赛、证”融通的教学内容，最终实现知识传授、能力培养、价值塑造的三元目标。

本次修订的主要内容如下。

1．依托新技术、新设备对学习任务进行了全面更新，满足智能制造新技术岗位的发展需求。

本次修订增加了 FR-800 系列变频器、FR Configurator2 变频器调试软件和 MR Configurator2 伺服调试软件以及 PLC 与变频器通信等内容，同时，以三菱主流产品 FX_{3U} 系列 PLC 替代了第 1 版中的 FX_{2N} 系列 PLC，并详细介绍了 FX_{3U} 系列 PLC 的定位功能，提升学生适应新技术发展的能力，培养求实创新精神。

2．校企合作优化并更新学习任务和微课视频，实现教学链与产业链的有机衔接。

为了使本书更贴近工程实际，我们联合重庆华中数控技术有限公司的相关技术人员参与本书的修订指导工作。对接成渝地区智能制造新产业，根据运动控制领域新职业岗位需求，将变频及伺服领域的新产品和新技术、电路图及安装工艺等新的国家标准融入教材，按照行动逻辑和工作逻辑，优化并更新学习任务；按照“颗粒化”理念，校企合作开发基于实训设备和工作流程的微课视频，满足教学内容的全覆盖，让学生真正通过“可视化”的实践训练，学习真技能、掌握真本领。

3．采用不同的变频器和 PLC 实现相同的任务，培养学生的知识迁移能力，提升职业技能。

项目 3 和项目 4 的部分任务采用三菱 PLC 与变频器（或步进电机）、西门子 PLC 与变频器（或步进电机）两种设备进行实操演练，有利于拓展学生的思路，培养学生的综合思维能力和工程应用能力，有利于学生由模仿到创新，循序渐进地提高职业技能。

4．将价值塑造融入学习任务，实现立德树人、培根铸魂的教学目标。

本书把“坚持为党育人、为国育才，全面提高人才自主培养质量”放在首位，通过“变频器助力中国实现节能降碳”等 10 个“学海领航”案例，将爱国情怀、使命担当、绿色与发展等元素有机地融入本书的知识点和技能点，用“大国重器”讲好新时代的中国故事，培养学生工匠精神和标准意识，增强学生文化自信，使学生树立崇尚科学与技术的价值取向，弘扬“劳动光荣、技能宝贵”的时代精神。

本书以实训设备为载体，配套有微课视频、课件、习题答案、变频器和伺服驱动器使用手册、编程软件、教材源程序、教案和教学计划等数字化教学资源，任课教师可到人邮教育社区（www.ryjiaoyu.com）免费下载并使用。同时，编者还在智慧职教 MOOC 学院开发了与本书配套的“变频及伺服应用技术”在线开放课程（网址可登录人邮教育社区获取），供职业院校开展“线上线下混合式”教学活动使用。

本书由重庆工业职业技术学院郭艳萍和徐州工业职业技术学院包西平任主编，并进行全书的选例、设计和统稿工作，重庆工业职业技术学院钟立、郑益和漯河职业技术学院李晓波、陈冰任副主编，重庆华中数控技术有限公司的周涛参与了本书的编写工作。

编者在编写本书的过程中参阅了大量同类书籍以及西门子变频器和三菱变频器、伺服驱动器的使用手册，在项目和任务的选取以及数字化资源制作过程中均得到重庆华中数控技术有限公司的大力支持，在此对提供帮助的相关人员一并表示衷心的感谢！

限于编者的水平，书中难免有不妥之处，敬请读者批评指正，读者可通过邮箱与我们联系：785978419@qq.com。

编者

2023 年 12 月

目录

项目 1

三菱变频器的运行与操作 …… 1

项目 2

项目 3

项目4

项目5

项目1　三菱变频器的运行与操作

导言

在生产、生活中，许多电气设备（如机床、电梯、电力机车等）都需要调速，这种以电机为原动机拖动生产机械调速的系统，称为电气传动系统。其调速方式分为直流调速和交流调速两种。随着电力电子器件的发展，交流调速中的变频调速因其调速范围广、精度高、无级平滑调速等优点已经全面取代直流调速，成为现代电气传动中非常有前途的调速方式。变频器是实现变频调速的关键设备，它为节能降耗、提高控制性能、提高产品质量提供了至关重要的技术手段，代表了现代电气传动发展的主流方向。

本项目以三菱 FR-700 和 FR-800 系列变频器为载体，根据“智能制造工程技术人员”新职业岗位的技术需求，对标《运动控制系统开发与应用职业技能等级标准》中的“变频器选型”（初级 1.4）和《可编程控制系统集成及应用职业技能等级标准》中的“变频器调试”（初级 2.4）等工作岗位的职业技能要求，对“现代电气控制系统安装与调试”大赛项目中变频器的安装、调试和运行部分进行分解，按照工作流程和工作规范重构 6 个学习任务，借助相关知识和配套视频，介绍变频器面板运行、外部运行、组合运行、多段速运行和升降速端子运行的电路接线、参数设置和功能调试等。

FR-800 系列变频器是具有高性价比的新一代三菱变频器，其常用功能电路的接线、参数设置与 FR-700 系列变频器的相同，因此本项目 6 个学习任务适用于三菱这两个系列的变频器机型。

知识目标

① 知道通用变频器的基本结构及变频原理。

② 掌握三菱变频器的端子功能和参数设置方法。

③ 熟悉三菱变频器的运行模式和常用功能。

技能目标

① 能根据控制要求正确选择变频器的运行模式并完成电路接线。

② 能进行三菱变频器的参数设置。

③ 会使用手册对三菱变频器进行常用功能调试。

素质目标

① 厚植爱国精神和民族自豪感，树立“强国有我”的责任感和使命感。

② 养成良好的安全操作和规范作业意识。

③ 树立绿色和低碳发展观。

任务1.1
认识变频器

任务导入

2017 年 6 月 26 日，具有完全自主知识产权的中国标准动车组“复兴号”在京沪高铁线上双向首发，车速高达 350 km/h，中国成为世界上高铁商业运营速度最快的国家。从松花江畔到雪域高原，从中老铁路到印尼雅万高铁，“复兴号”已经成为代表中国“智”造的新“国家名片”。

是什么让列车在启动后立即提速至 350 km/h 并能平稳飞驰和稳定停车的？那就是电力机车的“心脏”——变频器。那么变频器到底是什么？它是由哪些元器件组成的？又是如何实现变频的？下面就让我们走进变频器的神奇世界吧！

相关知识

1.1.1 变频器的产生和应用

1. 变频器的产生

交流异步电机的调速方法

交流异步电机的转速公式为

$$n = n_1(1-s) = \frac{60 f_1}{p}(1-s) \tag{1-1}$$

由式（1-1）可知，交流异步电机有 3 种基本调速方法。

① 改变定子绕组的磁极对数 p 的调速方法，称为变极调速。在电源频率 f_1 不变的条件下，改变电机的磁极对数 p，电机的同步转速 n_1 就会变化，从而改变电机的转速 n。变极调速属于有级调速。

② 改变转差率 s 的调速方法，称为变转差率调速。其方法有改变电压调速、绕线式异步电机转子串电阻调速和串级调速。

③ 改变电源频率 f_1 的调速方法，称为变频调速。

变频调速技术的诞生是为了满足交流电机无级调速的广泛需求。变频器（Frequency Converter）是实现交流电机无级调速的电力电子变换装置，它利用电力电子器件的通断作用，将工频交流电转换成电压、频率均可调的交流电。在实际应用中，变频器通过改变交流电机定子绕组的供电频率，在改变频率的同时也改变电压，从而达到调节电机转速的目的，因此将变频调速简称为 VVVF（Variable Voltage and Variable Frequency，即变压变频调速）。

芬兰瓦萨（VACON，也叫伟肯）控制系统有限公司于 1967 年开发出世界上第一台变频器。1968 年，丹麦丹佛斯变频器 VLT5 作为世界上第一代批量生产的变频器面世。芬兰瓦萨与丹麦丹佛斯并称为变频器的“鼻祖”，它们共同开启了变频器工业化的新时代。20 世纪 80 年代中后期，美、日、德、英等发达国家的变频器技术逐渐实用化，变频器产品投入市场后，得到了广泛的应用。

2. 变频器的应用

随着工业自动化程度的不断提高，变频器的应用领域越来越广泛，目前产品已被广泛应用于冶金、造纸、化工、建材、机械、电力及建筑等很多工业电气传动领域之中。

（1）变频器在节能方面的应用

随着全球能源供求矛盾日益突出，变频器的节能效果越来越受到重视。风机、水泵是二次方律负载，其转矩与转速的 2 次方成正比，轴功率与转速的 3 次方成正比。当所需风量或水量减小，风机或水泵的转速下降时，其功率按转速的 3 次方下降，因此风机采用变频调速后，节能效果非常可观，节能率可达 20%～60%。这类负载的应用场合有恒压供水、风机变频调速、中央空调变频调速、液压泵变频调速等。

学海领航：随着我国强制性国家标准《电动机能效限定值及能效等级》（GB 18613—2020）于 2021 年 6 月 1 日起正式实施，变频器凭借突出的节能效益已成为政府及企业节能降碳的关键设备。请扫码学习“变频器助力中国实现节能降碳”。

变频器助力中国实现节能降碳

（2）变频器在精确自动控制中的应用

除了具有基本的调速功能以外，能进行算术运算和智能控制是变频器的另一特色，其输出频率精度可达 0.1%～0.01%，且设置有完善的检测、保护环节，能自诊断并显示故障所在，维护简便；具有通用的外部接口端子，可同计算机、可编程逻辑控制器（Programmable Logic Controller，PLC）联机，便于实现自动控制。变频器在这方面的应用主要是印刷、电梯、纺织、机床等行业中对设备的速度控制。

（3）变频器在改善工艺方面的应用

变频器内置功能多，可以用于改善工艺和提高产品质量，减少设备冲击和噪声，延长设备使用寿命，使操作和控制更人性化，从而提高整个设备的性能。

（4）变频器在电机软启动方面的应用

电机硬启动不仅会对电网造成严重的冲击，而且会对电网容量要求过高，启动时产生的大电流和振动对挡板和阀门的损害极大，对设备、管路的使用寿命极为不利。而使用变频器后，变频器的软启动功能将使启动电流从零开始变化，最大值也不超过额定电流，减轻了对电网的冲击并降低了对电网容量的要求，显著延长了整条驱动链的使用寿命，同时节省了设备的维护费用。

学海领航：变频器的品牌众多，在国内市场占有率比较高的国外品牌主要有 Siemens（西门子）、ABB、Yaskawa（安川）、Mitsubishi（三菱）、Schneider（施耐德）、Emerson（艾默生）、Fuji（富士）；国内品牌主要有台达（DELTA）、汇川、英威腾、普传、安邦信等。请扫码学习“中国变频器市场品牌分布”。

中国变频器市场品牌分布

1.1.2 变频调速原理

1. 变频调速的条件

由前面的交流异步电机转速公式可知，只要改变定子绕组的电源频率 f_1，就可以调节转速 n，但是事实上，只改变 f_1 并不能正常调速，而且可能导致电机运行性能降低。其原因分析如下。

$$\Phi_m = \frac{E_1}{4.44 f_1 N_1 K_{N1}} = \frac{U_1 + \Delta U}{4.44 f_1 N_1 K_{N1}} \approx \frac{U_1}{4.44 f_1 N_1 K_{N1}} \tag{1-2}$$

式中，E_1表示气隙主磁通在每相定子绕组中感应电动势的有效值（V）；N_1表示每相定子绕组的匝数；K_{N1}表示定子绕组基波系数；Φ_m表示电机每极气隙主磁通；U_1表示定子绕组电压；ΔU表示漏阻抗压降；f_1表示定子绕组的电源频率。

根据三相交流异步电机的等效电路可知，$E_1=U_1+\Delta U$，当E_1和f_1的值较大时，漏阻抗压降ΔU可以忽略不计，即可认为电机的定子绕组电压$U_1\approx E_1$。

若电机的定子绕组电压U_1保持不变，则E_1也基本保持不变，由式（1-2）可知，当定子绕组的电源频率f_1由基频f_{1N}向下调节时，会引起气隙主磁通Φ_m增加，从而导致过大的励磁电流，严重时会因绕组过热而损坏电机。而由基频f_{1N}向上调节时，气隙主磁通Φ_m将减小，铁芯利用不充分，同样的转子电流下，电磁转矩T下降，电机的负载能力下降，电机的容量也得不到充分利用。因此为维持电机输出转矩不变，必须使气隙主磁通Φ_m不变，即

$$\frac{E_1}{f_1}\approx\frac{U_1}{f_1}=\text{常数}$$

由于交流异步电机定子绕组中的感应电动势E_1无法直接检测和控制，根据$U_1\approx E_1$，可以通过控制U_1达到控制E_1的目的。

2．基频以下恒磁通（恒转矩）变频调速

当在额定频率以下调频，即$f_1<f_{1N}$时，为了保证Φ_m不变，调频的同时必须调节电压，这种调速方式称为V/f控制方式，也称为恒压频比控制方式。其特性如图1-1中的曲线1所示。

当定子绕组的电源频率f_1很低时，U_1也很低。此时定子绕组上的漏阻抗压降ΔU在U_1中所占的比例增加，将使定子绕组电流减小，从而使Φ_m减小，这将引起低速时的最大输出转矩减小。可通过提高U_1的方式来消除ΔU的影响，使E_1/f_1不变，即Φ_m不变，这种控制方式称为电压补偿，也称为转矩提升。带定子压降补偿控制的恒压频比控制特性如图1-1中的曲线2所示。

在基频以下调速时，采用V/f控制方式以保持气隙主磁通Φ_m恒定，电机的机械特性曲线如图1-2中f_{1N}曲线以下的曲线（f_1、f_2、f_3和f_4曲线）所示。在此过程中，电磁转矩T恒定，电机带负载的能力不变，属于恒转矩调速。如图1-2所示，曲线f_4中的虚线是进行定子压降补偿后的机械特性曲线。

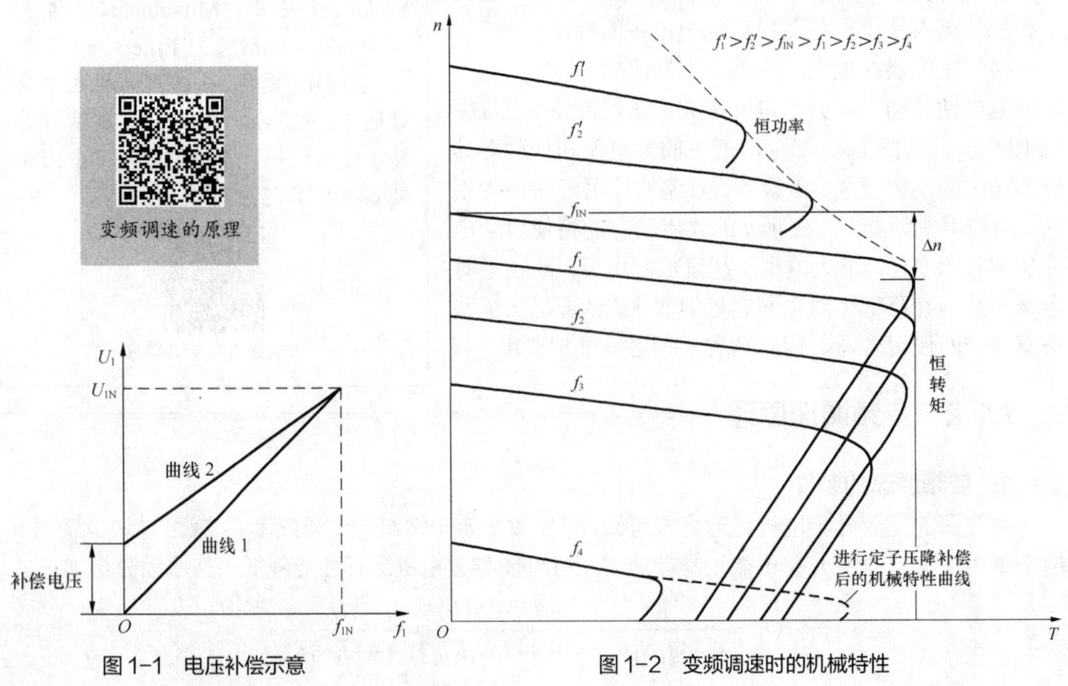

图1-1　电压补偿示意　　　　图1-2　变频调速时的机械特性

3. 基频以上恒功率（恒电压）变频调速

当定子绕组的电源频率 f_1 由基频 f_{1N} 向上调节时，由于电机不能超过额定电压运行，因此只能保持 $U_1=U_{1N}$ 不变，这样必然会使 Φ_m 随着 f_1 的升高而下降，使电机工作在弱磁调速状态。由电机学原理可知，频率越高，气隙主磁通 Φ_m 下降得越多，由于 Φ_m 与电流或转矩成正比，因此电磁转矩 T 也变小。需要注意的是，这时的电磁转矩 T 仍应比负载转矩大，否则会出现电机堵转。在这种控制方式下，转速越高，转矩越小，但是转速与转矩的乘积（输出功率）基本不变，所以基频以上调速属于弱磁恒功率调速。其机械特性曲线如图 1-2 中 f_{1N} 曲线以上 2 条曲线（f_1' 和 f_2' 曲线）所示。

4. 变频调速特性的特点

把基频以下和基频以上两种情况结合起来，可得图 1-3 所示的交流异步电机变频调速的控制特性。按照电力拖动原理，在基频以下，具有恒转矩调速的特性；而在基频以上，具有恒功率调速特性。

（1）恒转矩的调速特性。在 $f_1 < f_{1N}$ 下调速时，经电压补偿后，可基本认为 E_1/f_1 = 常数，即 Φ_m 不变。根据电机的转矩公式可知，在负载不变的情况下，电机输出的电磁转矩基本为一定值，适合带恒转矩负载。

（2）恒功率的调速特性。在 $f_1 > f_{1N}$ 下调速时，频率越高，气隙主磁通 Φ_m 必然越小，电磁转矩 T 也越小，而电机的功率 $P = T(\downarrow)\omega(\uparrow)$=常数（$\omega$ 表示角速度），因此 $f_1 > f_{1N}$ 时，电机具有恒功率的调速特性，适合带恒功率负载。

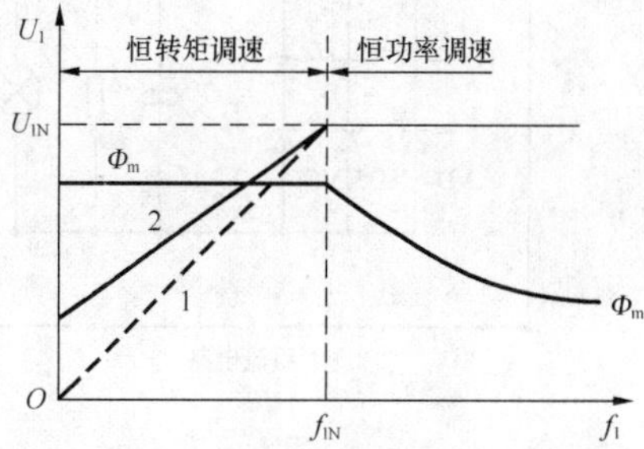

1—不带定子压降补偿控制的恒压频比控制特性；
2—带定子压降补偿控制的恒压频比控制特性

图 1-3 交流异步电机变频调速的控制特性

1.1.3 通用变频器的基本结构

变频器是把电压、频率固定的交流电变成电压、频率可调的交流电的变换器。它与外界的联系基本上体现在主电路、控制电路 2 个部分中，如图 1-4 所示。

通用变频器的基本结构

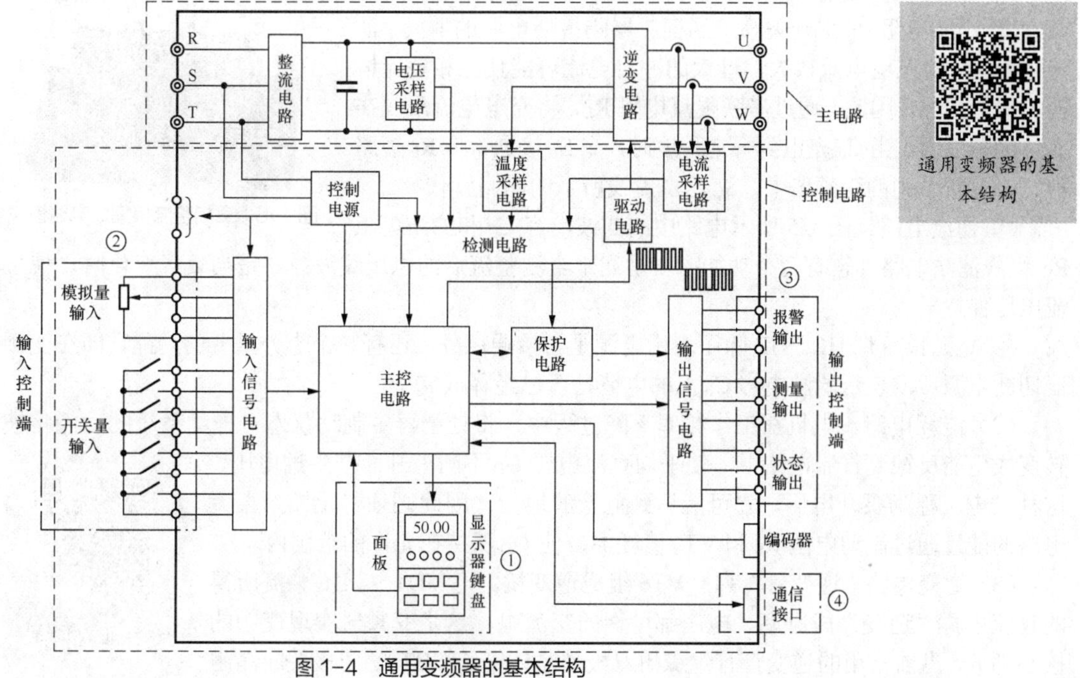

图 1-4 通用变频器的基本结构

1. 主电路

通用变频器的主电路如图 1-5 所示，由整流电路、能耗电路和逆变电路组成。

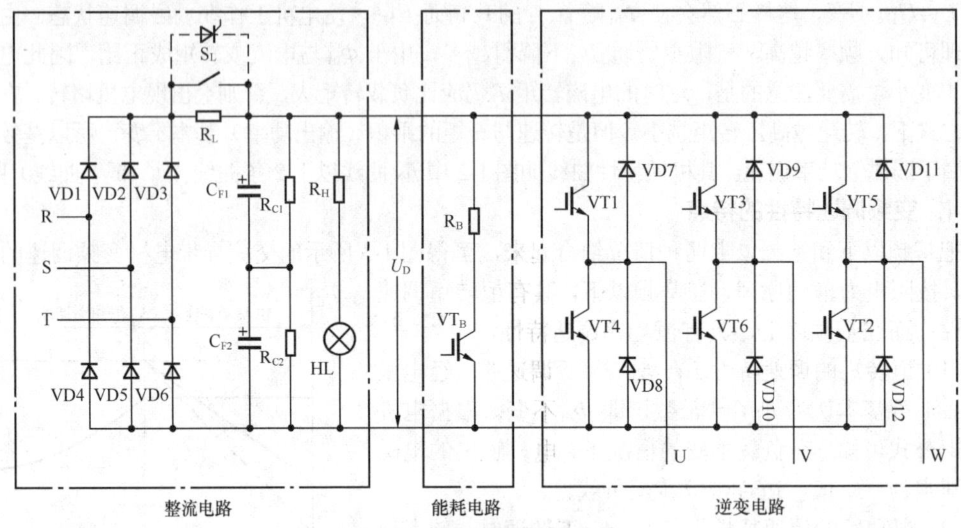

图 1-5 通用变频器的主电路

（1）整流电路。

① 二极管 VD1～VD6。在图 1-5 中，二极管 VD1～VD6 组成三相整流桥，将电源的三相交流电全波整流成直流电。如三相电源的线电压为 U_L，则全波整流后平均直流电压是

$$U_D = 1.35U_L \tag{1-3}$$

我国三相电源的线电压为 380 V，故全波整流后的平均直流电压是

$$U_D = 1.35 \times 380 = 513 \text{（V）}$$

变频器的三相桥式整流电路常采用集成电路模块，其三相整流桥集成电路模块如图 1-6 所示。

② 限流电阻 R_L 与开关 S_L。当变频器刚接通电源的瞬间，滤波电容 C_F 的充电电流很大，过大的冲击电流可能使三相整流桥的二极管损坏，因此，通过串联限流电阻 R_L，将充电电流限制在允许的范围内。当 C_F 充电到一定程度时，令 S_L 接通，将 R_L 短路掉。许多新系列的变频器中，S_L 已由虚线所示的晶闸管代替。

图 1-6 三相整流桥集成电路模块

③ 滤波电路。图 1-5 所示电路中的滤波电容 C_F 和滤波电阻 R_C 组成滤波电路，它有两个功能：一是滤平全波整流后的电压纹波；二是当负载变化时，使直流电压保持平稳。

④ 电源指示灯 HL。HL 除了表示电源是否接通以外，还有一个十分重要的功能，即在变频器切断电源后，表示滤波电容 C_F 上的电荷是否已经释放完毕。

（2）能耗电路。电机在工作频率下降过程中，将处于再生制动状态，拖动系统的动能将被转变成电能反馈到直流电路中，使平均直流电压 U_D 不断上升而产生过电压，这种过电压称为泵升电压，它可能达到危险的地步。因此必须将反馈到直流电路的能量通过制动电阻 R_B 和 VT_B 消耗掉，使 U_D 保持在允许的范围内。

知识链接：泵升电压

（3）逆变电路。逆变管 VT1～VT6 组成逆变桥，把 VD1～VD6 整流所得的直流电再“逆变”成频率、电压都可调的交流电，这是变频器实现变频的核心部分，当前常用的逆变管有绝缘栅双极型晶体管（IGBT）、门极关断晶闸

管（GTO）及电力场效应晶体管（MOSFET）等。在中小型变频器中常采用 IGBT。

知识链接： IGBT 是变频器发展的物质基础。为了进一步减小变频器的体积，降低成本，提高系统的可靠性，目前中小功率的变频器还采用功率集成模块（PIM）和智能功率模块（IPM），以适应变频器功率器件模块化的发展方向。请扫码学习“IGBT、PIM 和 IPM 的结构”。

IGBT、PIM 和 IPM 的结构

因为逆变电路中的每个逆变管两端都并联了一个二极管，并联二极管为再生电流及能量返回直流电路提供了通路，所以把这样的二极管称为续流二极管。

学海领航： 无论是轨道交通，还是新能源、工业变频、智能电网等领域都有 IGBT 的应用。作为高铁列车牵引传动系统的核心部件，IGBT 直接影响着高铁列车能否瞬间起跑、平稳飞驰和稳定停车。请扫码学习“攻克 IGBT，中国高铁跃动‘中国芯’”。

攻克 IGBT，中国高铁跃动“中国芯”

2. 控制电路

变频器的控制电路主要以 16 位、32 位单片机或数字信号处理器（DSP）为控制核心，从而实现全数字化控制。它具有设定和显示运行参数、信号检测、系统保护、计算与控制、驱动逆变管等作用。

3. 外部端子

外部端子包括主电路端子（R、S、T、U、V、W）和控制电路端子。其中控制电路端子又分为输入控制端（见图 1-4 中的②）及输出控制端（见图 1-4 中的③）。输入控制端既可以接收模拟量输入信号，又可以接收开关量输入信号。输出端子有用于报警输出的端子、用于指示变频器运行状态的端子及用于指示各种输出数据的测量端子。

4. 通信接口

通信接口（见图 1-4 中的④）用于变频器和其他控制设备的通信。变频器通常采用 RS-485 通信接口或 PROFINET 通信接口。图 1-4 中的①为变频器操作面板的接口。

1.1.4 变频器的分类和控制方式

1. 分类

（1）按变换环节分类

变频器的分类

按变频调速的变换环节分类，变频器可以分为交-交变频器和交-直-交变频器。

① 交-交变频器。它是一种把频率固定的交流电直接变换成频率连续可调的交流电的装置。其优点是没有中间环节，变换效率高，缺点是交-交变频器连续可调的频率范围较窄，其最大输出频率不足额定频率的 1/2，因此主要用于低速大容量的拖动系统中。

② 交-直-交变频器。目前在交流电机变频调速中广泛应用的变频器是交-直-交变频器。它先将恒压恒频的交流电通过整流器变成直流电，再经过逆变器将直流电变换成频率连续可调的三相交流电。

交-直-交变频器常采用不可控整流器整流，脉宽调制（Pulse Width Modulation，PWM）逆变器同时调压调频的控制方式，如图 1-7 所示。

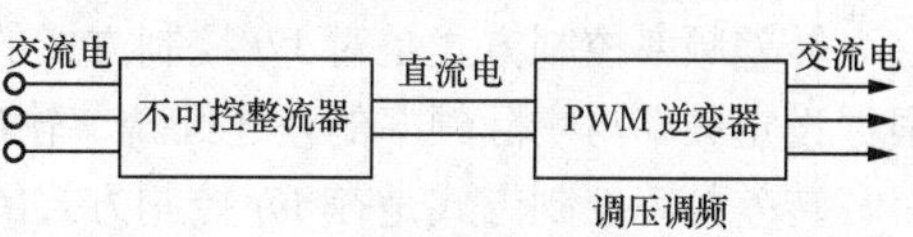

图 1-7 交-直-交变频器的结构

（2）按直流电路的滤波方式分类

交-直-交变频器的中间直流环节的滤波元件可以是电感或电容，据此，变频器又可分成电流型变频器和电压型变频器两大类。

① 电流型变频器。当交-直-交变频器的中间直流环节采用大电感滤波时，直流电流波形比较平直，因而电源内阻抗很大，对负载来说基本上是一个电流源，输出交流电流波形是矩形波形或阶梯波形，电压波形接近于正弦波形，这类变频器叫作电流型变频器，如图 1-8 所示。

② 电压型变频器。当交-直-交变频器的中间直流环节采用大电容滤波时，直流电压波形比较平直，在理想情况下是一个内阻抗为零的恒压源，输出交流电压波形是矩形波形或阶梯波形，电流波形为近似正弦波形，这类变频器叫作电压型变频器，如图 1-9 所示。现在的变频器大多属于电压型变频器。

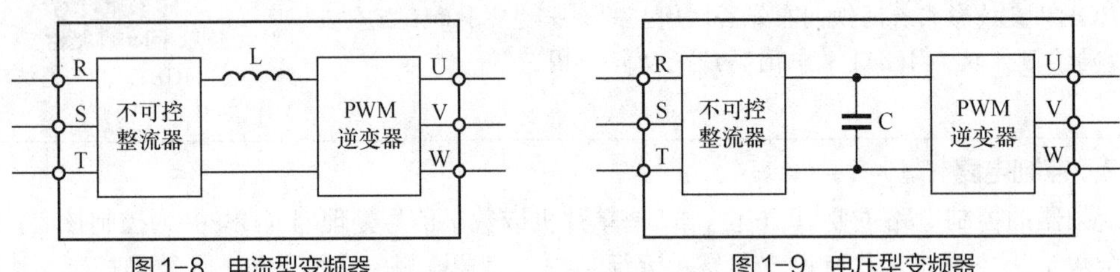

图 1-8　电流型变频器　　图 1-9　电压型变频器

（3）按输出电压的调制方式分类

按输出电压的调制方式分类，变频器可分为脉幅调制（Pulse-Amplitude Modulation，PAM）方式变频器和脉宽调制（PWM）方式变频器。

① 脉幅调制。脉幅调制方式是指调频时通过改变整流后直流电压的幅值，达到改变变频器输出电压的目的。这种方式现已很少采用。

② 脉宽调制。脉宽调制方式指变频器输出电压的改变是通过改变输出脉冲的占空比来实现的。在调节过程中，逆变器负责调频调压。目前使用较多的是占空比按正弦规律变化的正弦脉宽调制（Sine Pulse Width Modulation，SPWM）方式。中、小容量的通用变频器几乎全部采用此类型的变频器。

（4）按变频控制方式分类

根据变频控制方式的不同，变频器大致可以分为 4 类：V/f 控制变频器、转差频率控制变频器、矢量控制变频器和直接转矩控制变频器。

2．控制方式

（1）V/f 控制方式

V/f 控制即恒压频比控制，其基本特点是同时控制变频器输出的电压和频率，通过保持 V/f 恒定使电机获得所需的转矩特性。这是变频调速系统的经典控制方式，被广泛应用于以节能为目的的风机、泵类等负载的调速系统中。

早期通用变频器大多数为开环恒压频比（V/f=常数）的控制方式，其主要优点是系统结构简单，成本低，可以满足一般平滑调速的要求；缺点是系统的静态及动态性能不高。

（2）转差频率控制方式

转差频率控制方式是对 V/f 控制方式的一种改进，其实现思想是通过检测电机的实际转速，根据设定频率与实际频率的差连续调节输出频率，从而在控制调速的同时，控制电机输出转矩。

转差频率控制方式是在 V/f 控制方式的基础上利用速度传感器构成的一种闭环控制方式，其优点是负载发生较大变化时，仍能达到较高的速度和精度，具有较好的转矩特性。但是采用这种控制方式时，需要在电机上安装速度传感器，并需要根据电机的特性调节转差频率，通常多被用于厂家指定的专用电机，通用性较差。

（3）矢量控制方式

上述的 *V/f* 控制方式和转差频率控制方式的控制思想都是建立在交流异步电机的静态数学模型上的，因此动态性能指标不高。20 世纪 70 年代初，西门子工程师首先提出了矢量控制方式，这是一种高性能交流异步电机控制方式。其基于交流电机的动态数学模型，利用坐标变换的手段，将交流电机的定子电流分解成励磁电流分量和转矩电流分量，并加以控制，具有与直流电机类似的控制性能。采用矢量控制方式的主要目的是提高变频器调速方式的动态性能。各种高端变频器普遍采用矢量控制方式。

（4）直接转矩控制方式

20 世纪 80 年代左右，科学家们首次提出了直接转矩控制理论并取得了应用上的成功。直接转矩控制是指利用空间矢量坐标的概念，在定子坐标系下分析交流电机的数学模型，控制电机的磁链和转矩，通过检测定子电阻来观测定子磁链，因此省去了矢量控制等复杂的变换计算，系统直观、简洁，计算速度和精度都比矢量控制方式有所提高，即使在开环的状态下，也能输出 100%的额定转矩，对于多拖动具有负荷平衡功能。

1.1.5 三菱变频器的种类

三菱变频器的产品目前有 FR-800 系列、FR-700 系列和 FR-CS80 系列三大类，其外形如图 1-10 所示。FR-800 系列变频器又分为 FR-A800、FR-E800 和 FR-F800 这 3 个子系列。FR-700 系列变频器又分为 FR-A700、FR-D700、FR-E700 和 FR-F700 这 4 个子系列。以下介绍几个常用子系列。

FR-A800　FR-F800

（a）FR-800 系列

FR-D700　FR-E700

（b）FR-700 系列

（c）FR-CS80 系列

图 1-10　三菱变频器的外形

1. FR-A800 系列变频器

FR-A800 系列变频器是三菱电机全新一代高性能矢量变频器，可驱动交流异步电机和永磁同步电机，适用于各类对负载要求较高的场合，如起重、印染、材料卷取及其他通用场合。

FR-A800 系列变频器特点如下。

① 采用独特的无传感器矢量控制方式，在不需要编码器的情况下，可以使各种各样的机械设备在超低速区域高精度运转。

② 具有矢量控制功能（带编码器），闭环时可以实现位置控制、速度控制及转矩控制。

③ 内置 PLC 编程功能，做到一机多用，可设定参数，并可根据设备需求进行简单编程。

④ 功率为 315 kW 及以上的变频器采用整流逆变独立设计，并增强了系统安全功能，加上

兼容多种主流网络通信（CC-Link、Modbus、SSCNET Ⅲ/H、DeviceNet、Profibus-DP 及以太网等），能够轻松应对各种系统解决方案，随时随地操控全局。

2. FR-F800 系列变频器

FR-F800 系列变频器是风机、水泵、空调等的专用变频器，其特点如下。

① 除了具备与其他变频器相同的常规比例积分微分（Proportion Integration Differentiation，PID）控制功能外，还扩充了多泵控制功能。

② 多路 PID 控制功能：能利用模拟量端子进行通用 PID 控制。

③ 具有最佳励磁控制功能，除恒速时可以使用外，在加减速时也可以起作用，可以进一步优化节能效果。

④ 具有节能监视功能，可以通过操作面板、输出端子和通信网络来确认节能效果。

3. FR-D700 系列变频器

FR-D700 系列变频器是多功能、紧凑型变频器，采用通用磁通矢量控制方式，频率为 1 Hz 时可以使输出转矩提高到额定输出转矩的 150%，内置 PID 控制功能和安全停止功能。

4. FR-E700 系列变频器

FR-E700 系列变频器是具有高驱动性能的经济型变频器，采用磁通矢量控制方式，内置 RS-485 通信接口，具有 15 段速和 PID 控制等多种功能。

5. FR-CS80 系列变频器

FR-CS80 系列变频器为超小型、易操作变频器，适用于喷泉、木工机械、纺织机械、小型传送带、食品机械、小型风机与泵类等的驱动。

6. 各类变频器的比较

FR-A800、FR-F800、FR-E700、FR-D700 及 FR-CS80 系列变频器比较如表 1-1 所示。

表 1-1 FR-A800、FR-F800、FR-E700、FR-D700 及 FR-CS80 系列变频器比较

项目		FR-A800	FR-F800	FR-E700	FR-D700	FR-CS80
容量范围	三相 200 V	0.4～90 kW	0.75～110 kW	0.1～15 kW	0.1～7.5 kW	–
	三相 400 V	0.4～500 kW	0.75～560 kW	0.4～15 kW	0.4～7.5 kW	0.4～15 kW
	单相 200 V	–	–	0.1～2.2 kW	0.1～2.2 kW	0.4～2.2 kW
控制方式		V/f控制、先进磁通矢量控制、无传感器矢量控制、矢量控制	V/f控制、简易磁通矢量控制	V/f控制、先进磁通矢量控制、通用磁通矢量控制	V/f控制、通用磁通矢量控制、自动转矩提升控制	V/f 控制、通用磁通矢量控制
通信	RS-485	○标准接口，两个	○标准接口，两个	○标准接口，一个	○标准接口，一个	○标准接口，一个
	Modbus-RTU	○	○	○	○	○
	CC-Link	○（选件 FR-A8NC）	○（选件 FR-A8NC）	○（选件 FR-A7NC E kit）	–	–
	Profibus-DP	○（选件 FR-A8NP）	○（选件 FR-A8NP）	○（选件 FR-A7NP E kit）	–	–
	PROFINET	○（选件 FR-A8NPRT-2P）	○（选件 FR-A8NPRT-2P）	–	–	–
	CANopen	○（选件 FR-A8NCA）	–	–	–	–
	USB	○	○	○	–	–

注：○表示支持，–表示不支持。

7. 变频器的铭牌数据

变频器的铭牌数据一般包括变频器的型号、适用的电源、适用电机的最大容量、输出频率、有关额定值和制造编号等，是变频器重要的参数。认识和理解铭牌数据，是技术人员基本的工作要求。

三菱变频器的铭牌数据如图 1-11（a）所示，型号含义如图 1-11（b）所示。

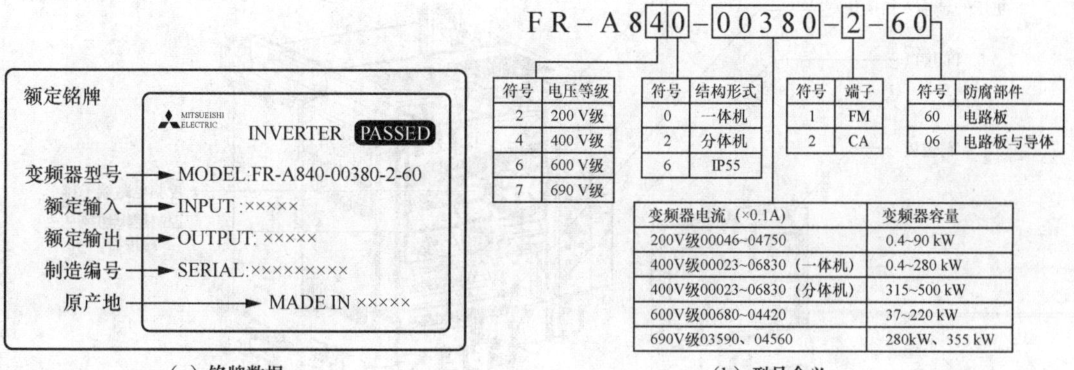

符号	电压等级
2	200 V级
4	400 V级
6	600 V级
7	690 V级

符号	结构形式
0	一体机
2	分体机
6	IP55

符号	端子
1	FM
2	CA

符号	防腐部件
60	电路板
06	电路板与导体

变频器电流（×0.1A）	变频器容量
200V级00046~04750	0.4~90 kW
400V级00023~06830（一体机）	0.4~280 kW
400V级00023~06830（分体机）	315~500 kW
600V级00680~04420	37~220 kW
690V级03590、04560	280kW、355 kW

（a）铭牌数据　　（b）型号含义

注：400V 级产品中容量为 0.4～280 kW 的为一体机结构（整流器与逆变器合一），容量为 315～500 kW 的为分体机结构（整流器与逆变器独立）。

图 1-11　三菱变频器的铭牌数据及型号含义

任务实施

【训练工具、材料和设备】

三菱 FR-D700 系列变频器 1 台、《三菱通用变频器 FR-D700 使用手册》1 本、通用电工工具 1 套。

子任务 1　变频器的安装与配置

1. 任务要求

变频器是安装在控制柜中的，因此合理选择安装位置及布线是变频器安装的重要环节。变频器工作在容易产生高电磁干扰的工业环境中。在实际应用中，为了防范电磁干扰（EMI），变频器还需要和许多外接的组件配合才能保证变频器安全、可靠、正常地运行。

本任务的内容主要是将变频器安装在控制柜中，并正确连接电源和电机。

2. FR-D740 变频器结构认识

FR-D740 变频器的外观结构如图 1-12 所示。前盖板通过螺钉固定在变频器上。梳形配线盖板对准导槽安装在主机上。主电路端子排接电源和电机，控制电路端子排接开关、按钮、传感器等，用来给变频器发送控制命令。控制逻辑切换跨接器用来进行源型逻辑和漏型逻辑的切换。PU 接口是变频器的通信接口，可进行 RS-485 通信。电压/电流输入切换开关用来选择频率给定信号是电压还是电流。操作面板（书中也简称为面板）用来进行参数设置、调试和监视变频器。冷却风扇用来给变频器散热。

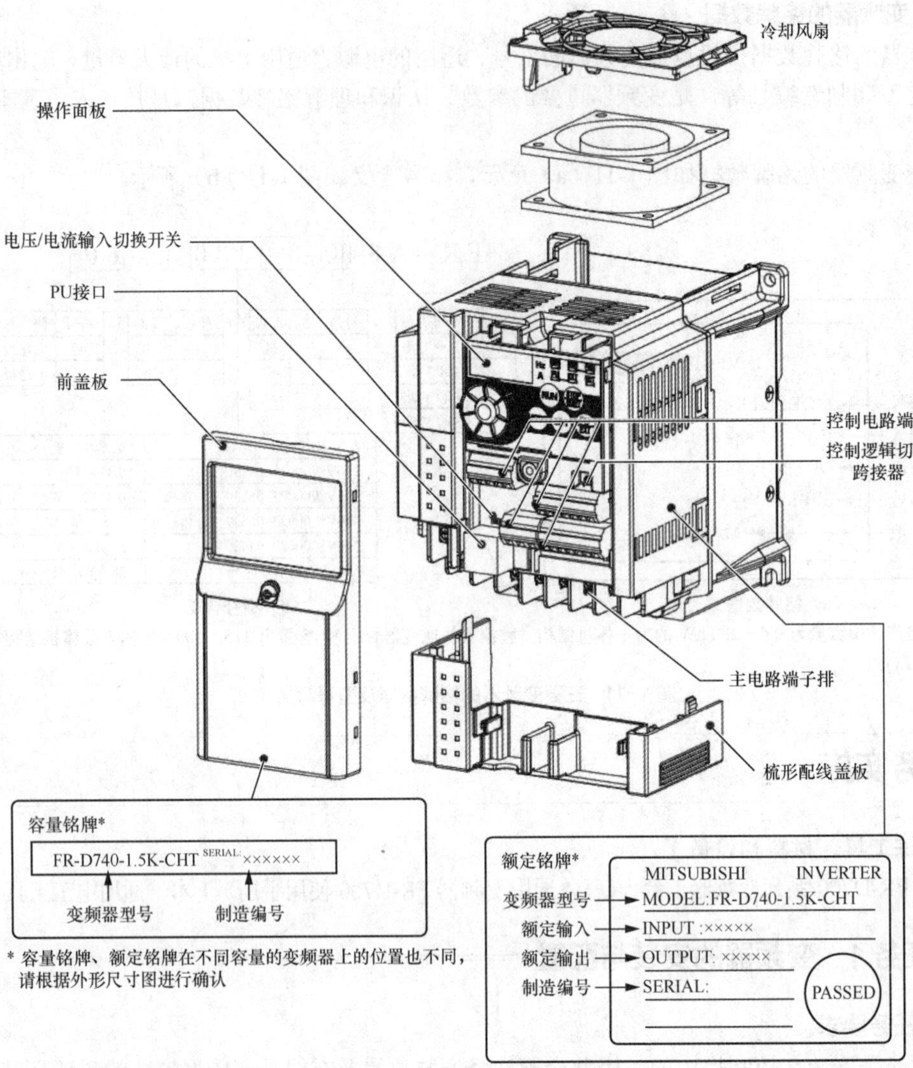

冷却风扇
操作面板
电压/电流输入切换开关
PU接口
前盖板
控制电路端子排
控制逻辑切换
跨接器
主电路端子排
梳形配线盖板
容量铭牌*
FR-D740-1.5K-CHT SERIAL: ××××××
变频器型号
制造编号
* 容量铭牌、额定铭牌在不同容量的变频器上的位置也不同，
请根据外形尺寸图进行确认
额定铭牌*
MITSUBISHI INVERTER
变频器型号
MODEL:FR-D740-1.5K-CHT
额定输入
INPUT :×××××
额定输出
OUTPUT: ×××××
制造编号
SERIAL:
PASSED

图1-12　FR-D740变频器的外观结构

3．变频器的安装

使用螺钉将变频器牢固地垂直安装在坚实的表面上，正面是变频器文字键盘，请勿上下颠倒或平放安装。因变频器在运行过程中会产生热量，为了便于散热及对其进行维护，变频器应与其他设备及控制柜的壁面保持一定距离，如图1-13所示。

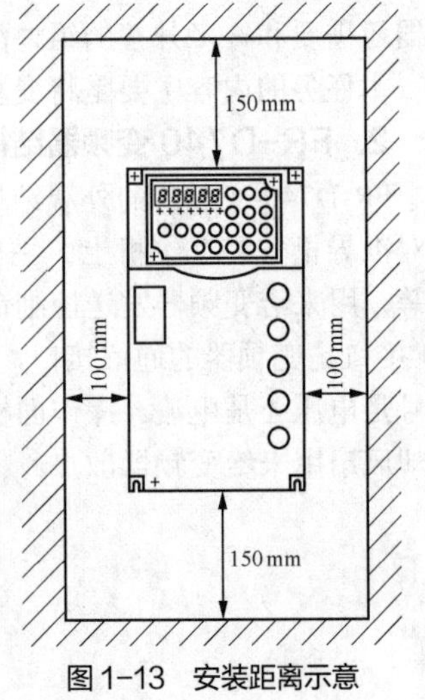

在控制柜中安装多台变频器时，应并排安装并采取冷却措施，如图1-14所示。采用排风扇强制冷却方式时，排风扇的安装位置如图1-15所示。

150mm
100mm
100mm
150mm

图1-13　安装距离示意

4．变频器主电路的配置

变频器主电路的配置如图1-16所示，其外围配置电路中可选件的作用如下。

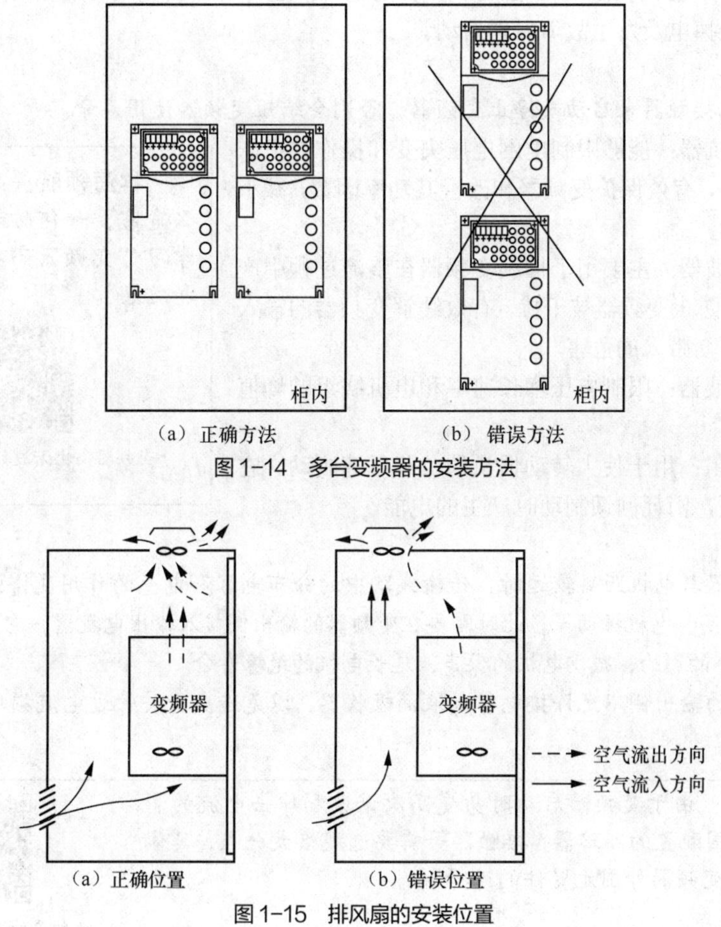

图1-14　多台变频器的安装方法

图1-15　排风扇的安装位置

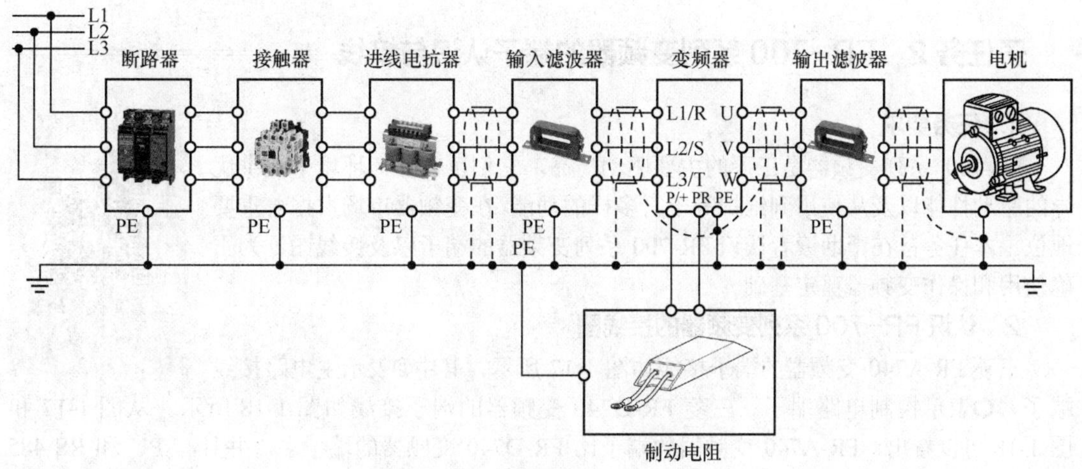

图1-16　变频器主电路的配置

① 断路器：起隔离和保护作用，当变频器输入侧发生短路等故障时，断路器断开，使变频器与电源隔离。

② 接触器：一般采用接触器控制变频器的电源接通与否。当变频器发生故障时，可自动切断电源，并防止掉电及发生故障后再启动。

📖 **注意**

请勿通过此接触器来启动或停止变频器，否则会缩短变频器使用寿命。

③ 进线电抗器：能够限制电网电压突变和操作过电压引起的电流冲击，有效保护变频器和改善其功率因数，减小高次谐波的影响。

④ 输入滤波器：主要用于抑制变频器在整流过程中产生的高次谐波，防止变频器被干扰，有效缓解变频器的输入端三相电源不平衡带来的危害。

⑤ 输出滤波器：限制电压增长速率和电机绕组的峰值电压。

⑥ 制动电阻：用于使大转动惯量的负载迅速制动。它能限制泵升电压，消耗回馈制动时产生的电能。

学海领航：高次谐波有什么危害，如何防范呢？请扫码学习“变频器高次谐波的危害和防范”。

变频器高次谐波的危害和防范

📖 **注意**

① 当变频器与电机距离较远时，传输线路中的分布电容和电感的作用变得强烈，可能会出现电机侧电压升高、电机振动等。此时需要在变频器的输出侧接入输出电抗器，它可平滑滤波，减少瞬变电压 d*v*/d*t* 的影响，减少电机的噪声，延长电机的绝缘寿命。

② 变频器的输出侧不允许接电容或浪涌吸收器，以免造成开关管过电流损坏或变频器不能正常工作。

知识链接：由于变频器启动时易受高次谐波和冲击电流的影响，因此其外围配置的断路器、接触器等需要选规格大一点，具体请扫码学习“变频器外围元器件的选择”。

变频器外围元器件的选择

子任务 2　FR-700 系列变频器的端子认识与接线

1. 任务要求

FR-700 系列变频器是三菱的主要驱动产品，它们可在任何环境下提供优异的驱动性能以及从使用到维护等丰富多样的功能，在变频器市场占据着重要地位。本任务旨在帮助读者认识 FR-700 系列变频器的端子以及接线图，为正确使用和操作变频器奠定基础。

三菱变频器的端子介绍

2. 认识 FR-700 系列变频器的接线图

三菱 FR-A740 变频器的端子接线如图 1-17 所示，其中◎表示主电路接线端子，○表示控制电路端子。三菱 FR-D740 变频器的端子接线如图 1-18 所示。从图 1-17 和图 1-18 可以看出，FR-A740 变频器的端子比 FR-D740 变频器的端子多，并且有 PU 和 RS-485 等通信接口。

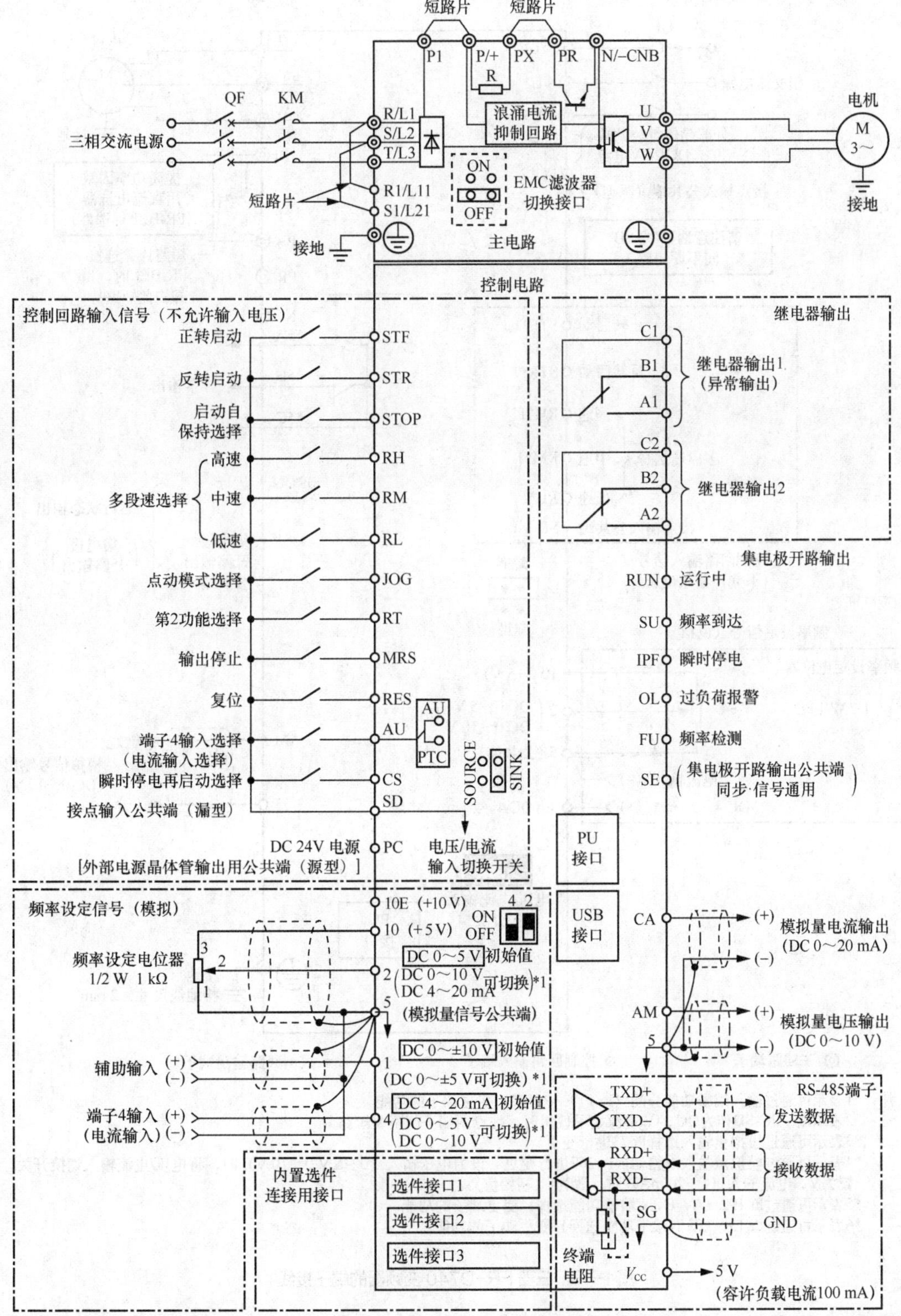

***1：利用模拟量输入规格切换（Pr.73～Pr.267）可以改变端子输入规格。电压输入为 0～5V/0～10V 时，电压/电流输入切换开关设为 OFF；电流输入为 4～20mA 时，设为 ON。**

图 1-17 三菱 FR-A740 变频器的端子接线

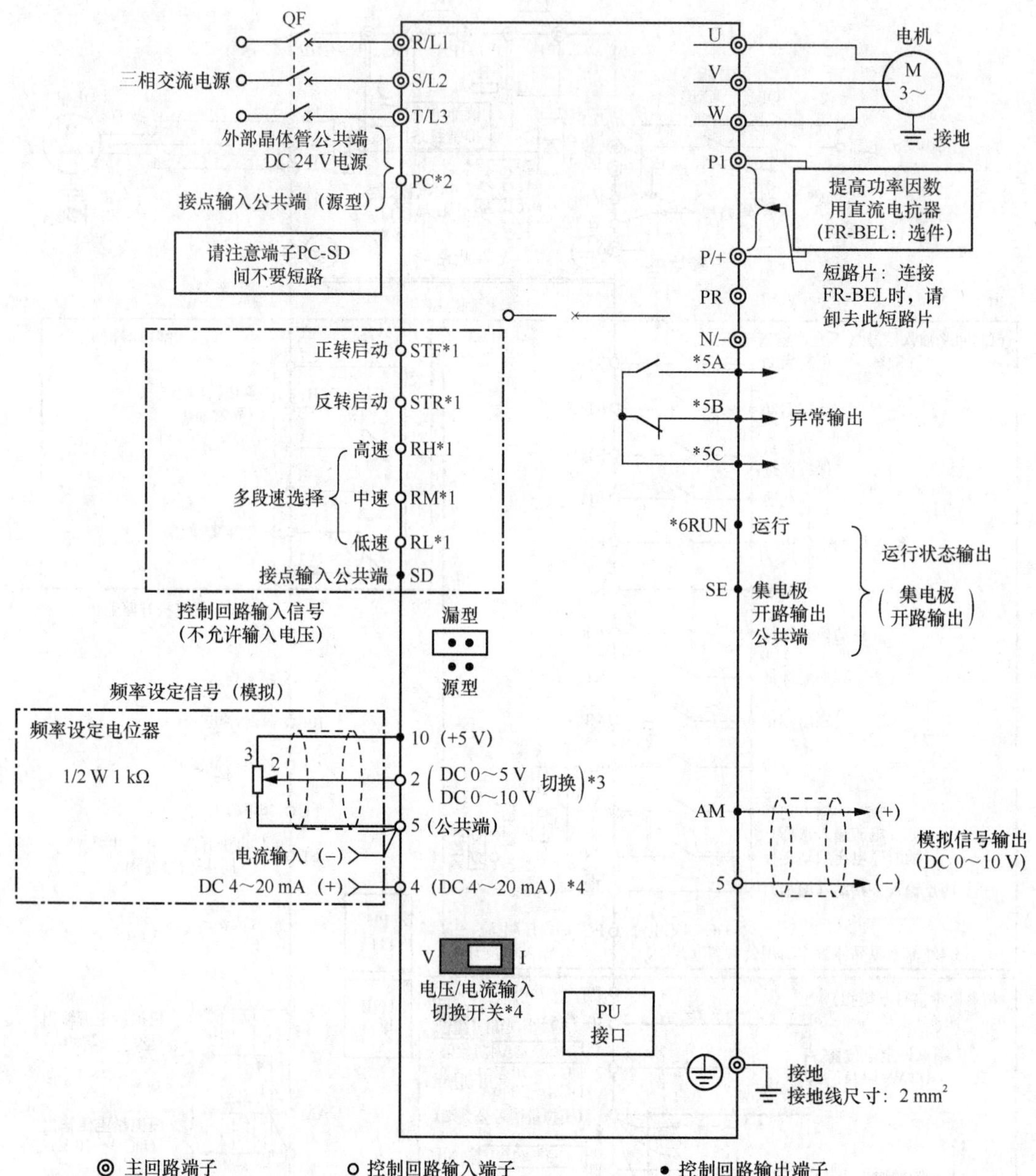

注：*1表示可通过输入端子功能分配（Pr.178～Pr.182）变更端子的功能。
*2表示端子PC-SD作为DC 24V 电源端子使用时，注意两端子间不要短路。
*3表示可通过模拟量输入选择Pr.73进行变更。
*4表示可通过模拟量输入规格切换Pr.267进行变更。设为电压输入（0～5 V/0～10 V）时，将电压/电流输入切换开关置为V，电流输入（4～20 mA）时，置为I（初始值）。
*5表示可通过Pr.192（A、B、C端子功能选择）变更端子的功能。
*6表示可通过Pr.190（RUN端子功能选择）变更端子的功能。

图1-18　三菱FR-D740变频器的端子接线

（1）主电路接线

主电路用来连接电源和电机，其端子功能如表1-2所示。

表 1-2　三菱变频器主电路端子功能

端子符号	端子名称（功能）	说　明
R/L1、S/L2、T/L3	交流电源输入	连接工频电源，当使用功率因数变流器及公共直流母线变流器时，请勿做任何连接
U、V、W	变频器输出	接三相笼形异步电机
R1/L11、S1/L21	控制回路用电源	与交流电源端子 R、S 连接。在保持异常显示和异常输出时或使用高功率因数变流器时，必须拆下 R、R1 和 S、S1 之间的短路片，从外部为该端子接入电源
P/+、PR	连接制动电阻	拆开端子 PR、PX 之间的短路片（功率为 7.5 kW 以下），在 P/+、PR 之间连接选件制动电阻
P/+、N/−	连接制动单元	连接制动单元或电源再生转换器单元及高功率因数变流器
P/+、P1	连接提高功率因数的直流电抗器	对功率为 55 kW 以下产品，请拆开端子 P/+、P1 间的短路片，连接直流电抗器
PR、PX	连接内部制动回路	用短路片将 PX、PR 间短路时（出厂设定），内部制动回路有效（功率为 7.5 kW 以下的变频器安装有短路片）
⏚	接地	变频器外壳接地用，必须接地

主电路接线说明如下。

① FR-D740-0.4K～3.7K-CHT 变频器的端子接线和型号含义如图 1-19 所示。电源必须接 R/L1、S/L2、T/L3，万一将电源线错误地接到了 U、V、W 端，则会损坏变频器。

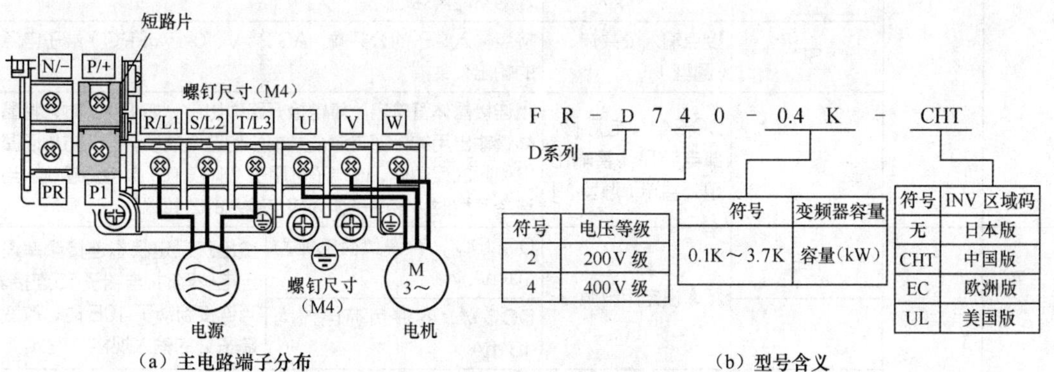

图 1-19　变频器的端子接线和型号含义

② 在图 1-19（a）所示的主电路上，还必须在端子 P/+、PR 之间连接制动电阻。

③ 变频器和电机之间的布线距离最长为 500 m。

④ 变频器运行后，若需要改变接线的操作，必须在电源切断 10 min 以上，用万用表检测电压后进行。断电后一段时间内，电容上仍然有危险的高压电。

⑤ 由于变频器内有漏电流，为了防止触电，变频器和电机必须分别接地，接地时必须遵循国家安全法规和电气规范的要求。

（2）控制电路端子功能

控制电路端子用来连接外部输入设备（启动指令开关、频率设定电位器等）、外部输出设备（故障指示灯、输出频率表等），其功能如表 1-3 所示。

表1-3　三菱变频器控制电路端子功能

<table>
<tr><th colspan="2">类　型</th><th>端子符号</th><th>端子名称</th><th colspan="2">说　明</th></tr>
<tr><td rowspan="14">数字量输入端子</td><td rowspan="14">启动及功能设定</td><td>STF</td><td>正转启动</td><td>STF 信号处于 ON 表示正转，处于 OFF 表示停止</td><td rowspan="2">当STF和STR信号同时处于ON时，相当于给出停止指令</td></tr>
<tr><td>STR</td><td>反转启动</td><td>STR 信号处于 ON 表示反转，处于 OFF 表示停止</td></tr>
<tr><td>STOP</td><td>启动自保持选择</td><td colspan="2">使 STOP 信号处于 ON，可以选择启动信号自保持</td></tr>
<tr><td>RH、RM、RL</td><td>多段速选择</td><td colspan="2">用 RH、RM 和 RL 信号的组合可以选择多段速度</td></tr>
<tr><td>JOG</td><td>点动模式选择</td><td colspan="2">JOG 信号处于 ON 时选择点动运行，用启动信号（STF 和 STR）可以点动运行</td></tr>
<tr><td>RT</td><td>第 2 功能选择</td><td colspan="2">RT 信号处于 ON 时，选择第 2 功能。设定了第 2 转矩提升（第 2 V/f 功能，基底频率）时，也可以在 RT 信号处于 ON 时选择这个功能</td></tr>
<tr><td>MRS</td><td>输出停止</td><td colspan="2">MRS 信号处于 ON（20 ms）时，变频器停止输出。用电磁制动停止电机时，用于断开变频器的输出</td></tr>
<tr><td>RES</td><td>复位</td><td colspan="2">使端子 RES 信号处于 ON（0.1 s 以上），然后断开，可用于解除保护回路动作的保持状态</td></tr>
<tr><td>AU</td><td>电流输入选择</td><td colspan="2">只在端子 AU 信号处于 ON 时，变频器 4 端子才可用 AC 4～20 mA 作为频率设定信号</td></tr>
<tr><td>CS</td><td>瞬时停电再启动选择</td><td colspan="2">CS 信号预先处于 ON，瞬时停电再恢复使变频器可自动启动。但用这种运行方式时必须设定有关参数，因为出厂时设定为不能再启动</td></tr>
<tr><td>SD</td><td>接点输入公共端（漏型）</td><td colspan="2">接点输入端子的公共端，AC 24 V、0.1 A（PC）端子电源的输出公共端</td></tr>
<tr><td>PC</td><td>DC 24 V 电源[外部电源晶体管输出用公共端（源型）]</td><td colspan="2">当连接晶体管输出（集电极开路输出），如 PLC 时，将晶体管输出用的外部电源公共端接到这个端子，可以防止因漏电引起的误动作，该端子可用于 24 V、0.1 A 电源输出，当选择源型时，该端子作为接点输入的公共端</td></tr>
<tr><td colspan="4"></td></tr>
<tr><td colspan="4"></td></tr>
<tr><td rowspan="6">模拟量输入端子</td><td rowspan="6">频率设定</td><td>10E</td><td rowspan="2">频率设定用电源</td><td>DC 10 V，容许负荷电流为 10 mA</td><td rowspan="2">按出厂设定状态连接频率设定电位器时，与端子 10 连接。当连接到端子 10E 时，改变端子 2 的输入规格</td></tr>
<tr><td>10</td><td>DC 5 V，容许负荷电流为 10 mA</td></tr>
<tr><td>2</td><td>频率设定（电压）</td><td colspan="2">输入为 DC 0～5 V（DC 0～10 V）时，5 V（10 V）对应最大输出频率，输出、输入成正比，DC 0～5 V（出厂设定）和 DC 0～10 V 的切换由 Pr.73 控制</td></tr>
<tr><td>4</td><td>频率设定（电流）</td><td colspan="2">如果输入为 DC 4～20 mA（或 0～5 V、0～10 V），在 20 mA 时得到最大输出频率，输出、输入成正比。只有 AU 信号为 ON 时，端子 4 的输入信号才有效（端子 2 的输入将无效）。通过 Pr.267 进行 4～20 mA（初始设定）和 DC 0～5 V、DC 0～10 V 输入的切换操作。电压输入（0～5 V/0～10 V）时，将电压/电流输入切换开关切换至“V”</td></tr>
<tr><td>1</td><td>辅助频率设定</td><td colspan="2">输入为 DC 0～±5 V 或 DC 0～±10 V 时，端子 2 或 4 的频率设定信号与这个信号相加，用 Pr.73 切换输入 DC 0～±5 V 或 DC 0～±10 V（出厂设定）</td></tr>
<tr><td>5</td><td>频率设定公共端</td><td colspan="2">频率信号设定端（2、1 和 4）和模拟量输出端 CA、AM 的公共端子，不要接地</td></tr>
</table>

续表

类型		端子符号	端子名称	说明
数字量输出端子	接点	A1、B1、C1	继电器输出 1(异常输出)	指示变频器因保护功能动作而输出停止的转换接点。AC 230 V、0.3 A，DC 30 V、0.3 A 异常时，B、C 间不导通（A、C 间导通），正常时，B、C 间导通（A、C 间不导通）
		A2、B2、C2	继电器输出 2	1 个继电器输出（常开/常闭）
	集电极开路	RUN	（变频器）运行中	变频器输出频率为启动频率（出厂时为 0.5 Hz，可变更）以上时为低电平，正在停止或正在直流制动时为高电平*1。容许负荷为 DC 24 V、0.1 A
		SU	频率到达	输出频率达到设定频率的±10%（出厂设定，可变更）时为低电平，正在加/减速或停止时为高电平*1。容许负荷为 DC 24 V、0.1 A
		OL	过负荷报警	失速保护功能动作时为低电平，失速保护解除时为高电平*1。容许负荷为 DC 24 V、0.1 A
		IPF	瞬时停电	瞬时停电、电压不足导致保护动作时为低电平*1。容许负荷为 DC24V、0.1 A
		FU	频率检测	输出频率为任意设定的检测频率以上时为低电平，以下时为高电平*1。容许负荷为 DC 24V、0.1 A
		SE	集电极开路输出公共端	端子 RUN、SU、OL、IPF、FU 的公共端子
模拟量输出端子	模拟电流输出	CA	可以从多种监视项目中选择一种作为输出*2，如输出频率，输出信号与监视项目的大小成正比	容许负载阻抗为 200～450 Ω。 输出信号为 DC 0～20 mA
	模拟电压输出	AM		输出信号为 DC 0～10 V。 容许负载电流为 1 mA，分辨率为 8 位
通信端子	RS-485	PU 接口	通过 PU 接口，进行 RS-485 通信	
	TXD+	变频器传输端子（发送数据）	通过 RS-485 通信接口，进行 RS-485 通信	
	TXD-			
	RXD+	变频器接收端子（接收数据）		
	RXD-			
	SG	接地		

注：*1——低电平表示集电极开路输出用的晶体管处于 ON（导通状态），高电平表示处于 OFF（不导通状态）。

*2——变频器复位中不被输出。

（3）控制电路接线

如图 1-17 和图 1-18 所示，输入端子可以选择漏型逻辑和源型逻辑两种方式。图 1-20 所示是用于两种逻辑切换的跨接器，其中 SINK 表示漏型逻辑，SOURCE 表示源型逻辑。输入信号出厂设定为漏型逻辑。为了切换控制逻辑，使用镊子或尖嘴钳将跨接器从漏型逻辑（SINK）转换至源型逻辑（SOURCE）。跨接器的转换应在未通电的情况下进行。

如图 1-21 所示，漏型逻辑是指当开关闭合时，电流从相应的输入端子流出。端子 SD 是接点输入信号的公共端。端子 SE 是集电极开路输出信号的公共端。

如图 1-22 所示，源型逻辑是指当开关闭合时，电流从相应的输入端子流入。端子 PC 是接点输入信号的公共端。端子 SE 是集电极开路输出信号的公共端。

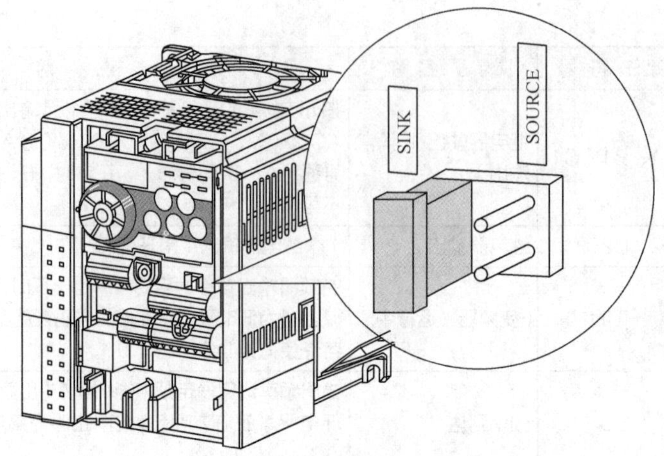

图1-20 用于漏型逻辑和源型逻辑切换的跨接器

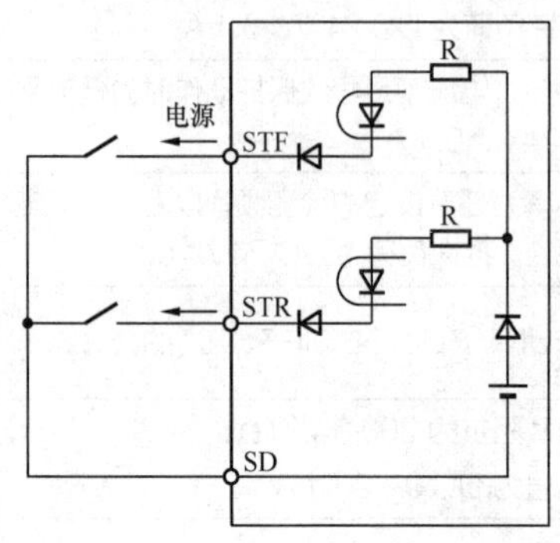

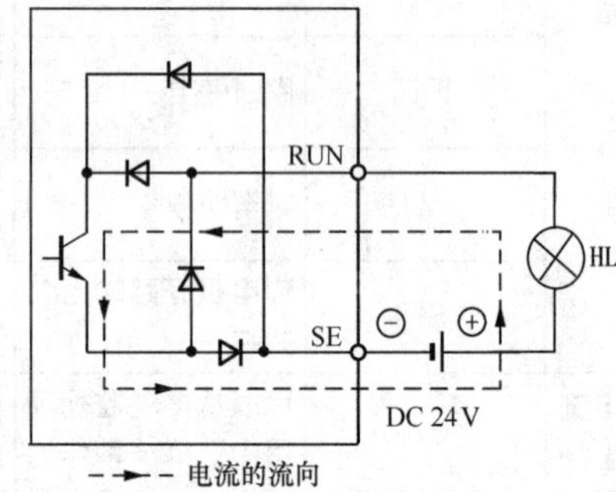

图1-21 漏型逻辑控制电路

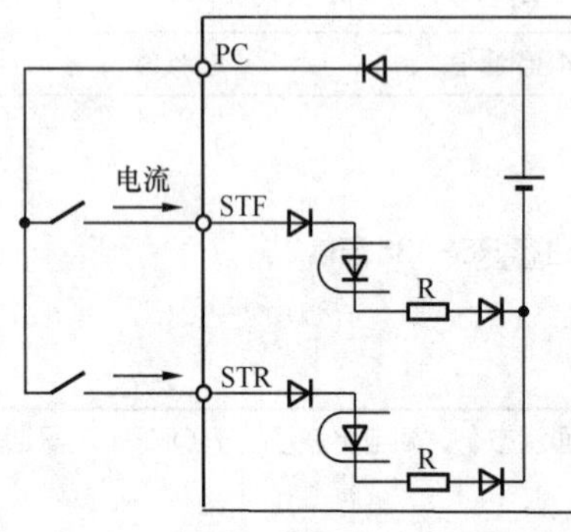

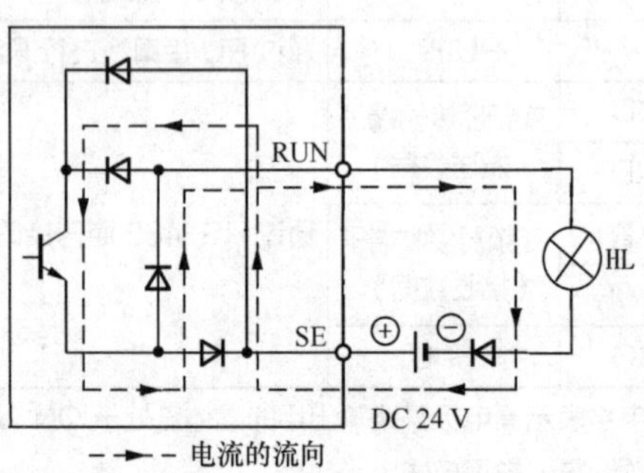

图1-22 源型逻辑控制电路

任务拓展 FR-800系列变频器的认识和接线

FR-800系列变频器是三菱公司的系列产品，FR-A800系列是FR-800的子系列，它有一体机（整流器和逆变器在一个机壳内，例如FR-A840）和分体机（整流器和逆变器分离，例如FR-A842）两种类型。FR-800系列变频器与FR-700系列变频器具有相互兼容性，其常用的端子功能和接线基本相同，具体情况请扫码学习“FR-A800系列变频器的认识和接线”。

FR-A800系列变频器的认识和接线

自我测评

一、填空题

1．三相异步电机的转速除了与磁极对数、转差率有关外，还与________有关。

2．目前，在中小型变频器中普遍采用的电力电子器件是________。

3．变频器是把电压、频率固定的工频交流电变为________和________都可以变化的交流电的变换器。

4．变频器具有多种不同的类型：按变换环节可分为交-交变频器和________变频器；按改变变频器输出电压的调制方式可分为________型变频器和________型变频器。

5．变频调速时，基频以下的调速属于________调速，基频以上的调速属于________调速。

6．在 *V*/*f* 控制方式下，当输出频率比较低时，会出现输出转矩不足的情况，要求变频器具有________功能。

7．变频器主电路输入侧滤波器的作用是________，输出侧滤波器的作用是________。

8．制动电阻的作用是________。

9．变频器的输出侧不允许接________或浪涌吸收器，以免造成开关管过电流损坏或变频器不能正常工作。

10．变频器输入端子的接线分为________逻辑和________逻辑。

11．变频器的主电路中，R、S、T 端子接________，U、V、W 端子接________。

12．三菱变频器输入端子中，STF 代表________，STR 代表________，JOG 代表________，STOP 代表________。

二、简答题

1．交流异步电机有哪些调速方式？

2．目前变频器应用于哪类负载节能效果较明显？

3．交-直-交变频器的主电路由哪三大部分组成？试述各部分的作用。

4．变频器是怎样分类的？

5．变频器的控制方式有哪些？

三、分析题

1．为什么对异步电机进行变频调速时，希望电机的气隙主磁通保持不变？

2．什么叫作 *V*/*f* 控制方式？为什么变频时需要相应地改变电压？

3. 在何种情况下变频也需变压，在何种情况下变频不能变压？为什么？在上述两种情况下，电机的调速有何特征？三相异步电机的机械特性曲线有何特点？

4．为什么在 *V*/*f* 控制基础上还要进行转矩补偿？

任务1.2
三菱变频器的面板运行

任务导入

任务 1.1 完成了变频器的接线，下面就可以运行变频器了。变频器运行时，需要两个控制指令：一个是启动指令，控制变频器正转或反转；另一个是频率指令，让变频器以某一速度运行。根据这两个指令给定方式的不同，变频器共有 4 种运行模式，本任务介绍变频器的面板运行。那么什么是变频器的面板运行？需要设置哪些参数？变频器的加速时间、减速时间、上限频率、下限频率以及跳变频率对面板运行会产生什么影响？请带着这些问题走进任务 1.2。

相关知识

1.2.1 三菱变频器的运行模式

所谓运行模式是指输入变频器的启动指令及频率指令的方式，变频器的常见运行模式有 PU（面板）运行模式、外部运行模式、组合运行模式和网络（通信）运行模式等，如图 1-23 所示。

1. PU（面板）运行模式

如图 1-23 所示，从变频器本体的操作面板上输入变频器的启动指令和频率指令，称为“PU 运行模式”，又叫面板运行模式。这种模式不需要外接其他的操作控制信号，可直接在变频器的操作面板上进行操作。也可以从变频器上将操作面板取下来进行远距离操作。

可设定“运行模式选择”参数 Pr.79 = 1 或 0 来实现 PU 运行模式。

2. 外部运行模式

外部运行模式通常是出厂设定的。这种模式将外接的开关、频率设定电位器等连接至变频器的外部端子，进而输入变频器的启动指令和频率指令，控制变频器的运行。

可设定 Pr.79 = 2 或 0 来实现外部运行模式。

3. 组合运行模式

PU 运行模式和外部运行模式可以进行组合操作，此时 Pr.79 = 3 或 4，采用下列两种方法中的一种。

（1）启动指令用外部端子设定，频率指令用操作面板设定或通过多段速端子设定。

（2）启动指令用操作面板设定，频率指令用外部频率设定电位器或多段速端子设定。

4. 网络（通信）运行模式

使用 PU 接口将变频器与 PLC 的通信选件连接进行 RS-485 通信。可以设定 Pr.79 = 2 或 6

来实现，这时不仅可以进行 PLC 与变频器的通信操作，还可以进行 PU 运行模式、外部运行模式的相互切换。

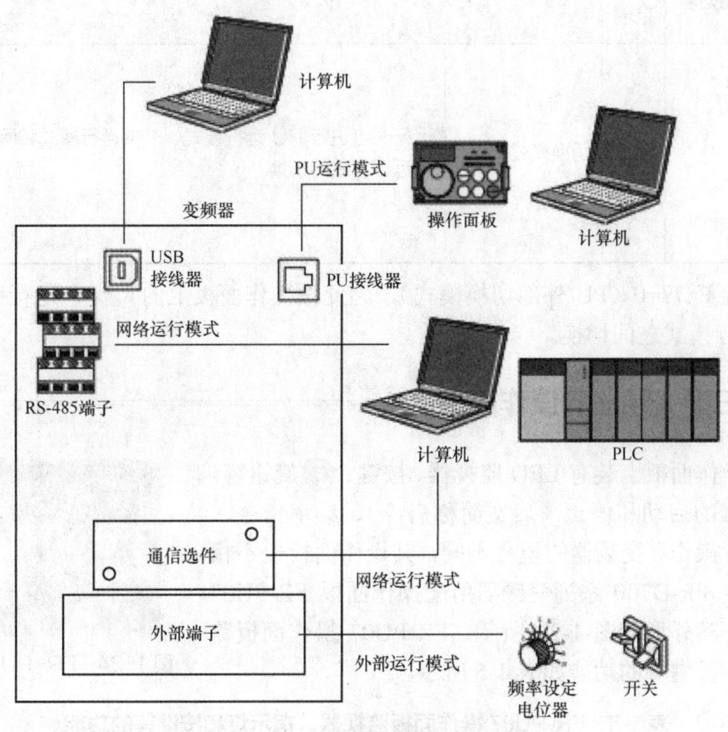

图 1-23 变频器的运行模式示意

三菱变频器运行模式通过“运行模式选择”参数 Pr.79 设定，如表 1-4 所示。

表 1-4 三菱变频器的运行模式

参数号	名称	初始值	设定范围	内容			LED 监视器 ▭：灭灯 ▭：亮灯
Pr.79	运行模式选择	0	0	外部/PU 切换模式，通过(PU/EXT)键可切换至 PU 运行模式或外部运行模式。 电源接通时，为外部运行模式，外部运行指示灯 EXT 点亮			外部运行模式 EXT PU 运行模式 PU
				运行模式	频率指令	启动指令	
			1	PU（面板）运行模式	通过操作面板设定（旋钮）	通过操作面板运行键输入	PU
			2	外部运行模式，可以切换至外部运行模式和网络运行模式	外部输入信号（端子 2、5 输入电压信号，端子 4、5 输入电流信号，多段速选择，JOG 点动）	外部输入信号（STF、STR 端子）	外部运行模式 EXT 网络运行模式 NET
			3	外部/PU 组合运行模式 1	操作面板旋钮设定或外部输入信号［多段速设定，端子 4、5 间（AU 信号处于 ON 时有效）］	外部输入信号（STF、STR 端子）	PU EXT
			4	外部/PU 组合运行模式 2	外部输入信号（端子 2、5 输入电压信号，端子 4、5 输入电流信号，JOG 点动，多段速选择等）	通过操作面板运行键输入	PU EXT

续表

<table>
<tr><th>参数号</th><th>名称</th><th>初始值</th><th>设定范围</th><th colspan="2">内　　容</th><th>LED 监视器
▭：灭灯
▭：亮灯</th></tr>
<tr><td>Pr.79</td><td>运行模式选择</td><td>0</td><td>6</td><td>切换模式</td><td>运行时可进行 PU 运行模式、外部运行模式和网络运行模式的切换</td><td>PU 运行模式
PU
外部运行模式
EXT
网络运行模式
NET</td></tr>
</table>

出厂设定为 Pr.79=0（PU/外部切换模式），因此按操作面板上的(PU/EXT)键，运行模式即在 PU 运行模式/外部运行模式之间切换。

1.2.2　三菱变频器的操作面板

变频器的操作面板上装有 LED 监视器、按键、旋钮等，它可以对变频器的启动和停止（后文简称启停）、频率指令、参数设定等进行操作。变频器的型号不同，其操作面板也不相同。这里以三菱 FR-D700 系列变频器所配操作面板 FR-PU07 为例进行介绍，其外形如图 1-24 所示。FR-PU07 操作面板监视器、指示灯和按键等的功能如表 1-5 所示。

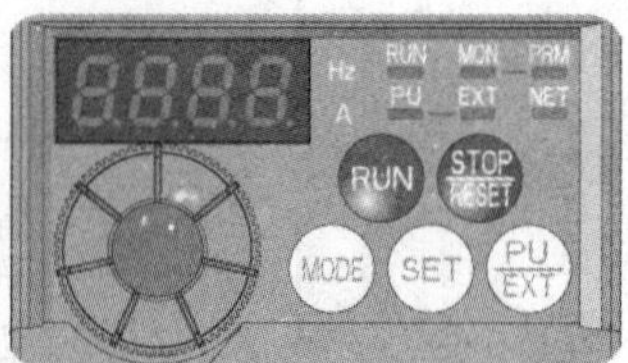

图 1-24　FR-PU07 操作面板外形

表 1-5　FR-PU07 操作面板监视器、指示灯和按键等的功能

<table>
<tr><th>监视器、指示灯和按键等</th><th>功　　能</th><th colspan="2">说　　明</th></tr>
<tr><td>监视器（4 位 LED）</td><td>显示运行信息和参数等</td><td colspan="2">显示频率、参数编号、故障代码等</td></tr>
<tr><td>Hz 指示灯</td><td>单位显示</td><td colspan="2">显示频率时亮灯</td></tr>
<tr><td>A 指示灯</td><td>单位显示</td><td colspan="2">显示电流时亮灯（显示电压时灭灯，显示设定频率监控时闪烁）</td></tr>
<tr><td>RUN 指示灯</td><td>运行状态显示</td><td colspan="2">变频器动作中亮灯/闪烁。
亮灯：正转运行中。
慢闪烁（1.4s/次）：反转运行中。
快闪烁（0.2s/次）：
• 按(RUN)键，或虽已输入启动指令，但变频器不运行时；
• 有启动指令，频率指令在启动频率以下时；
• 输入了 MRS 信号时
三菱变频器的操作面板</td></tr>
<tr><td>MON 指示灯</td><td>监视器显示</td><td colspan="2">为监视模式时亮灯</td></tr>
<tr><td>PRM 指示灯</td><td>参数设定模式显示</td><td colspan="2">为参数设定模式时亮灯</td></tr>
<tr><td>PU 指示灯</td><td>PU 运行模式显示</td><td>为 PU 运行模式时亮灯</td><td rowspan="2">为外部/PU 组合运行模式 1、2 时，PU、EXT 指示灯同时亮</td></tr>
<tr><td>EXT 指示灯</td><td>外部运行模式显示</td><td>为外部运行模式时亮灯</td></tr>
<tr><td>NET 指示灯</td><td>网络运行模式显示</td><td colspan="2">为网络运行模式时亮灯</td></tr>
<tr><td>旋钮（M 旋钮）</td><td>变更频率设定、参数的设定值</td><td colspan="2">旋转该旋钮可显示以下内容：
• 显示监视模式时的设定频率；
• 显示校正时的当前设定值；
• 报警历史模式时的序号顺序</td></tr>
</table>

续表

监视器、指示灯和按键	功　能	说　明
PU/EXT键	切换 PU/外部运行模式	PU：PU 运行模式。 EXT：外部运行模式。 使用外部运行模式（用另外连接的频率设定旋钮和启动信号运行）时，请按此键，显示 EXT 亮灯状态。 要选择组合运行模式，必须与MODE键同时按下（0.5 s）或变更 Pr.79 的设定值。
RUN键	启动指令	通过设定 Pr.40，可以选择旋转方向
STOP/RESET键	停止、复位	STOP：用于停止运行。 RESET：用于保护功能（重故障）动作输出停止时复位变频器
SET键	各设定的确定	用于确定频率和参数的设定。运行中按此键则监视器依次显示： 运行频率 → 输出电流 → 输出电压 →（返回运行频率）
MODE键	模式切换	用于切换各设定模式。与PU/EXT键同时按下也可以用来切换运行模式。 长按此键（2 s）可以锁定操作

1.2.3 与工作频率有关的参数

1. 给定频率

给定频率是指用户根据生产工艺的需要希望变频器输出的频率。给定频率是与给定信号相对应的频率。给定频率可以通过面板、外部端子、网络等方式进行设定。

2. 基准频率 Pr.3

当变频器的输出电压等于额定电压时的最小输出频率，称为基准频率 f_b，用参数 Pr.3 表示。当使用标准电机时，一般将基准频率 Pr.3 的值设定为电机的额定频率。

3. 启动频率 Pr.13

启动频率是指电机开始启动时的频率，常用 f_s 表示。通常变频器都可以预先设定启动频率。需要注意的是，启动频率预设好后，运行频率小于该启动频率的变频器将不能工作。三菱变频器的启动频率参数为 Pr.13。

有些负载在静止状态下的静摩擦力较大，难以从 0 Hz 开始启动，设置了启动频率后，可以在启动瞬间受到机械冲击，使拖动系统较易启动起来。

4. 上限频率 Pr.1、下限频率 Pr.2 和高速上限频率 Pr.18

上限频率、下限频率和高速上限频率的参数和设定范围如表 1-6 所示。设定 Pr.1、Pr.2 的目的是限制变频器的输出频率范围，从而限制电机的转速范围，防止由于误操作造成事故。

表 1-6　上限频率、下限频率和高速上限频率的参数和设定范围

参 数 号	名　称	出厂设定值		设 定 范 围	功 能 说 明
Pr.1	上限频率	55 kW 以下	120 Hz	0～120 Hz	设定输出频率的上限
		75 kW 以上	60 Hz		
Pr.2	下限频率	0 Hz		0～120 Hz	设定输出频率的下限
Pr.18	高速上限频率	55 kW 以下	120 Hz	120～400 Hz	频率在 120～400 Hz 运行时设定
		75 kW 以上	60 Hz		

设定 Pr.1、Pr.2 后变频器的输入信号与输出频率之间的关系如图 1-25 所示。*X* 指输入模拟量信号电压或电流。

在变频器运行前必须设定其上限频率和下限频率，用 Pr.1 设定输出频率的上限，如果频率设定值高于此设定值，则输出频率被限制为上限频率；用 Pr.2 设定输出频率的下限，若频率设定值低于此设定值，则输出频率被限制为下限频率，如图 1-25 所示。

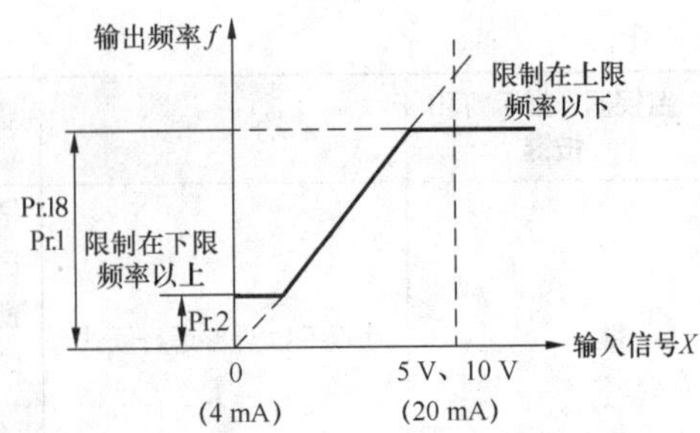

图 1-25　变频器的输入信号与输出频率之间的关系

【自我训练 1-1】

训练内容：设定启动频率 Pr.13、上限频率 Pr.1 和下限频率 Pr.2 及运行。

训练步骤如下。

（1）在 PU 运行模式下，按MODE键进入参数设定模式，分别设定启动频率 Pr.13=20 Hz、上限频率 Pr.1=60 Hz、下限频率 Pr.2=10 Hz。

注意：此处参数的设定可参考子任务 1。

（2）通过面板设定运行频率分别为 10 Hz、40 Hz、70 Hz（参考表 1-14）。

（3）按RUN键运行变频器，并观察频率和电流值。

（4）当设定频率为 10 Hz 时，变频器不启动。这说明只有当设定频率大于启动频率 Pr.13 时，变频器才启动。

当设定频率为 40 Hz 时，变频器正常运行，此时面板显示运行频率为 40 Hz，按SET键，交替显示频率、电流值。

当设定频率为 70 Hz 时，变频器只能以 60 Hz 的频率运行。因为当设定频率不在上、下限频率设定值范围之内时，输出频率将被限制为上限频率或下限频率。

启动频率、上限频率及下限频率的功能

想一想

（1）如果给定频率小于启动频率，变频器如何输出？

（2）如果给定频率大于上限频率，变频器的输出频率为多少？

5. 频率跳变

跳变频率也称回避频率，是指变频器跳过而不运行的频率。频率跳变功能是为了防止变频器与机械系统的固有频率产生谐振，可以使其跳过谐振发生的频率点。三菱变频器最多可设定 3 个区域，分别为频率跳变 1A 和 1B、频率跳变 2A 和 2B、频率跳变 3A 和 3B。跳变频率可以被设定为各区域的上点或下点。频率跳变 1A、2A 或 3A 的设定值为跳变点，跳变区间以该变频运行。频率跳变各参数的设定范围及功能如表 1-7 所示，其示意如图 1-26 所示。当设定值为 9999 时，该功能无效。

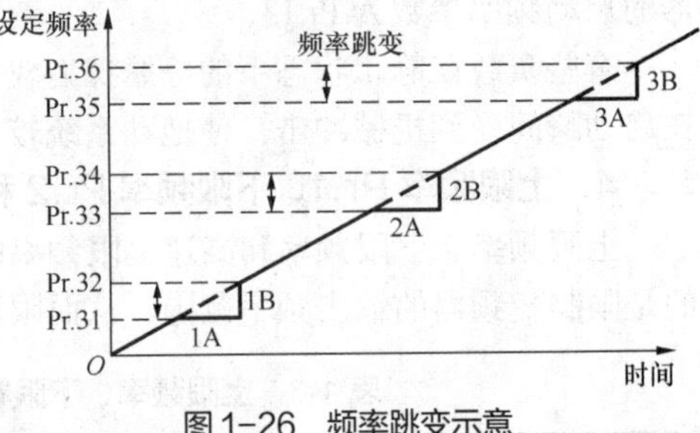

图 1-26　频率跳变示意

表 1-7　频率跳变各参数的设定范围及功能

参　数　号	出厂设定/Hz	设定范围/Hz	功　能
Pr.31	9999	0～400，9999	频率跳变 1A
Pr.32	9999	0～400，9999	频率跳变 1B

续表

参数号	出厂设定/Hz	设定范围/Hz	功能
Pr.33	9999	0~400，9999	频率跳变 2A
Pr.34	9999	0~400，9999	频率跳变 2B
Pr.35	9999	0~400，9999	频率跳变 3A
Pr.36	9999	0~400，9999	频率跳变 3B

例如，如果希望变频器在 Pr.33 和 Pr.34 之间（30 Hz 和 35 Hz）固定以 30 Hz 运行，回避大于 30 Hz 且小于 35 Hz 的频率，则设定 Pr.34 = 35 Hz，Pr.33 = 30 Hz。

如果希望变频器在 Pr.33 和 Pr.34 之间（30 Hz 和 35 Hz）固定以 35 Hz 运行，回避大于 30 Hz 且小于 35 Hz 的频率，则设定 Pr.34 = 30 Hz，Pr.33 = 35 Hz。

1.2.4 变频器的启动和制动功能

1. 变频器的启动功能

变频器启动时，启动频率与加减速时间都可以设置，有效解决了启动电流大与机械冲击问题。

（1）加速时间

变频器的工作频率从 0 Hz 上升至加减速基准频率 Pr.20 所需的时间称为加速时间，如图 1-27 所示。加速时间越长，启动电流就越小，启动也越平缓。加速时间过短则容易导致过电流。

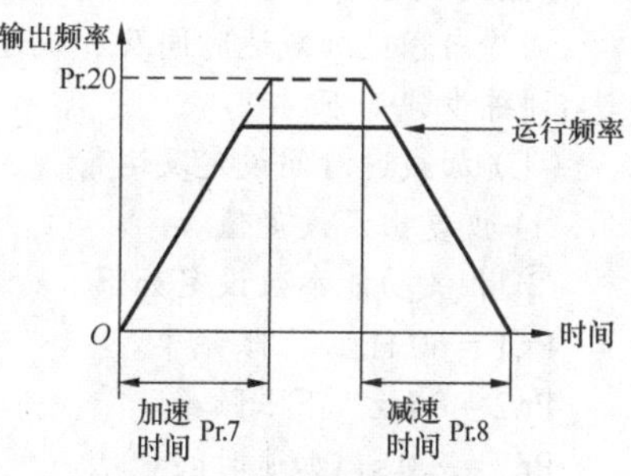

图 1-27　加减速时间的定义

各种变频器提供了可在一定范围内任意设定加减速时间的功能。加减速时间的参数设定范围及功能如表 1-8 所示。

表 1-8　加减速时间的参数设定范围及功能

参数号		出厂设定	设定范围	功能
Pr.7	3.7 kW 或以下	5 s	0~3600 s	加速时间
	5.5 kW、7.5kW	10 s		
Pr.8	3.7 kW 或以下	5 s	0~3600 s	减速时间
	5.5 kW、7.5kW	10 s		
Pr.20		50 Hz	1~400 Hz	加减速基准频率
Pr.21		0	0，1	加减速时间单位

注：表中 0 代表单位是 0.1 s，1 代表单位是 0.01 s。

（2）加减速方式

各种变频器提供的加减速方式不尽相同，主要有以下 3 种。

① 直线加减速，在启动或加速过程中，频率随时间呈直线变化，如图 1-28（a）所示，适用于一般要求的场合。此时“加减速曲线”参数 Pr.29=0。

② S 曲线加减速 A，用于工作机械主轴等需要在基准频率以上的高速范围内短时间进行加减速的场合，如图 1-28（b）所示。在此加减速曲线中，Pr.3 基准频率（f_b）为 S 曲线的拐点，可以在基准频率以上额定输出运行范围内设定。此时“加减速曲线”参数 Pr.29=1。

③ S 曲线加减速 B，适用于传送带、电梯等对启动有特殊要求的场合，用于防止传送带上的货物翻倒。如图 1-28（c）所示，因为从当前频率（f_2）到目标频率（f_1）始终为 S 曲线加减速，所以具有缓和加减速时振动的效果，能有效防止货物翻倒等情况。此时“加减速曲线”参数 Pr.29=2。

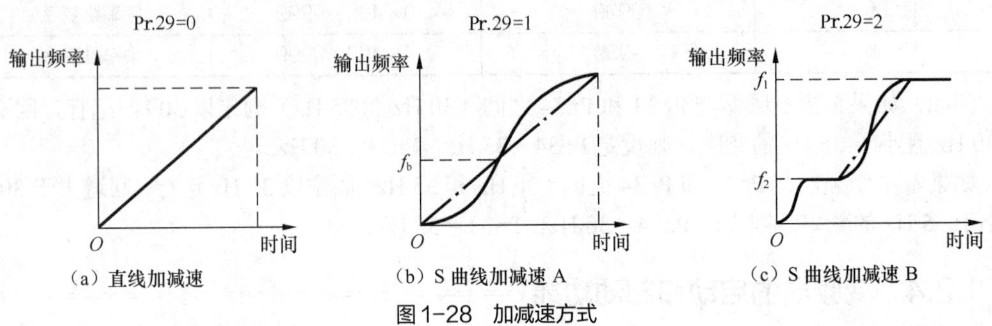

（a）直线加减速　（b）S 曲线加减速 A　（c）S 曲线加减速 B

图 1-28　加减速方式

【自我训练 1-2】

训练内容：加减速时间及加减速曲线的设定及运行。

训练步骤如下。

（1）加减速时间设定及运行

① 恢复出厂设定值。

② 相关功能参数设定如下。

Pr.1 = 60 Hz，上限频率。

Pr.2 = 0 Hz，下限频率。

Pr.7 = 8.0 s，加速时间。

Pr.8 = 8.0 s，减速时间。

Pr.20 = 50 Hz，加减速基准频率。

Pr.79 = 1，PU 运行模式。

通过操作面板将运行频率设定为 45 Hz。

③ 设置完成后，按MODE键显示频率，按RUN键给出运行指令，注意观察变频器的运行情况，记下加速时间并将其填入表 1-9 中。运行几秒后，按STOP/RESET键给出停机指令，记下变频器的减速时间并将其填入表 1-9 中。在加减速过程中，按SET键观察不同加减速时间的电流值。

表 1-9　加减速时间

参数	Pr.1/Hz	Pr.2/Hz	Pr.7/s	Pr.8/s	设定频率/Hz	实际加速时间/s	实际减速时间/s	电流/A
参数值	50	0	20.0	20.0	40			
	50	0	5.0	5.0	40			

④ 按表 1-9 要求改变加减速时间的设定值，再重复第③步，将结果填入表 1-9 中。

（2）加减速曲线的预置

① 设定相关参数，如表 1-10 所示。

② 按MODE键显示频率，按RUN键给出运行指令，注意变频器的启动加速过程，记下加速时间并将其填入表 1-10 中。

③ 稳定运行几秒后，按STOP/RESET键给出停机指令，仔细观察变频器的减速停机过程，记下减速时间并将其填入表 1-10 中。

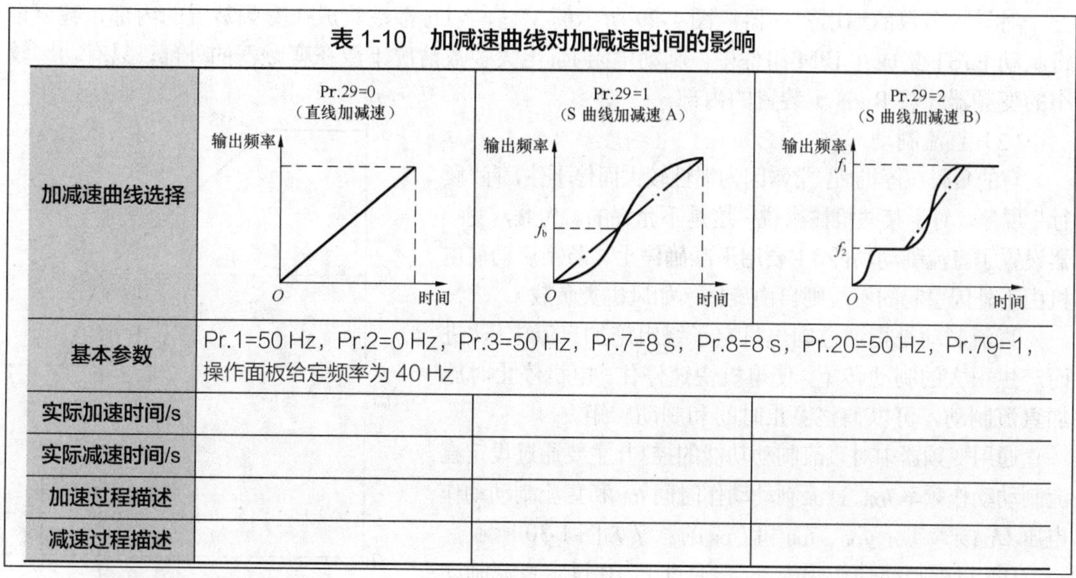

表 1-10 加减速曲线对加减速时间的影响

加减速曲线选择	Pr.29=0（直线加减速） 输出频率 O 时间	Pr.29=1（S 曲线加减速 A） 输出频率 f_b O 时间	Pr.29=2（S 曲线加减速 B） 输出频率 f_1 f_2 O 时间
基本参数	Pr.1=50 Hz，Pr.2=0 Hz，Pr.3=50 Hz，Pr.7=8 s，Pr.8=8 s，Pr.20=50 Hz，Pr.79=1，操作面板给定频率为 40 Hz		
实际加速时间/s			
实际减速时间/s			
加速过程描述			
减速过程描述			

2. 变频器的制动功能

变频器的工作频率从加减速基准频率 Pr.20 下降至 0 Hz 所需的时间称为减速时间，如图 1-27 所示，其参数功能及设定范围如表 1-8 所示。

设定减速时间的主要考虑因素是拖动系统的惯性。惯性越大，设定的减速时间也越长。减速时间设置不当，不但容易导致过电流，还容易导致过电压，因此应根据运行情况合理设置减速时间。

（1）能耗制动

利用设置在直流回路中的制动电阻吸收电机的再生电能的方式称为能耗制动，又称动力制动，如图 1-29 所示。图 1-29 所示虚线框内为制动单元（PW），它包括制动用的晶体管 VT_B 或 IGBT、二极管 VD_B 和内部制动电阻 R_B。当电机制动，能量经逆变器回馈到直流侧时，直流回路中的电容的电压将升高，当该电压值超过设定值时，给 VT_B 施加基极信号使之导通，存储在电容中的回馈能量经 R_B（或 R_{EB}）消耗掉。此单元实际上只起消耗电能、防止直流侧过电压的作用。它并不起制动作用，但人们习惯称此单元为制动单元。如果制动单元中的回馈能量较大或要求强制动，还可以选用接于 P/+、PR 两点上的外接制动电阻 R_{EB}，R_{EB} 的电阻值与功率应符合产品样本要求。

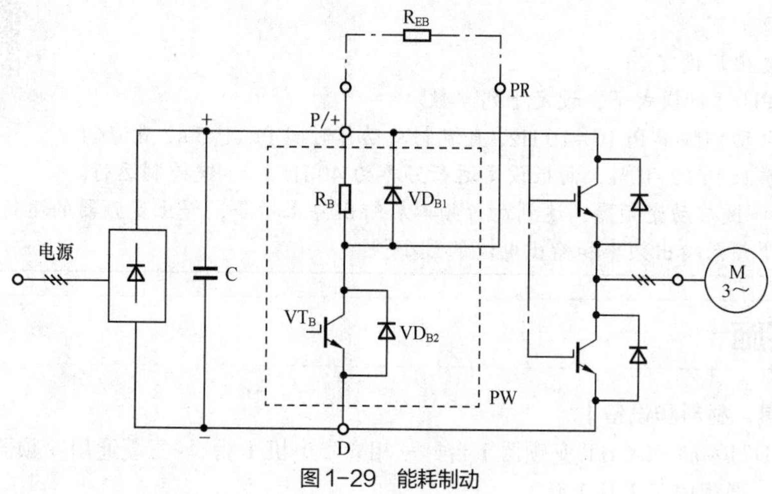

图 1-29 能耗制动

对于大多数的通用变频器，图 1-29 所示的 VT_B、VD_B 都被集成在变频装置的内部，甚至也将制动 IGBT 集成在 IPM 组件中。制动电阻 R_B 绝大多数情况下放在变频器的外部，只有功率较小的变频器才将 R_B 置于装置的内部。

（2）直流制动

有的负载在停机后，常常因为惯性较大而停不住，有“爬行”现象。对于某些机械来说，这是不允许的。为此，变频器设置了直流制动功能，主要用于准确停止与防止启动前电机由于外因引起的不规则自由旋转（如风机类负载）。

直流制动是指通过向电机定子绕组施加直流电压，进而产生很大的制动转矩，使电机快速停住。电机停止时施加直流制动，可以调整停止时间和制动转矩。

通用变频器中对直流制动功能的控制，主要通过设定直流制动动作频率 f_{DB}、直流制动动作时间 t_{DB} 和直流制动动作电压 U_{DB} 来实现；f_{DB}、t_{DB} 和 U_{DB} 的意义如图 1-30 所示。

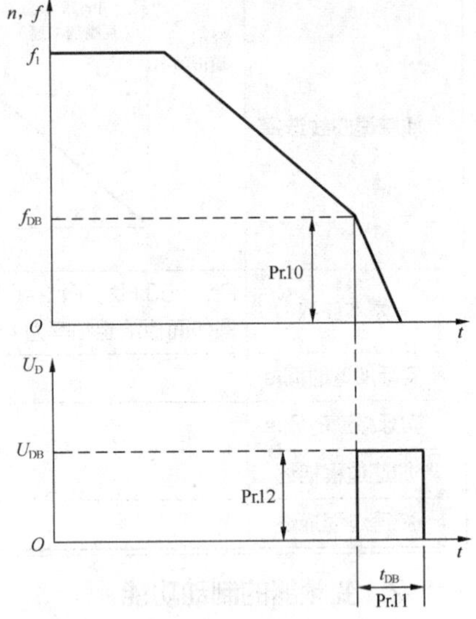

图 1-30　f_{DB}、t_{DB}、U_{DB} 的意义

① 直流制动动作频率 f_{DB}。通过 Pr.10 设定直流制动动作频率后，若减速时达到这个频率，就向电机施加直流电压。预置直流制动动作频率 f_{DB} 的主要依据是负载对制动时间的要求，要求制动时间越短，直流制动动作频率 f_{DB} 应越高。

② 直流制动动作时间 t_{DB}。施加直流制动的动作时间通过 Pr.11 设定。

- 负载转动惯量（J）较大、电机不停止时，可以增大设定值以达到制动效果。
- 若设置 Pr.11＝0 s，将不会启动直流制动动作（停止时，电机自由运行）。

③直流制动动作电压 U_{DB}。在定子绕组上施加直流电压的大小，决定了直流制动的强度。预置直流制动动作电压 U_{DB} 的主要依据是负载惯性的大小，负载惯性越大，U_{DB} 也应越大。三菱变频器的 U_{DB} 通过 Pr.12 设定。

- Pr.12 设定的是直流制动动作电压相对于电源电压的百分比。
- 若设置 Pr.12 = 0%，将不会启动直流制动动作（停止时，电机自由运行）。

【自我训练 1-3】

训练内容：测定直流制动功能。

训练步骤如下。

（1）恢复出厂设定。

（2）在 PU 运行模式下，设定下列参数。

直流制动动作频率 Pr.10 =10 Hz，直流制动动作时间 Pr.11=5 s，直流制动动作电压参数 Pr.12=10%，面板设定运行频率为 40 Hz，RUN 键控制运行。

（3）按 RUN 键启动变频器，达到运行频率后给出停止指令，停止变频器的运行，注意观察制动过程中变频器输出频率和输出电流的最小值。

任务实施

【训练工具、材料和设备】

三菱 FR-D740-0.75K-CHT 变频器 1 台、三相异步电机 1 台、《三菱通用变频器 FR-D700 使用手册》1 本、通用电工工具 1 套。

子任务1　三菱变频器参数的修改与清除

三菱变频器
的基本操作流程

1. 任务要求

使用 FR-PU07 操作面板修改变频器参数并将参数清除。

2. 变频器的基本操作流程

FR-D700 系列变频器的基本操作流程包括设定频率、设定参数、显示报警历史等，如图 1-31 所示。此时变频器运行模式选择参数设定为 Pr.79=0 或 1。

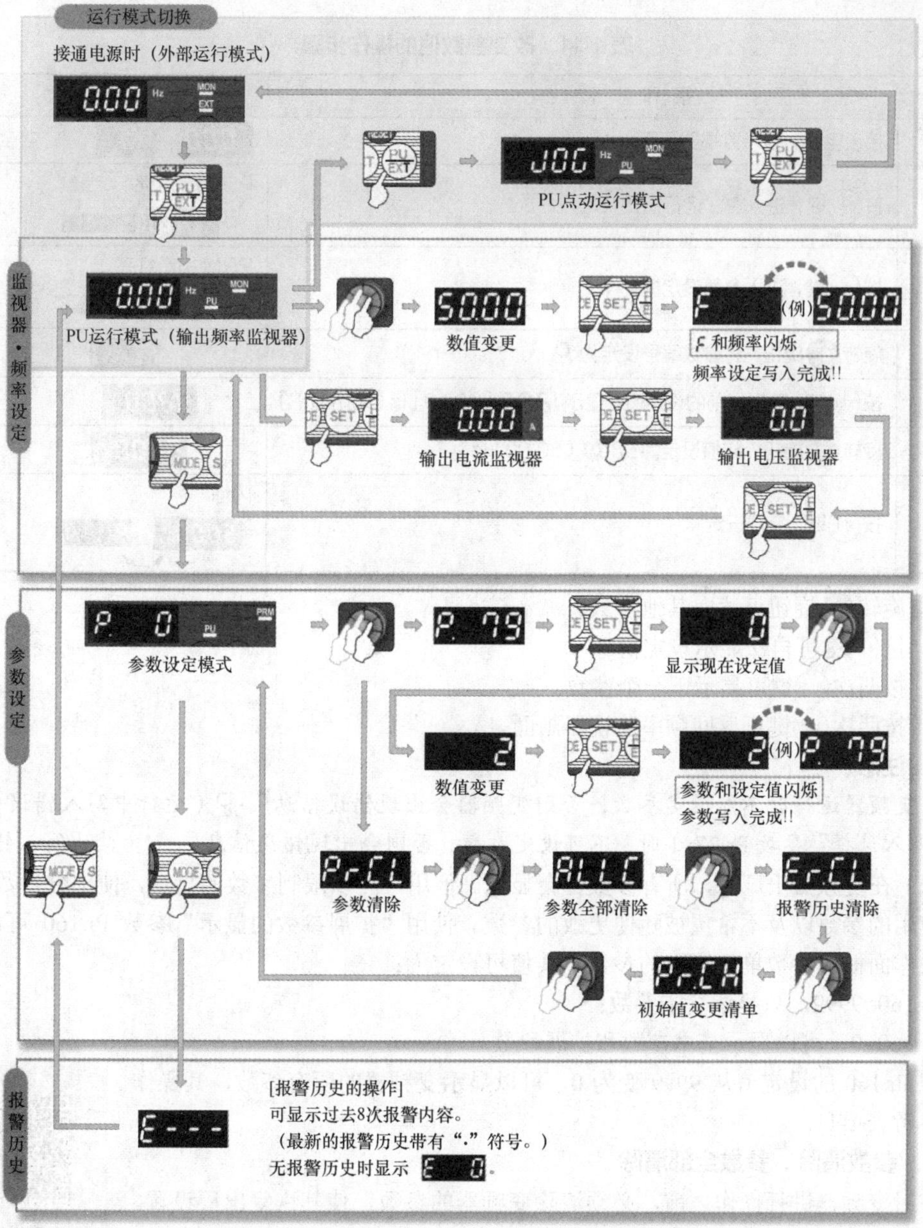

运行模式切换

接通电源时（外部运行模式）

0.00 Hz MON EXT

JOG Hz MON PU

PU点动运行模式

监视器·频率设定

0.00 Hz MON PU

PU运行模式（输出频率监视器）

50.00

数值变更

F （例）50.00

F 和频率闪烁

频率设定写入完成!!

0.00 A

输出电流监视器

0.0

输出电压监视器

参数设定

P. 0 PU PRM

参数设定模式

P. 79

0

显示现在设定值

2

数值变更

2 （例）P. 79

参数和设定值闪烁

参数写入完成!!

Pr.CL

参数清除

ALLC

参数全部清除

Er.CL

报警历史清除

Pr.CH

初始值变更清单

报警历史

E---

[报警历史的操作]

可显示过去8次报警内容。

（最新的报警历史带有“.”符号。）

无报警历史时显示 E 0。

图1-31　FR-D700 系列变频器的基本操作流程

Pr.79=0 时，变频器可以在外部运行、PU 运行和 PU 点动（PU JOG）运行 3 种模式之间进行切换。当变频器得电时，首先进入外部运行模式，以后每按一次(PU/EXT)键，变频器都将以外部运行→PU 运行→PU 点动运行的顺序切换。

三菱变频器的参数设定

3．参数设定

使用变频器操作面板上的各种按键和旋钮，可以设定参数（必须在 Pr.79=0 或 1 时）。

（1）将上限频率参数 Pr.1 的设定值从 120 变为 50，其操作步骤如表 1-11 所示。

表 1-11　改变参数值的操作步骤

操作步骤		显示结果
1	接通电源，显示监视器画面	0.00 Hz MON EXT
2	按(PU/EXT)键，进入 PU 运行模式	PU 指示灯亮 0.00 PU
3	按(MODE)键，进入参数设定模式	PRM 指示灯亮 P. 0 PRM
4	旋转旋钮，将参数编号设定为 P. 1（Pr.1）	P. 1
5	按(SET)键，读出当前的设定值，显示 120.0［120.0 Hz（初始值）］	120.0 Hz
6	旋转旋钮，将值设定为 50.00（50.00 Hz）	50.00 Hz
7	按(SET)键，完成设定	闪烁 50.00 Hz P. 1

- 旋转旋钮可读取其他参数。
- 按(SET)键可再次显示设定值。
- 按两次(SET)键可显示下一个参数。
- 按两次(MODE)键可返回频率监视器画面。

注意

在变频器运行时不能设定参数，否则变频器会出现错误信息 Er 2（运行中写入错误）。在“参数写入选择”参数 Pr.77=1 时，不可设定参数，否则会出现错误信息 Er 1（禁止写入错误）。

（2）在变频器出厂时，所有参数都会显示。但用户可以限制参数的显示，使部分参数隐藏，如不使用的参数以及不希望被随便更改的参数。使用“扩展参数的显示”参数 Pr.160 可以限制通过操作面板或参数单元读取的参数。其值可设定为：

Pr.160=9999，只显示基本参数；

Pr.160=0，可以显示基本参数和扩展参数。

把 Pr.160 的设定值从 9999 变为 0，可以显示变频器的所有参数，其操作步骤参考表 1-11。

三菱变频器的参数清除

4．参数清除、参数全部清除

在对变频器进行操作之前，必须清除变频器的参数，使其恢复出厂设置。遇到无法解决的问题时，也可以将参数恢复为出厂设定值。修改三菱变频器的“参数清除”参数 Pr.CL 和“参数全部清除”参数 ALLC 的设定值，可以让不同的参数恢复为出厂设定值。设定 Pr.CL=1、ALLC=1，可使参数恢复为初始值[参数清除是指将除了校正参数 C1（Pr.901）～C7（Pr.905）之外的参数全部恢复为初始值]。如果设定“参数写入选择”参数 Pr.77 =1，则无法清除参数。参数清除、参数全部清除的操作步骤如表 1-12 所示。

表 1-12　参数清除、参数全部清除的操作步骤

操作步骤		显示结果
1	接通电源，显示监视器画面	0.00 Hz MON EXT
2	按(PU/EXT)键，进入 PU 运行模式	PU 指示灯亮 0.00 PU
3	按(MODE)键，进入参数设定模式	PRM 指示灯亮，显示以前读取的参数编号 P. 0 PRM
4	旋转旋钮，将参数编号设定为 Pr.CL（ALLC）	参数清除 Pr.CL 参数全部清除 ALLC
5	按(SET)键，读出当前的设定值，显示 0（初始值）	0
6	旋转旋钮，把设定值改为 1	1
7	按(SET)键，完成设定	闪烁，参数设定完成 1　参数清除 Pr.CL 参数全部清除 ALLC

🕮 注意

“参数清除”参数 Pr.CL、“参数全部清除”参数 ALLC 是扩展参数，无法显示 Pr.CL 和 ALLC 时，把 Pr.160 的值设为 0，旋转旋钮则可将 Pr.CL 和 ALLC 显示出来。无法清除时，将 Pr.79 的值设为 1。

简单设定运行模式的操作

5. 简单设定运行模式

可通过简单的操作来利用启动指令和速度指令的组合设定运行模式，其操作步骤如表 1-13 所示。

表 1-13　简单设定运行模式的操作步骤

操作步骤		显示结果
1	接通电源，显示监视器画面	0.00 Hz MON EXT
2	同时按住(PU/EXT)键和(MODE)键 0.5 s，变更运行模式	闪烁 79-- PRM
3	旋转旋钮，将值设定为 79-1	闪烁 79-1 PU PRM 闪烁

续表

	操 作 步 骤	显 示 结 果
4	按(SET)键，完成设定	闪烁，参数设定完成 79-1 79-- 3 s 后显示监视器画面 0.00

如果需要设定 Pr.79 的值为 2、3 或 4，按照表 1-13 中的步骤设定即可。

子任务 2　三菱变频器的面板操作

1. 任务要求

利用变频器操作面板上的(RUN)键控制变频器启动、停止及正反转，利用变频器操作面板上的旋钮控制电机以 30 Hz 正反转运行，10 Hz 点动运行，并能通过变频器操作面板上的旋钮在 0～50 Hz 之间调速。请画出变频器的接线图，设置参数并进行功能调试。

2. 接线

变频器面板（PU）运行模式的接线如图 1-32 所示。

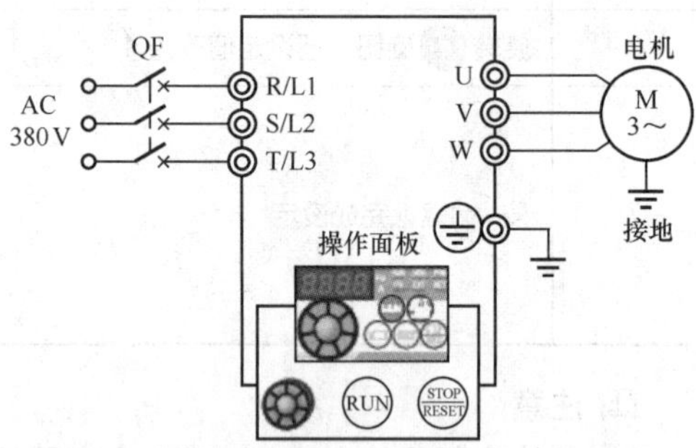

图 1-32　变频器面板（PU）运行模式的接线

3. 参数设置

在 PU 运行模式下时，需要设置 Pr.79=0 或 1，也可通过表 1-13 中的简单操作来完成运行模式选择。设置 Pr.1=50 Hz（上限频率）、Pr.2=0 Hz（下限频率）、Pr.7=5 s（加速时间）、Pr.8=5 s（减速时间）。

4. 采用 PU 运行模式

使变频器在 f=30 Hz 下运行，其操作步骤如表 1-14 所示。

表 1-14　用操作面板设定频率的操作步骤

	操 作 步 骤	显 示 结 果
1	运行模式的变更 按(PU/EXT)键，进入 PU 运行模式	PU指示灯亮 0.00 PU
2	频率的设定 旋转旋钮，显示想要设定的频率 30.00，闪烁约 5 s。 在数值闪烁期间，按(SET)键设定频率值，F 和 30.00 交替闪烁[若不按(SET)键，数值闪烁约 5 s 后显示将变为 0.00（监视器显示）。这种情况下请再次旋转旋钮重新设定频率]	30.00 F
3	启动→加速→恒速 按(RUN)键，电机运行。监视器的频率值随 Pr.7（加速时间）的增加而增大，显示为 30.00（30.00 Hz）	30.00

续表

	操作步骤	显示结果
4	要变更设定频率，例如，将运行频率改为 46 Hz，请执行第 2、3 步的操作 （从之前设定的频率开始）	
5	减速→停止 按(STOP RESET)键，停止。显示器的频率值随 Pr.8（减速时间）的减少而减小，显示为 0.00（0.00 Hz），电机停止运行	0.00 Hz MON PU

设定“RUN 键旋转方向选择”参数 Pr.40=1，变频器就可以反转运行。

📖 **想一想**

变频器为什么不能进行 50 Hz 以上的设定？

5. 用旋钮作为电位器设定频率

用 M 旋钮作为电位器设定频率

在变频器运行或停止时都可以通过旋转旋钮（M 旋钮）来设定频率。此时设置“扩展参数的显示”参数 Pr.160=0，“频率设定/键盘锁定操作选择”参数 Pr.161=1，为“M 旋钮电位器模式”，即旋转旋钮可以调节变频器的输出频率，其操作步骤如表 1-15 所示。如果 Pr.161=0，则为“M 旋钮频率设定模式”，如表 1-15 所示。

表 1-15　用旋钮作为电位器设定频率的操作步骤

	操作步骤	显示结果
1	接通电源，显示监视器画面	0.00 Hz MON EXT
2	按(PU EXT)键，进入 PU 运行模式	PU指示灯亮 0.00 PU
3	将 Pr.160 的值设定为 0，Pr.161 的值变更为 1（关于设定值的变更请参照表 1-11）	参照表 1-11
4	按(RUN)键运行变频器	0.00 Hz RUN MON PU
5	旋转旋钮，将值设定为 50.00（50.00 Hz）。闪烁的数值即设定频率，没有必要按(SET)键	闪烁约 5 s 0 → 50.00

📖 **注意**

- 如果 50.00 闪烁后变为 0.00，说明“频率设定/键盘锁定操作选择”参数 Pr.161 的设定值可能不是 1。
- 变频器运行或停止时，可以用参数 Pr.295 通过旋钮设定频率变化量。

6. 用操作面板进行点动控制

用操作面板可以对变频器进行点动控制，其操作步骤如表 1-16 所示。

用操作面板进行点动控制

表 1-16　用操作面板进行点动控制的操作步骤

	操作步骤	显示结果
1	确认运行显示和运行模式显示。 • 变频器应为监视模式。 • 变频器应为停止状态	0.00 Hz MON EXT

续表

操作步骤		显示结果
2	按(PU/EXT)键，进入 PU 点动运行模式	JOG Hz PU MON
3	按(RUN)键。 • 按(RUN)键的期间电机旋转。 • 以 5 Hz 旋转（Pr.15 的初始值）	5.00 Hz PU MON
4	松开(RUN)键	电机停止转动
5	（变更 PU 点动运行的频率时） 按(MODE)键，进入参数设定模式	PRM 指示灯亮，显示以前读取的参数编号 P. 0 PRM
6	旋转旋钮，将参数编号设定为 Pr.15（点动频率）	P. 15
7	按(SET)键，显示当前设定值	5.00 Hz PU MON
8	旋转旋钮，将值设定为 10 Hz	10.00 Hz PU MON
9	按(SET)键确定	闪烁，参数设定完成 10.00 P. 15
10	执行第 1～4 步的操作。 电机以 10 Hz 旋转	

注意

若电机不转，请确认启动频率 Pr.13。在点动频率值比启动频率值低时，电机不转。切断变频器电源后，在显示屏熄灭前变频器是带电的，不要用身体触及变频器各端子。

7. 监视输出频率、输出电流和输出电压

在监视模式中按(SET)键可以切换输出频率、输出电流、输出电压的监视器显示，其操作步骤如表 1-17 所示。

表 1-17 监视输出频率、输出电流、输出电压的操作步骤

操作步骤		显示结果
1	在变频器运行时按(SET)键，使监视器显示输出频率	Hz指示灯亮 50.00 Hz RUN MON EXT
2	无论在哪种运行模式下，在变频器运行、停止时按(SET)键，监视器上都会显示输出电流	A指示灯亮 1.00 A RUN MON EXT
3	按(SET)键，监视器上将显示输出电压	Hz、A指示灯熄灭 448.0 RUN MON EXT

注：显示结果根据设定频率的不同会与表 1-17 中显示的数据不同。

子任务 3 三菱变频器的跳频运行

1. 任务要求

某控制系统的电机在频率为 18～22 Hz 和 25～30 Hz 时易发生振荡，要求用变频器的频率跳

变功能避免振荡。设置变频器的参数，用 PU 运行模式实现此功能。

2. 操作步骤

（1）按MODE键进入参数设定模式，先设定 Pr.79 = 1（PU 运行模式），然后设定 Pr.31 = 18 Hz，Pr.32 = 22 Hz，Pr.33 = 25 Hz，Pr.34 = 30 Hz。

注意，每段频率差不能大于 10 Hz。

跳变频率

（2）按MODE键进入频率设定模式，设定给定频率为 20 Hz。

（3）设定完毕后，按MODE键进入监视模式。

（4）按RUN键，使电机运行。此时，面板显示运行频率为 18 Hz，将其值填入表 1-18 中。

（5）在 25～30 Hz 之间改变给定频率，观察频率的变化规律，并将显示结果填入表 1-18 中。

表 1-18　跳变频率

参　数　号	频率设定值/Hz	给定频率/Hz	运行频率/Hz
Pr.31	18	20	
Pr.32	22		
Pr.33	25	28	
Pr.34	30		
Pr.31	22	20	
Pr.32	18		

（6）重复上述步骤，设定 Pr.31 = 22 Hz，Pr.32 = 18 Hz，使电机在频率为 18～22 Hz 时固定以 22 Hz 运行。

🕮 注意

在加减速时，会通过整个设定范围内的运行频率区域；启动后，变频器只能以跳变频率的设定频率运行。

🕮 想一想

使用 Pr.31=18 Hz、Pr.32=22 Hz 和 Pr.31=22 Hz、Pr.32=18 Hz 这两种预置跳变频率的方法，在运行结果上有何不同？

任务拓展　FR Configurator2 软件的使用操作

三菱变频器的调试工具有操作面板和调试软件两种。FR Configurator2 软件是三菱变频器从启动到维护的调试工具，通过变频器上的 USB 接口、串行接口、Ethernet 接口等与计算机相连，实现参数显示、参数设置、输入/输出端子监视、测试运行、诊断、变频器内置 PLC 编程等功能。FR Configurator2 软件的具体使用方法请扫码学习“FR Configurator2 软件的使用操作”。

FR Configurator2
软件的使用操作

自我测评

一、填空题

1．三菱变频器的运行模式有________、________、________、________4 种。

2．三菱变频器中设置加速时间的参数是________；设置上限频率的参数是________；设置运行模式选择的参数是________。

3．为了避免机械系统发生谐振，变频器采用设置________的方法。

4．变频器的加减速曲线有3种：________、________、________。

5．若需要将变频器的所有参数都显示出来，则将________设置为________。

6．若需要对参数进行清除，则将________设置为________。

7．要在变频器运行过程中显示电流值，需要按________键。

8．FR-D740变频器的操作面板上，RUN指示灯亮表示________，PU指示灯亮表示________，EXT指示灯亮表示________。

9．三菱变频器的操作面板中，(RUN)键用于________，(MODE)键用于________，(PU/EXT)键用于________。

10．某变频器需要跳转的频率范围为18～22 Hz，可设置跳变频率Pr.33为________Hz，跳变频率Pr.34为________Hz。

二、简答题

1．三菱变频器中如何将其参数恢复为出厂设置？

2．简述三菱变频器的运行模式。

3．三菱变频器的加减速方式有哪几种？需要设置哪些相关参数？

4．什么叫跳变频率？为什么设置跳变频率？

5．什么是直流制动？在变频器中起什么作用？

三、分析题

1．变频器工作在PU运行模式，试分析在设置下列参数的情况下，变频器的实际运行频率。

① 预置上限频率Pr.1= 60 Hz，下限频率Pr.2=10 Hz，面板给定频率分别为5 Hz、40 Hz、70 Hz。

② 预置Pr.1= 60 Hz，Pr.2=10 Hz，Pr.31=28 Hz，Pr.32=32 Hz，面板给定频率如表1-19所示，将变频器的实际运行频率填入表1-19。

表1-19　变频器的实际运行频率

给定频率/Hz	5	20	29	30	32	35	50	70
运行频率/Hz								

2．在PU运行模式下，选择点动运行，点动频率为20 Hz，点动加减速时间是1 s。如何设置参数？变频器如何运行？

3．如果让变频器1跳过10～15 Hz，以10 Hz运行；变频器2跳过20～25 Hz，以25 Hz运行；变频器3跳过40～50 Hz，以50 Hz运行。如何设置参数？

4．利用变频器操作面板控制电机以30 Hz正转、反转运行，电机加减速时间为4 s，上、下限频率为60 Hz和5 Hz。频率由面板给定。

（1）写出将参数恢复为出厂设定值的步骤。

（2）画出变频器的接线图。

（3）写出变频器的参数设置。

任务1.3
三菱变频器的外部运行

任务导入

变频器在实际使用中经常被用于控制各类机械点动、正反转，例如，机床的前进后退、上升下降、进刀回刀等。由于变频器的控制柜与生产机械距离较远，因此变频器必须选择外部运行。外部运行需要将按钮、开关、频率设定电位器等接入变频器的输入端子，这样就可以远距离控制变频器运转。那么变频器的输入端子如何接线、参数如何设置才能实现变频器外部运行？电压给定和电流给定的模拟量调速有什么区别？什么是输出频率检测，它如何实现两台变频器的联锁控制运行？请带着这些问题走进任务 1.3。

相关知识

1.3.1 三菱变频器输入端子的功能

1. 输入端子的配置

三菱 FR-D740 变频器的控制电路端子配置情况如图 1-33 所示，部分端子的功能可以参考表 1-3，其中 SO、S1、S2、SC 端子是生产厂家设定用端子，请勿连接任何设备，否则可能导致变频器发生故障。另外，不要拆下连接在端子 S1-SC、S2-SC 间的短路用电线。任何一根短路用电线被拆下后，变频器都将无法运行。

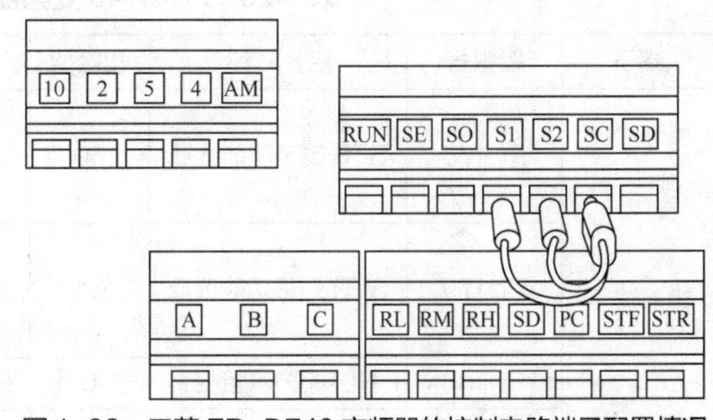

图 1-33 三菱 FR-D740 变频器的控制电路端子配置情况

变频器的基本运行控制电路端子包括正转运行（STF）、反转运行（STR）、高中低速选择（RH、RM、RL）等端子。控制方式有以下两种。

（1）开关信号控制方式（见图 1-34），又称为两线制（STF 和 STR 信号）控制方式，当 STF 或 STR 端子处于闭合状态时，电机正转或反转运行；当它们处于断开状态时，电机停止。

（2）脉冲信号控制方式（见图 1-35），又称为三线制（STF、STR 和 STOP 信号）控制方式，在 STF 或 STR 端子只需输入一个脉冲信号，电机即可维持正转或反转状态，犹如具有自锁功能。此时需要用一个常闭按钮连接变频器的 STOP 端子作为停止按钮。如要停机，必须断开停止按钮。

STOP 端子是由输入端子定义的，需要将 Pr.178～Pr.182 的值设定为 25 进行功能分配。

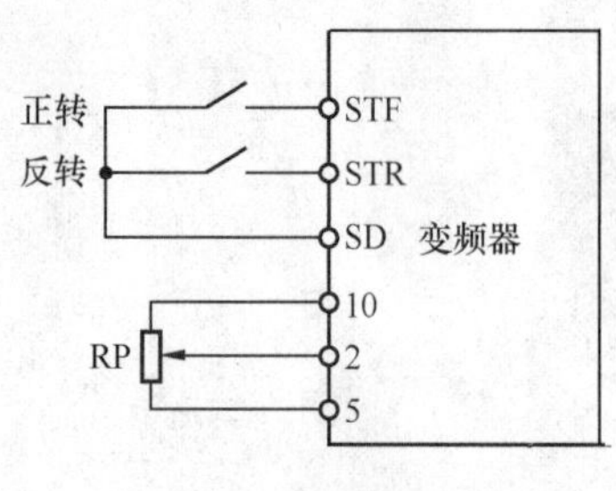

（a）变频器的接线

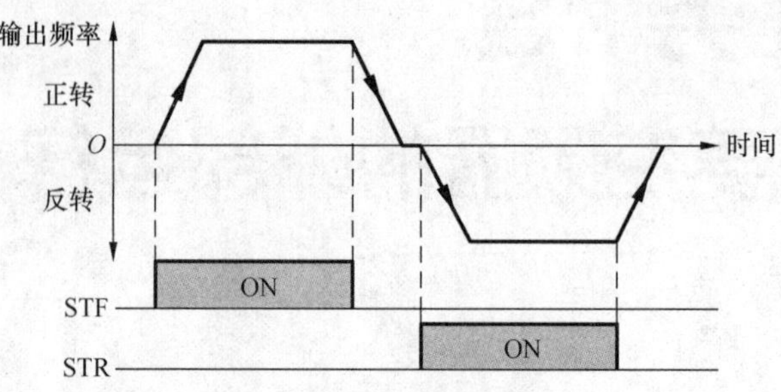

（b）控制信号的状态

图 1-34　开关信号控制方式

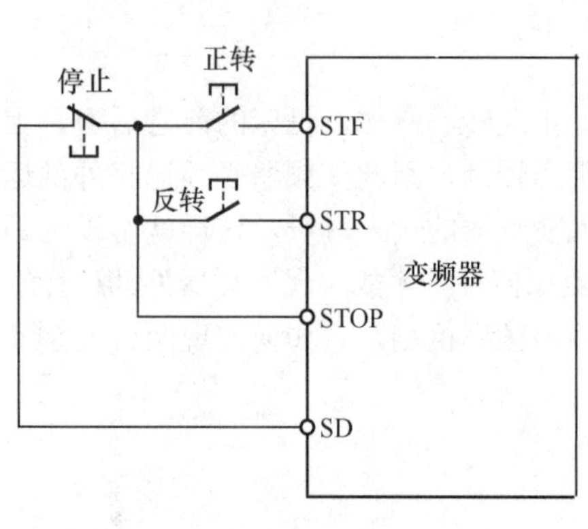

（a）变频器的接线

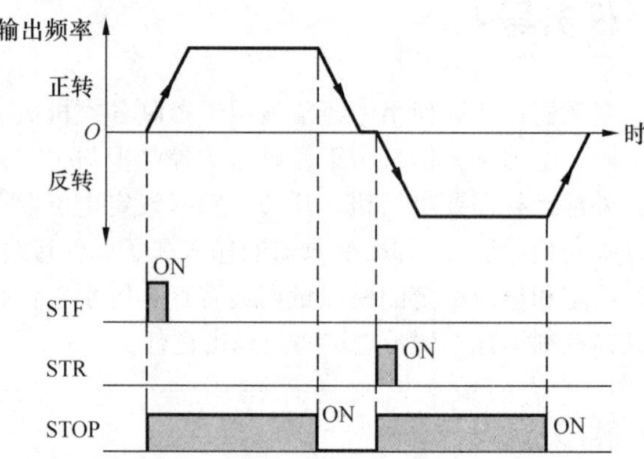

（b）控制信号的状态

图 1-35　脉冲信号控制方式

2. 数字量输入端子功能

三菱 FR-700 和 FR-800 系列变频器的 STF、STR、RL、RM、RH 等端子是多功能端子，这些端子的功能可以通过设定参数 Pr.178～Pr.182 的方法来选择，以减少变频器控制电路端子的数量。

输入端子功能选择的参数号、名称、初始值、初始信号和设定范围如表 1-20 所示。

表 1-20　FR-D740 变频器的输入端子参数设置

端子	参数号	名　称	初始值	初始信号	设定范围
输入端子	Pr.178	STF 端子功能选择	60	STF（正转指令）	0~5，7，8，10，12，14，16，18，24，25，37，60，62，65~67，9999
	Pr.179	STR 端子功能选择	61	STR（反转指令）	0~5，7，8，10，12，14，16，18，24，25，37，61，62，65~67，9999
	Pr.180	RL 端子功能选择	0	RL（低速运行指令）	0~5，7，8，10，12，14，16，18，24，25，37，62，65~67，9999
	Pr.181	RM 端子功能选择	1	RM（中速运行指令）	
	Pr.182	RH 端子功能选择	2	RH（高速运行指令）	

输入端子参数设定与功能选择的部分设定如表 1-21 所示，详细设定参看《三菱通用变频器 FR-D740 使用手册》。

表 1-21　输入端子参数设定与功能选择

设定值	端子名称	功能	
		Pr.59 = 0	Pr.59 = 1 或 Pr.59 = 2
0	RL	低速运行指令	遥控设定清除
1	RM	中速运行指令	遥控设定减速
2	RH	高速运行指令	遥控设定加速
3	RT	第 2 功能选择	
4	AU	端子 4 输入选择	
5	JOG	点动运行选择	
7	OH	外部热继电器输入	
8	REX	15 段速选择（同 RL、RM、RH 组合使用）	
14	X14	PID 控制有效端子	
24	MRS	输出停止	
25	STOP	启动自保持选择	
60	STF	正转指令（仅 STF 端子，即 Pr.178 可分配）	
61	STR	反转指令（仅 STR 端子，即 Pr.179 可分配）	
62	RES	变频器复位	
9999	—	无功能	

🕮 注意：

如果通过 Pr.178～Pr.182（输入端子功能选择）变更端子分配功能，有可能对其他的功能产生影响。请在确认各端子的功能后再设定。

（1）1 个功能能够被分配给 2 个以上的多个端子。此时，各端子的输入取逻辑和。

（2）速度指令的优先顺序为点动（JOG）> 多段速设定（RH、RM、RL、REX）>PID（X14）。

（3）当没有选择 HC 连接（变频器运行允许信号）时，MRS 端子分担此功能。

（4）当 Pr.59 = 1 或 2 时，RH、RM、RL 端子的功能变更如表 1-21 所示。

（5）AU 信号为 ON 时端子 2（电压输入）无效。

【自我训练 1-4】

训练内容：MRS（输出停止）输入端子功能验证。如果变频器运行过程中输出停止信号（MRS）变为 ON，变频器将在瞬间切断输出。

训练步骤如下。

（1）按图 1-36（a）所示的接线，将变频器设定为外部运行模式，即 Pr.79=2。设定 Pr.182=24，即将 RH 端子功能变更为 MRS 功能。“MRS 输入选择”参数 Pr.17=0，常开输入。电位器选用 1 kΩ、1/2 W 绕线可变电阻，其接法如图 1-36（b）所示。

MRS 输入端子功能实训

（2）将图 1-36（a）中的 K1 或 K2 闭合，缓慢旋转电位器 RP，当变频器显示 40 Hz 时，停止旋转，让变频器继续以 40 Hz 的频率运行。

（3）将 RH（MRS）端子上的开关 K3 闭合，变频器会瞬间停止输出，断开 K3 开关约 10 ms 后，变频器可以继续运行。

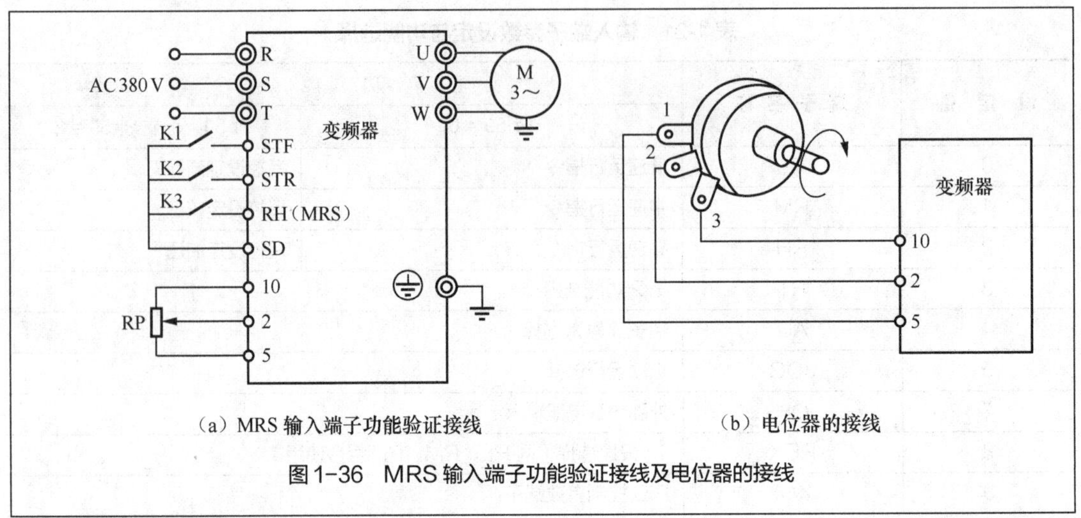

图 1-36　MRS 输入端子功能验证接线及电位器的接线

3. 模拟量输入端子功能

三菱变频器可以通过外部给定电压信号或电流信号调节变频器的输出频率，这些电压信号和电流信号在变频器内部通过模/数转换器转换成数字信号作为频率给定信号，控制变频器的速度。

变频器模拟量输入端子的功能

三菱变频器的模拟量输入端有 2、5 和 4、5 两路输入，这两路模拟量输入的功能由“模拟量输入选择”参数 Pr.73 和“端子 4 输入选择”参数 Pr.267 设定，其参数意义及设定范围如表 1-22 所示。

表 1-22　模拟量输入端设置的相关参数意义及设定范围

参数号	名　称	初始值	设定范围	内　容	
Pr.73	模拟量输入选择	1	0	端子 2 输入 0～10 V	不可逆运行
			1	端子 2 输入 0～5 V	
			10	端子 2 输入 0～10 V	可逆运行
			11	端子 2 输入 0～5 V	
Pr.267	端子 4 输入选择	0	0	电流输入时 V I	端子 4 输入 4～20 mA
			1	电压输入时 V I	端子 4 输入 0～5 V
			2		端子 4 输入 0～10 V

（1）模拟量输入规格的选择

对于模拟量电压输入使用的端子 2 可以选择 0～5 V（初始值）或 0～10 V 的电压信号，选择 0～5 V 或 0～10 V 输入，由“模拟量输入选择”参数 Pr.73 设定，如表 1-22 所示。

对于模拟量输入使用的端子 4 可以选择电压输入（0～5 V、0～10 V）或电流输入（4～20 mA 初始值），其输入规格由“端子 4 输入选择”参数 Pr.267 设定，如表 1-22 所示，同时需要将电压/电流输入切换开关置于图 1-37 所示的位置。

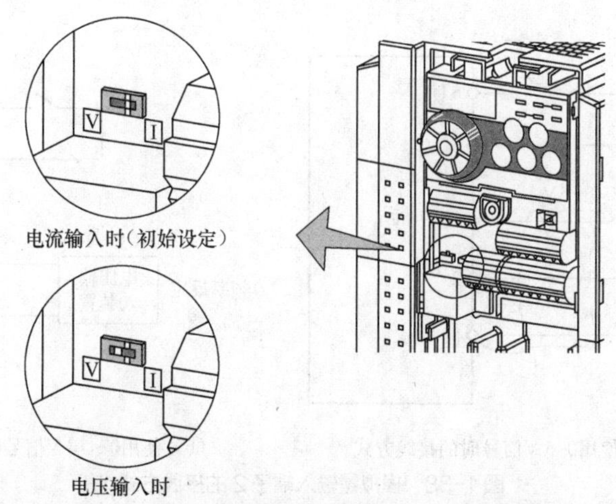

图1-37　端子4的电压/电流输入切换开关设定

📖 注意:

必须正确设定Pr.267的值和电压/电流输入切换开关的位置，并输入与设定相符的模拟量信号，否则设定发生错误时，会导致变频器发生故障。请参照表1-22来设定Pr.73、Pr.267的值。在表1-23中，▇▇表示主速度设定，—表示无效。

表1-23　Pr.73和Pr.267参数设置

Pr.73	端子2输入	端子4输入 AU信号	Pr.267	可逆运行
0	0~10 V	OFF	—	不可逆运行
1（初始值）	0~5 V			
10	0~10 V			可逆运行
11	0~5 V			
0	—	ON	根据Pr.267的设定值输入。 0: 4~20 mA（初始值）; 1: 0~5 V; 2: 0~10 V	不可逆运行
1（初始值）				
10	—			可逆运行
11				

📖 注意:

① 输入AU信号使用的端子通过将Pr.178～Pr.182的值设定为4来分配功能。

② 当AU信号为ON时，端子4有效；当AU信号为OFF时，端子2有效。

③ 输入最大输出频率指令电压(电流)时，如要变更最大输出频率，则通过Pr.125（Pr.126）（频率设定增益）来设定。此时无须输入指令电压（电流）。

（2）模拟量输入电压给定频率

在端子2、端子5之间输入DC 0～5 V的电压信号时，按照图1-38（a）所示接线，此时设置Pr.73=1或11，输入5 V时得到最大输出频率（由Pr.125设定）。5 V的电源，既可以使用内部电源（内部电源在端子10与端子5之间输出DC 5 V），也可以使用外部电源输入。

在端子2、端子5之间输入DC 0～10 V的电压信号时，按照图1-38（b）所示接线，此时设置Pr.73=0或10，输入10 V时得到最大输出频率（由Pr.125设定）。10 V的电源，必须使用外部电源输入。

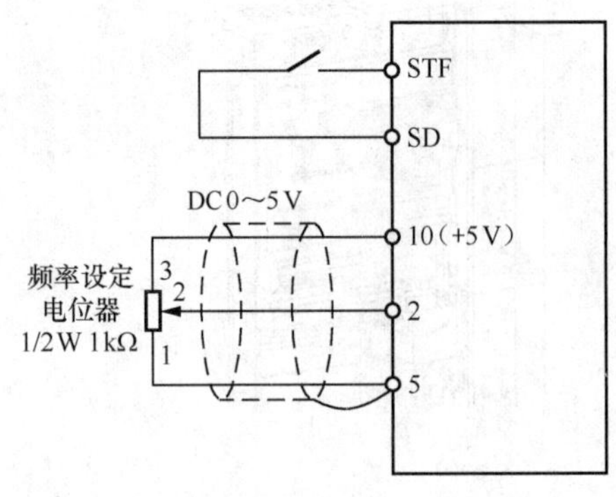

（a）使用0~5 V信号时的接线方式

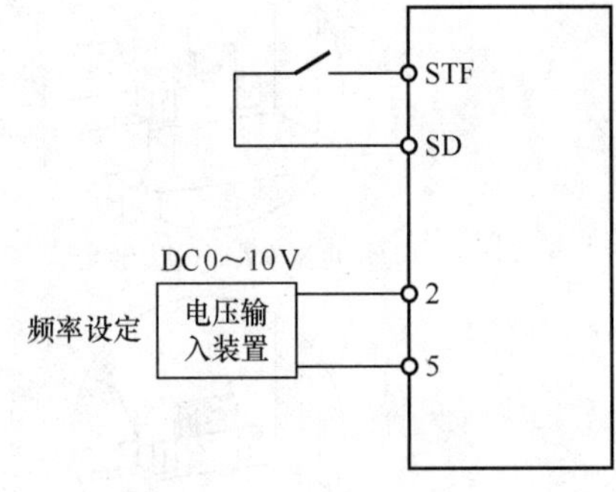

（b）使用0～10 V信号时的接线方式

图1-38　模拟量输入端子2的接线方式

将端子4设为电压输入规格时，必须设置Pr.267=1（DC 0～5 V）或Pr.267=2（DC 0～10 V），同时将电压/电流输入切换开关置于V，AU信号为OFF。

（3）模拟量输入电流给定频率

如果采用电流信号给定频率，需要将DC 4～20 mA的电流信号加到输入端子4、端子5之间，此时要使用端子4，必须设置Pr.267=0，同时将AU信号设置为ON，其接线方式如图1-39所示。输入20 mA时得到最大输出频率（由Pr.126设定）。

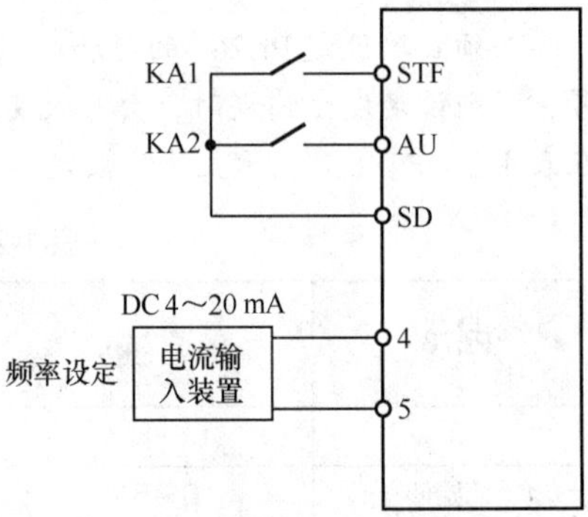

图1-39　模拟量输入端子4的接线方式

（4）以模拟量输入来切换变频器的正转、反转运行（可逆运行）

通过设置Pr.73=10或Pr.73=11，并调整“端子2频率设定增益频率”Pr.125、“端子4频率设定增益频率”Pr.126、“端子2频率设定偏置频率”C2（Pr.902）或“端子4频率设定增益”C7（Pr.905），可以通过端子2（或端子4）实现变频器的可逆运行。

【例1-1】 通过端子2（0～5 V）输入进行可逆运行时，设定Pr.73 = 11，使可逆运行有效。在Pr.125（Pr.903）中设定最大模拟量输入5 V时的频率为50 Hz，C2=0 Hz，将C3（Pr.902）的值设定为C4（Pr.903）设定值的1/2，即C3=2.5/5×100%=50%，C4=5/5×100%=100%。如图1-40所示，在端子2、端子5之间输入DC 0～2.5 V的电压时，变频器反转运行，输入DC 2.5～5 V的电压时，变频器正转运行。

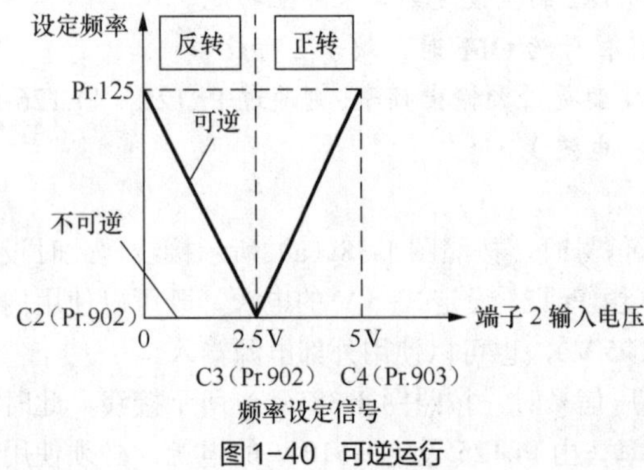

图1-40　可逆运行

注意：

① 在设定为可逆运行后，没有模拟量输入（仅输入启动信号）时会反转运行。

② 在设定为可逆运行后，在初始状态下，端子4也为可逆运行（0～4 mA，反转；4～20 mA，正转）。

1.3.2 点动频率

在调试生产机械时常常需要其点动运行，以便观察各部位的运转状况。可以事先设置点动频率，运行前只要选择点动运行模式即可，这样就不需要修改给定频率了。

点动频率、点动加减速时间和加减速基准频率的设定范围如表1-24所示，点动频率输出如图1-41所示。在三菱变频器的PU运行模式和外部运行模式下都可以进行点动操作。PU运行模式时，用操作面板可进行点动操作，如表1-16所示。图1-42所示为外部点动运行接线，用输入端子RL（JOG）选择点动操作功能，当RL（JOG）端子为ON时，用启动信号（STF或STR）启动、停止点动。

表1-24 点动频率、点动加减速时间和加减速基准频率的设定范围

参数号	出厂设定	设定范围	功能	备注
Pr.15	5 Hz	0～400 Hz	点动频率	
Pr.16	0.5 s	0～3600 s	点动加减速时间	Pr.21=0
		0～360 s		Pr.21=1
Pr.20	50 Hz	0～400 Hz	加减速基准频率	

📖 **注意：**

选择点动运行使用的JOG端子，必须将Pr.178～Pr.182的值（输入端子功能选择）设定为5来分配功能。

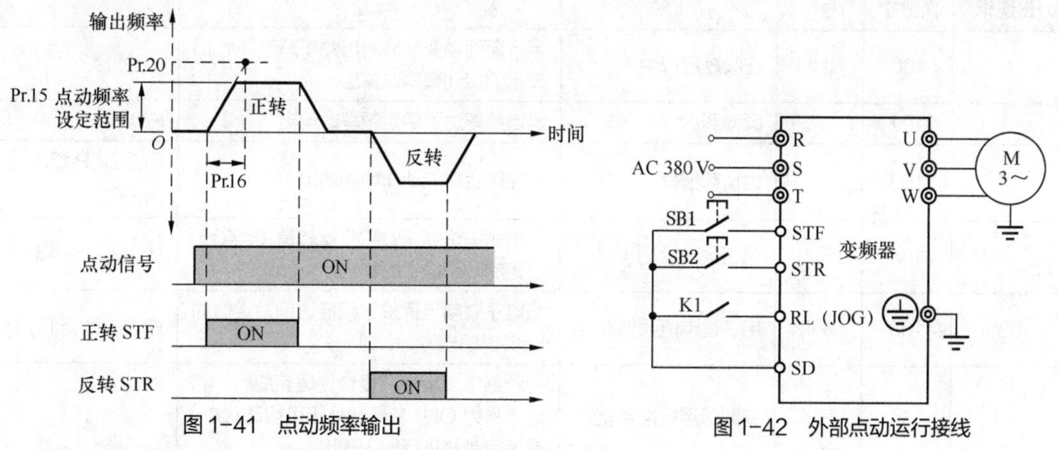

图1-41 点动频率输出

图1-42 外部点动运行接线

1.3.3 三菱变频器输出端子的功能

1. 输出端子的种类

三菱FR-D740变频器的输出端子分为数字量输出端子和模拟量输出端子两类，其端子接线如图1-18所示。

（1）数字量输出端子。它分为继电器输出端子和集电极开路输出端子两类。

① 继电器输出端子A、B、C。当变频器发生故障时，变频器将通过继电器输出端子发出故障信号，此时B、C之间断开，A、C之间导通。

② 集电极开路输出端子RUN，用来指示变频器的运行状态。低电平表示RUN端子导通，高电平表示RUN端子断开。

（2）模拟量输出端子AM。该输出端子通过外接仪表可以显示变频器的运行参数（频率、电压、电流等）。

2. 数字量输出端子功能

设定数字量输出端子的功能选择参数可改变集电极开路输出端子和继电器输出端子的功能。三菱变频器继电器输出端子A、B、C以及集电极开路输出端子RUN对应的参数意义及设定范围如表1-25所示。

表1-25　输出端子的参数意义及设定范围

参数号	名　称	初始值	初始信号	设定范围
Pr.190	RUN 端子功能选择	0	RUN（变频器运行中）	0，1，3，4，7，8，11～16，25，26，46，47，64，70，90，91，93*，95，96，98，99，100，101，103，104，107，108，111～116，125，126，146，147，164，170，190，191，193*，195，196，198，199，9999
Pr.192	A、B、C端子功能选择	99	ALM（异常输出）	

注：* 表示Pr.192的值不可设定为93、193。

输出端子的部分参数设定值及相应的功能如表1-26所示。其中0～99表示正逻辑，100～199表示负逻辑。

表1-26　输出端子的部分参数设定值及相应的功能

设定值		信号名称	功　能	动　作	相关参数
正逻辑	负逻辑				
0	100	RUN	变频器运行中	运行期间当变频器输出频率超过 Pr.13 设定的启动频率时输出	
1	101	SU	频率到达	输出频率达到给定频率时输出	Pr.41
3	103	OL	过负荷报警	失速防止功能动作期间输出	Pr.22、Pr.23、Pr.66
4	104	FU	输出频率检测	输出频率达到 Pr.42（反转是 Pr.43）设定的频率以上时输出	Pr.42、Pr.43
8	108	THP	电子过电流预报警	当电子过电流保护累积值达到设定值的85%时输出	Pr.9、Pr.51
11	111	RY	变频器运行准备就绪	变频器电源接通、复位处理完成后（启动信号为ON、变频器处于可启动状态，或当变频器运行时）输出	
14	114	FDN	PID 下限	达到 PID 控制的下限时输出	Pr.127～Pr.134，Pr.575～Pr.577
15	115	FUP	PID 上限	达到 PID 控制的上限时输出	
16	116	RL	PID 正-反向输出	PID 控制时，正转时输出	
47	147	PID	PID 控制动作中	PID 控制中输出	Pr.127～Pr.134，Pr.575～Pr.577
99	199	ALM	异常输出	当变频器的保护功能动作时输出此信号，并停止变频器的输出（严重故障时）	
9999		—	没有功能	—	

（1）变频器运行准备就绪信号（RY信号）和变频器运行中信号（RUN信号）

变频器运行准备就绪信号RY是指变频器电源接通、复位处理完成后（启动信号为ON、变频器处于可启动状态或当变频器运行时)，RY 信号的输出将变为 ON，如图 1-43 所示。变频器运行中信号 RUN 是指变频器输出频率如果超过 Pr.13 设定的启动频率，RUN 信号的输出将变为 ON。变频器停止中、直流制动动作中，RUN 信号的输出将变为 OFF，如图 1-43 所示。

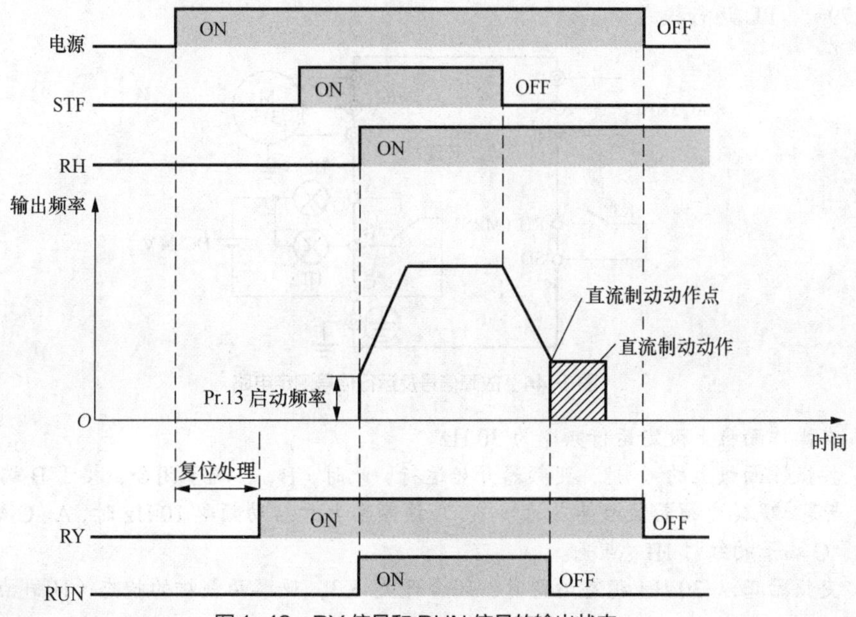

图 1-43 RY 信号和 RUN 信号的输出状态

使用 RY、RUN 信号时，必须将 Pr.190、Pr.192 的值设定为 11、0（正逻辑）或 111、100（负逻辑）来分配功能。RY 信号和 RUN 信号的动作状态如表 1-27 所示。

表 1-27 RY 信号和 RUN 信号的动作状态

<table>
<tr><th rowspan="3">变频器状态</th><th rowspan="3">启动信号为OFF(停止中)</th><th rowspan="3">启动信号为ON(停止中)</th><th rowspan="3">启动信号为ON(运行中)</th><th rowspan="3">直流制动动作中</th><th rowspan="3">报警或者MRS信号为ON(切断输出)</th><th colspan="3">瞬时停电再启动</th></tr>
<tr><th colspan="2">自由运行中</th><th rowspan="2">重新启动中</th></tr>
<tr><th>启动信号为ON</th><th>启动信号为OFF</th></tr>
<tr><td>RY 信号</td><td>ON</td><td>ON</td><td>ON</td><td>ON</td><td>OFF</td><td colspan="2">ON＊1</td><td>ON</td></tr>
<tr><td>RUN 信号</td><td>OFF</td><td>OFF</td><td>ON</td><td>OFF</td><td>OFF</td><td colspan="2">OFF</td><td>ON</td></tr>
</table>

注：＊1 表示停电或电压不足时变为 OFF。

【自我训练 1-5】

训练内容：变频器运行输出端子功能实训。

训练步骤如下。

① 按图 1-44 所示接线。设定如下参数。

Pr.1=50 Hz，上限频率。

Pr.2=0 Hz，下限频率。

Pr.7=8 s，加速时间。

Pr.8=8 s，减速时间。

Pr.13=10 Hz，启动频率。

变频器运行输出端子功能实训

Pr.160=0，扩展参数。

Pr.182=24，将 RH 端子功能设定为 MRS 功能。

Pr.192=0，将 A、B、C 端子功能设定为变频器运行中功能。

Pr.79=1，PU 运行模式。

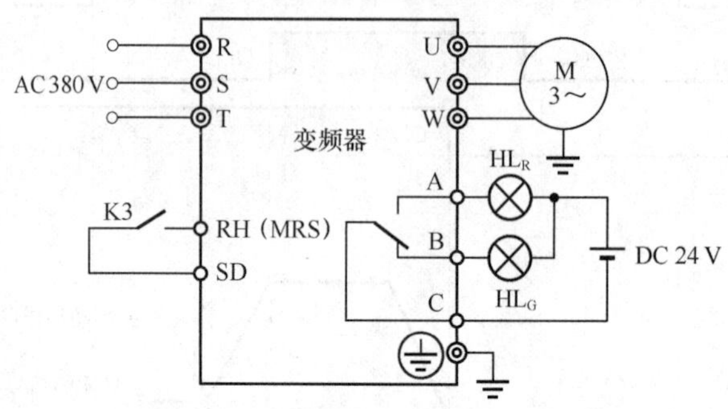

图 1-44　故障信号及运行信号测定电路

② 在操作面板上设定运行频率为 30 Hz。

③ 按操作面板上的 RUN 键，变频器开始运行，此时，B、C 端子闭合，接于 B 端子上的绿灯 HL_G 点亮。观察变频器显示屏上的频率，当该频率大于启动频率 10 Hz 时，A、C 端子闭合，接于 A、C 端子的红灯 HL_R 点亮。

④ 变频器正以 30 Hz 稳定运行时，闭合开关 K3，观察两盏灯的状态（HL_G 点亮，HL_R 熄灭）。

⑤ 断开 K3，10 s 后继续观察两盏灯的状态（HL_R 点亮，HL_G 熄灭）。此时变频器又继续运行。

⑥ 按 STOP/RESET 键，变频器停止运行。

（2）频率到达与输出频率检测

从表 1-25 和表 1-26 中可知，RUN 输出端子和 A、B、C 输出端子具有频率到达与输出频率检测功能，两种功能都是为了说明变频器的输出频率是否达到某一水平。但在“频率到达”的设定方式上有所区别，说明如下。

① 频率到达。变频器的 A、B、C 端子或 RUN 端子的功能被预置为 SU（频率到达）功能时，当变频器的输出频率达到给定频率时，该输出信号 SU 为 ON，Pr.41 用来设定输出频率达到给定频率时频率到达信号（SU）的动作范围，如图 1-45（a）所示，其参数含义及设定范围如表 1-28 所示。

- 频率到达信号（SU）的动作范围可在运行频率 0～±100%的范围内调整。
- 变频器输出频率可用于确认是否达到给定频率，作为相关设备的动作开始信号。
- 使用 SU 信号时，必须将 Pr.190、Pr.192 的值（输出端子功能选择）设定为 1（正逻辑）或者 101（负逻辑），为输出端子分配功能。

表 1-28　Pr.41、Pr.42 和 Pr.43 参数含义及设定范围

参数号	名称	初始值	设定范围	内容
Pr.41	频率到达动作范围	10%	0～100%	使 SU 信号变为 ON 的电平
Pr.42	正转时输出频率检测	6 Hz	0～400 Hz	使 FU 信号变为 ON 的频率
Pr.43	反转时输出频率检测	9999	0～400 Hz	反转时使 FU 信号变为 ON 的频率
			9999	与 Pr.42 的设定值一致

② 输出频率检测。输出频率检测并非以给定频率作为检测的依据，而是可以任意设定一个频率值（Pr.42 用于正转时的输出频率检测，Pr.43 用于反转时的输出频率检测）作为检测的依据。当输出频率达到检测频率时，变频器的输出信号 FU 为 ON，如图 1-45（b）所示。

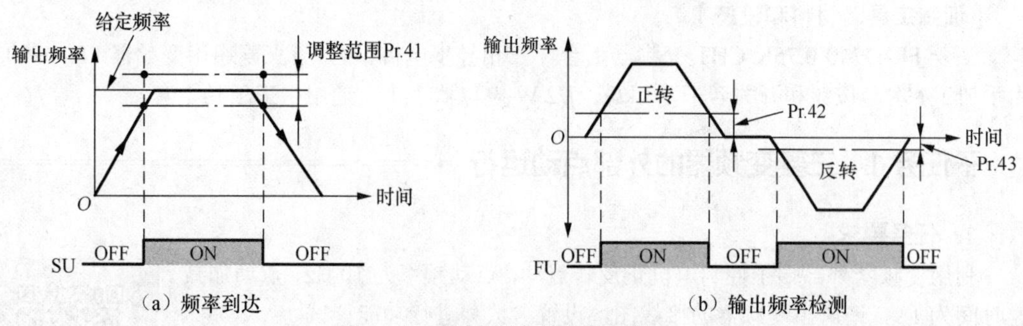

图 1-45　频率到达与输出频率检测

使用 FU 信号时，必须设定 Pr.190、Pr.192 的值（输出端子功能选择）为 4（正逻辑）或 104（负逻辑），为输出端子分配功能。

【自我训练 1-6】

训练内容：变频器频率到达与输出频率检测功能实训。

训练步骤如下。

将变频器设定为 PU 运行模式，运行频率设定为 40 Hz。设定如下参数。

Pr.7=10 s，加速时间。

Pr.8=10 s，减速时间。

Pr.13=10 Hz，启动频率。

Pr.160=0，扩展参数。

Pr.41=10%，频率到达动作范围。

Pr.42=25 Hz，输出频率检测。

Pr.79=1，PU 运行模式。

变频器频率到达与输出频率检测功能实训

按照图 1-46 所示，在输出端子 RUN 上接入一盏红灯 HL。按表 1-29 所示设置功能参数，启动变频器，注意运行频率达到多少时，红灯点亮，并将结果填入表 1-29 中。

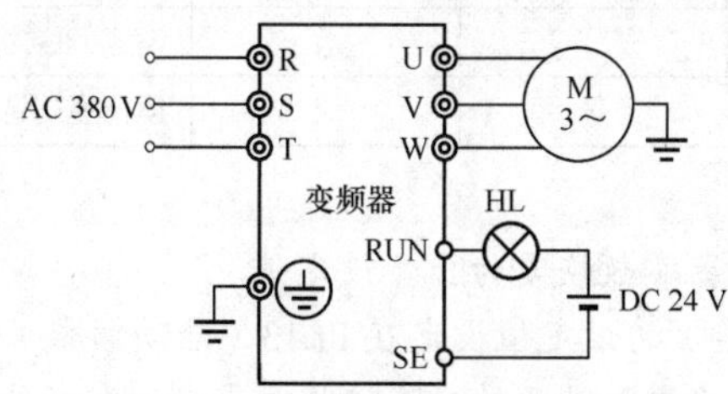

图 1-46　频率到达与输出频率检测接线

表 1-29　多功能输出端子功能检测

多功能输出端子功能	Pr.190 的设定值	红灯的状态
运行中指示	0（RUN）	
频率到达	1（SU）	
输出频率检测	4（FU）	

任务实施

【训练工具、材料和设备】

三菱 FR-D740-0.75K-CHT 变频器 1 台，三相异步电机 1 台，《三菱通用变频器 FR-D700 使用手册》1 本，按钮和开关若干，1 kΩ、1/2 W 电位器 1 个，通用电工工具 1 套。

子任务 1　三菱变频器的外部点动运行

1. 任务要求

利用变频器外部端子控制电机正反转点动，点动频率为 10 Hz，点动加减速时间为 1 s。请画出变频器的接线图，设置参数并进行功能调试。

三菱变频器的外部点动运行操作

2. 变频器硬件电路

按照图 1-42 所示完成变频器外部点动运行接线，认真检查，确保正确无误。

3. 设置变频器的参数

打开电源开关，在 PU 运行模式下，按照表 1-30 所示设置变频器参数。设定完毕后，EXT 指示灯点亮。

表 1-30　点动运行功能参数设定

序　号	变频器参数	出 厂 值	设 定 值	功 能 说 明
1	Pr.1	50	50	上限频率（50 Hz）
2	Pr.2	0	0	下限频率（0 Hz）
3	Pr.9	0	1	电子过电流保护（按照电机额定电流设定）
4	Pr.160	9999	0	扩展功能显示选择
5	Pr.13	0.5	5	启动频率（5 Hz）
6	Pr.15	5	10.00	点动频率（10 Hz）
7	Pr.16	0.5	1	点动加减速时间（1 s）
8	Pr.180	0	5	设定 RL 为点动运行功能
9	Pr.79	0	2	运行模式选择

🕮 注意：

① 设置参数前先将变频器参数恢复为出厂设定值。

② 请把 Pr.15（点动频率）的设定值设定在 Pr.13（启动频率）的设定值之上。

③ 通过设定 Pr.180=5，将输入端子的功能选择为点动运行功能。

4. 操作运行

（1）闭合点动开关 K1，操作面板显示“JOG”，按正转启动按钮 SB1 或反转启动按钮 SB2，电机便会以 10 Hz 的点动频率正转或反转点动运行，注意操作面板的显示频率。

（2）断开 K1，电机停止点动运行。改变 Pr.15、Pr.16 的值，重复上述步骤，观察电机运转状态有什么变化。

🕮 注意：

外部点动运行时，若按 STOP/RESET 键将会出错报警（报警代码为 PS），不能重新启动，必须停电复位。

子任务2　三菱变频器电压给定的外部运行

1. 任务要求

现有一台功率为1.1 kW的三相异步电机拖动传送带运行，变频器通过电机调节传送带的速度，如图1-47所示。用开关控制变频器启停，通过电位器给定0～5 V的电压，让变频器在0～50 Hz之间进行正反转调速运行，加减速时间为5 s。请画出变频器的接线图，设置参数并进行功能调试。

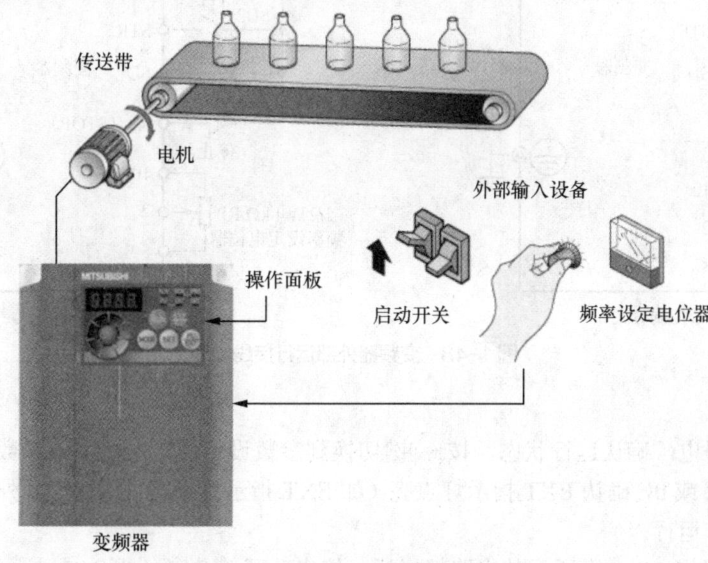

图1-47　传送带示意

2. 硬件电路

按图1-48所示的电路接好线。其中，图1-48（a）所示是开关信号控制方式，通过开关SA1和SA2控制变频器启停实现正反转；图1-48（b）所示是脉冲信号控制方式，通过按钮SB1和SB2给变频器发送正反转启动信号，通过SB发送停止信号。频率给定是通过接在端子10、2、5上的电位器给端子2、5加0～5 V的电压信号来实现的。

注意：

对于三脚电位器（1 kΩ）要把中间引脚接到变频器的端子2上，其他两个引脚分别接变频器的端子10、端子5。

3. 参数设置

需要设置以下参数。

Pr.1=50 Hz，上限频率。

Pr.2=0 Hz，下限频率。

Pr.7=5 s，加速时间。

Pr.8=5 s，减速时间。

Pr.9=2.5 A，电子过电流保护，一般将其设定为变频器的额定电流。

Pr.73=1，端子2输入0～5 V电压信号。

Pr.125=50 Hz，将端子2频率设定为增益频率。

Pr.178=60，将端子STF设定为正转端子。

Pr.179=61，将端子 STR 设定为反转端子。

Pr.180 =25，将 RL 端子功能变更为 STOP 端子功能。

Pr.79=2，外部运行模式。

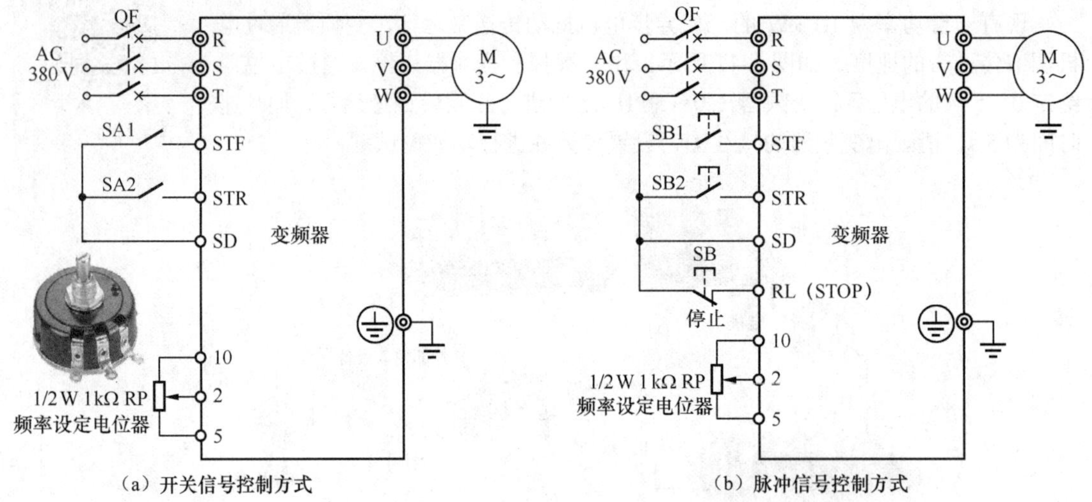

（a）开关信号控制方式　（b）脉冲信号控制方式

图 1-48　变频器外部运行接线

4．操作运行

（1）变频器得电，确认运行状态。按MODE键切换到参数设定模式，将上述参数写入变频器，最后设置 Pr.79 = 2 或 0，确认 EXT 指示灯点亮（如 EXT 指示灯未亮，请切换到外部运行模式）。

（2）开关操作运行。

① 开始。按图 1-48（a）所示的电路接好线。使启动开关 SA1（或 SA2）处于 ON，表示运转状态的 RUN 指示灯闪烁。

② 加速→恒速。将电位器（频率设定电位器）缓慢向右拧到底。显示屏上的频率数值随 Pr.7（加速时间）的增加而增大，电机加速，变为 50.00（50.00 Hz）时，停止旋转电位器。此时变频器以 50 Hz 运行。RUN 指示灯在正转时一直点亮，反转时缓慢闪烁。

③ 减速。将电位器（频率设定电位器）缓慢向左拧到底。显示屏上的频率数值随 Pr.8（减速时间）的减少而减小，变为 0.00（0.00 Hz）时，电机停止运行。RUN 指示灯快速闪烁。

④ 停止。断开启动开关 SA1（或 SA2），电机将停止运行。RUN 指示灯熄灭。

注意：

如果正转和反转开关都处于 ON，电机不启动；如果在运行期间，两个开关同时处于 ON，电机减速至停止状态。

（3）按钮自保持操作运行。按图 1-48（b）所示接好电路，并设定 Pr.180 =25，即将 RL 端子功能变更为 STOP 端子功能。按下 SB1，同时使 STOP 信号接通（即使 SB 按钮保持闭合），电机开始正转运行，松开 SB1 时，电机仍然保持正转。断开 SB 时，电机停止工作。按下 SB2，同时使 STOP 信号接通（即使 SB 按钮保持闭合），电机开始反转运行，松开 SB2 时，电机仍然保持反转。断开 SB 时，电机停止工作。

想一想

在端子 2、端子 5 之间加 0～5 V 电压信号时，需要变频器实现正反转可逆运行，应如何设定变频器的参数？

子任务3 两台变频器的联锁控制运行

1. 任务要求

如图1-49所示，某粉末传送带控制系统中有两台变频器，其中，变频器UF1控制搅拌机电机M1拖动料斗给传送带供料；变频器UF2控制传送带电机M2拖动传送带运料。搅拌机与传送带之间实现联动时，为了防止物料在传送带上堆积，要求：

（1）只有传送带电机M2的工作频率$f_{X2} \geqslant 30$ Hz时，搅拌机电机M1才能启动；

（2）传送带电机M2的工作频率$f_{X2} < 30$ Hz时，搅拌机电机M1必须停止。

请设计控制系统电路图，设置参数并进行功能调试。

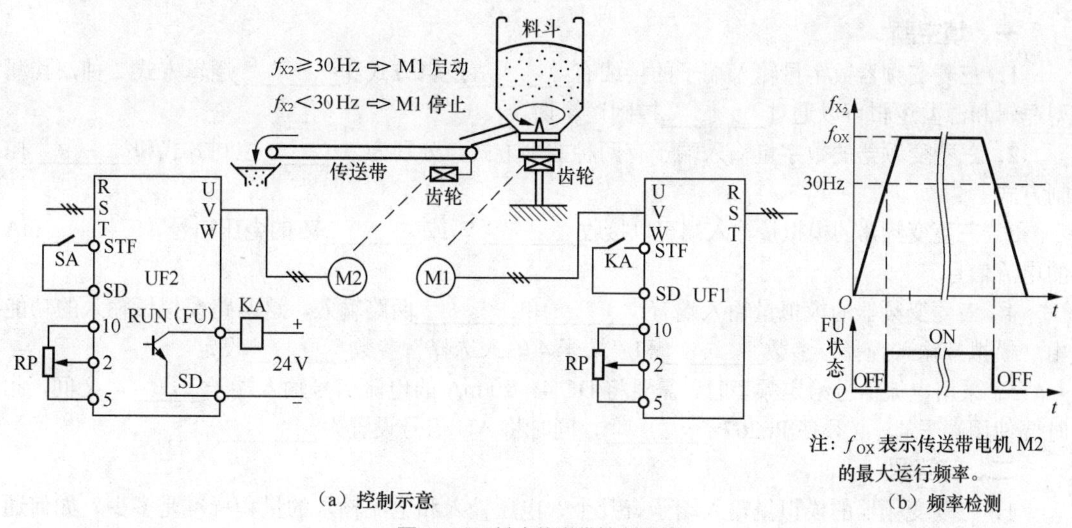

（a）控制示意　　（b）频率检测

图1-49 粉末传送带控制系统

2. 实现步骤

具体实现步骤如下。

（1）将变频器UF2多功能输出端子RUN预置为“输出频率检测”（FU）信号，将检测频率预置为30 Hz。需设置以下参数。

Pr.160=0，扩展参数。

Pr.42=30 Hz，检测频率。

Pr.178=60，将STF端子设定为正转端子。

Pr.190=4，将RUN端子变更为输出频率检测FU端子。

Pr.79=2，将变频器设置为外部运行模式。

同时，在变频器UF1中设置Pr.79=2，Pr.178=60。

（2）闭合变频器UF2上的启动开关SA，旋转RP电位器，逐渐增加频率，当UF2的输出频率达到30 Hz时，FU-SD之间接通→继电器KA线圈得电→KA的常开触点闭合→UF1变频器启动→搅拌机电机M1运行。

（3）当变频器UF2的输出频率小于30 Hz时，FU-SD之间断开→继电器KA线圈失电→KA的常开触点断开→UF1变频器停止→搅拌机电机M1停止。

任务拓展　三菱变频器电流给定的外部运行

如果将图 1-48（a）中的频率给定修改为由端子 4、端子 5 给定 4～20 mA 的电流信号，让变频器在 0～50 Hz 之间进行正反转调速运行，加减速时间为 5 s。如何对变频器进行接线并进行参数设置？请扫码学习“三菱变频器电流给定的外部运行”。

自我测评

一、填空题

1．三菱变频器数字量输入端子的接线有________逻辑方式和________逻辑方式 2 种，其漏型逻辑和源型逻辑可以通过________控制逻辑切换。

2．三菱变频器的数字量输入端子有两种控制方式，分别为________控制方式和________控制方式。

3．三菱变频器的模拟量输入端可以接收________V 或________V 的电压信号、________mA 的电流信号。

4．三菱变频器的模拟量输入端有________和________两路输入，这两路模拟量输入的功能由“模拟量输入选择”参数________和“端子 4 输入选择”参数________设定。

5．采用电流信号给定频率时，需要将 DC 4～20 mA 的电流信号输入端子________之间，此时要使用端子 4，必须使 Pr.267=________，同时将 AU 信号设置为________。

二、简答题

1．三菱变频器的模拟量输入端子有几个？电压输入和电流输入的量程标准是多少？如何通过开关设置电压输入和电流输入？

2．三菱变频器如果通过端子 10、端子 2、端子 5 给定 0～5 V 的电压信号，如何设置参数才能实现变频器正转和反转运行切换？

三、分析题

1．利用变频器外部端子实现电机正转、反转和点动的功能，电机加减速时间为 4 s，点动频率为 10 Hz。RH 为点动端子，STF 为正转端子，STR 为反转端子，由端子 2、端子 5 给定 0～10 V 的模拟量电压信号。试画出变频器的接线图并设置参数。

2．测试频率到达和输出频率检测功能。

要求：① 变频器以 30～50 Hz 的频率运行，SU 端子有输出信号。如何设置参数？变频器如何运行？

② 当变频器以 49 Hz 运行时，FU 端子有输出信号。如何设置参数？变频器如何运行？

任务1.4
三菱变频器的组合运行

01

任务导入

任务 1.2 和任务 1.3 中的启动指令和频率指令要么都是由面板给定的，要么都是由外部端子给定的。如果一个指令由面板给定，另一个指令由外部端子给定，那么这种给定模式称为组合运行模式，即 PU 运行和外部运行两种模式并用。变频器的组合运行模式分为以下两种。

（1）组合运行模式 1（Pr.79=3）。它是指变频器的启动指令通过外部端子 STF 或 STR 给定，频率指令通过操作面板上的◎旋钮给定。

（2）组合运行模式 2（Pr.79=4）。它是指变频器的启动指令由操作面板上的(RUN)键给定，频率指令由外部模拟量信号给定，分为电压给定和电流给定两种方式。

任务 1.3 中的电压给定和电流给定都采用出厂设定值，例如给定 0～5 V 的电压信号，让变频器在 0～50 Hz 之间调速；如果现在要求给定 1～5 V 的电压信号，让变频器在 10～60 Hz 之间调速，如何预置频率给定线呢？组合运行模式 1 和组合运行模式 2 是怎么实现的？请带着这些问题走进任务 1.4。

相关知识

1.4.1 工作频率给定方式

要调节变频器的输出频率，必须首先向变频器提供改变频率的信号，这个信号称为频率给定信号。所谓频率给定方式，就是调节变频器输出频率的具体方式，也就是提供频率给定信号的方式。

1. 频率给定方式

（1）面板给定。利用变频器操作面板上的◎旋钮或键盘上的数字增加键（▲）和数字减小键（▼）来直接改变变频器的设定频率，属于数字量给定。

（2）数字量给定。通常有两种方法：一是通过变频器的升速端子和降速端子来改变变频器的设定频率；二是用开关的组合选择已经设定好的固定频率，即多段速控制。

（3）模拟量给定。模拟量给定方式即通过变频器的模拟量端子从外部输入模拟量信号（电压或电流），并通过调节模拟量的大小来改变变频器的输出频率，详见任务 1.3。

（4）通信给定。通信给定方式是指上位机通过通信接口按照特定的通信协议、特定的通信介质将数据传输到变频器以改变设定频率的方式。

上位机一般指计算机（或工控机）、PLC、分散控制系统（Distributed Control System，DCS）等主控制设备。该给定属于数字量给定。

2. 选择频率给定方式的原则

（1）面板给定和模拟量给定中，优先选择面板给定。面板给定属于数字量给定，给定精度较高。

（2）数字量给定和模拟量给定中，优先选择数字量给定。因为数字量给定时频率精度较高，且抗干扰能力强。

（3）电压给定和电流给定中，优先选择电流给定。因为电流信号在传输过程中，不受线路电压降、接触电阻及其压降、杂散的热电效应和感应噪声等的影响，抗干扰能力较强。

1.4.2 频率给定线

由模拟量给定频率时，变频器的给定信号 X 与对应的给定频率 f_X 之间的关系曲线 $f_X=f(X)$，称为频率给定线。这里的给定信号 X，既可以是电压信号 U_G，也可以是电流信号 I_G。

1. 基本频率给定线

在给定信号 X 从 0 增大至最大值 X_{max} 的过程中，给定频率 f_X 线性地从 0 增大到 f_{max} 的频率给定线称为基本频率给定线。其起点为（$X=0$，$f_X=0$），终点为（$X=X_{max}$，$f_X=f_{max}$），如图 1-50 所示的直线①。

2. 频率给定线的调整

① 调整的必要性。在生产实践中，常常遇到这样的情况：生产机械要求的最低频率及最高频率常常不是 0 Hz 和额定频率，或者说，实际要求的频率给定线与基本频率给定线并不一致。所以需要适当调整频率给定线，使之满足生产实际的需求。

② 调整的要点。因为频率给定线是直线，所以可以根据拖动系统的需要任意预置。

三菱 FR-700 系列变频器和 FR-800 系列变频器预置频率给定线的方法相同，都是通过预置偏置频率和增益频率来决定频率给定线的，如图 1-50 所示的直线②和③。说明如下。

a. 偏置频率：给定信号 X=0 时对应的频率称为偏置频率，用 f_{BI} 表示，如图 1-50 所示。预置时，偏置频率 f_{BI} 是直接设定的频率值。

b. 增益频率：增益频率就是给定电压最大值或电流最大值对应的最大输出频率，通过 Pr.125 或 Pr.126 进行设置。

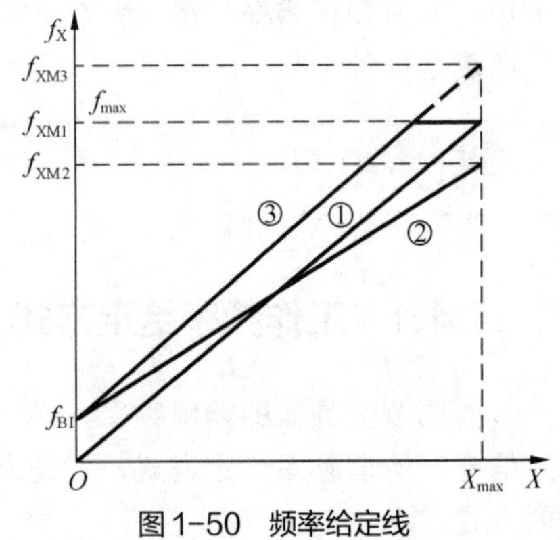

图 1-50 频率给定线

3. 频率给定线的参数设置

频率给定线的预置对变频器的运行具有重要的意义。预置的内容包括偏置、增益功能实现频率给定线的预置，涉及频率设定电压（电流）的偏置和增益的调整，相关参数意义及设定范围如表 1-31 所示。

表 1-31 频率给定线设置的相关参数意义及设定范围

参数号	名称	初始值	设定范围	内容
Pr.125	端子 2 频率设定增益频率	50 Hz	0～400 Hz	端子 2 输入增益（最大）的频率
Pr.126	端子 4 频率设定增益频率	50 Hz	0～400 Hz	端子 4 输入增益（最大）的频率

续表

参 数 号	名 称	初始值	设 定 范 围	内 容	
Pr.241	模拟量输入显示单位切换	0	0	%显示	模拟量输入显示单位
			1	V/mA 显示	
C2（Pr.902）	端子 2 频率设定偏置频率	0 Hz	0～400 Hz	端子 2 输入偏置侧的频率	
C3（Pr.902）	端子 2 频率设定偏置	0%	0～300%	端子 2 输入偏置侧电压（电流）的百分比换算值	
C4（Pr.903）	端子 2 频率设定增益	100%	0～300%	端子 2 输入增益侧电压（电流）的百分比换算值	
C5（Pr.904）	端子 4 频率设定偏置频率	0 Hz	0～400 Hz	端子 4 输入偏置侧的频率	
C6（Pr.904）	端子 4 频率设定偏置	20%	0～300%	端子 4 输入偏置侧电流（电压）的百分比换算值	
C7（Pr.905）	端子 4 频率设定增益	100%	0～300%	端子 4 输入增益侧电流（电压）的百分比换算值	

注意：

表 1-31 参数号中圆括号内是 FR-E500 系列（三菱早期的变频器）变频器使用操作面板（FR-PA02-02）或使用参数单元（FR-PU04-CH/FR- PU07）时的参数号。

偏置/增益功能用于设定输出频率，从而调整从外部输入的 DC 0～5 V/0～10 V 或 DC 4～20 mA 等设定输入信号和输出频率的关系。下面以图 1-51 所示的曲线来说明频率给定线相关参数的设置。

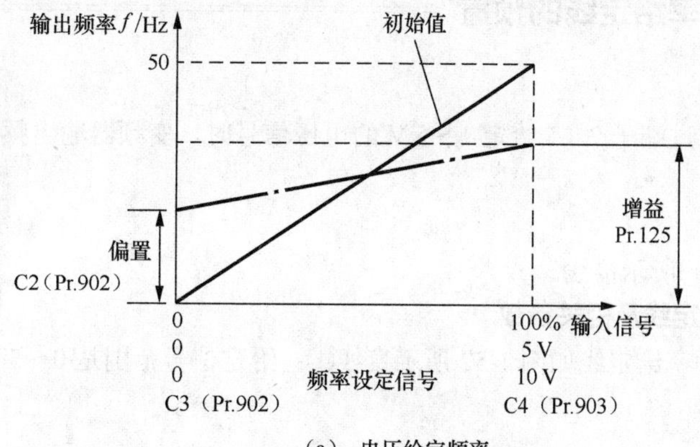

（a） 电压给定频率

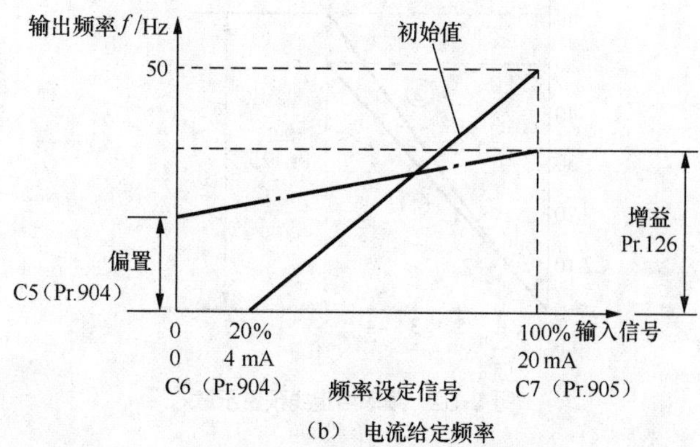

（b） 电流给定频率

图 1-51 频率给定线设置说明

（1）变更最大模拟量输入时的增益频率（Pr.125、Pr.126）。

在只变更最大模拟量输入电压或电流对应的最大输出频率时，只需要对 Pr.125 或 Pr.126 进行设定，如图 1-51 所示，无须变更 C2（Pr.902）～C7（Pr.905）的设定。

（2）模拟量输入偏置/增益的校正[C2（Pr.902）～C7（Pr.905）]。

如图 1-51（a）所示，端子 2 输入的偏置频率通过 C2（Pr.902）进行设定，它是给定电压初始值为 0 V 时对应的频率；给定电压最大值 5 V 或 10 V 对应的最大输出频率通过 Pr.125 来设定；C3 就是端子 2 输入偏置侧电压与最大输入给定电压 5 V 或 10 V 的百分比换算值，C4 就是端子 2 输入增益侧电压与最大输入给定电压 5 V 或 10 V 的百分比换算值。

如图 1-51（b）所示，端子 4 输入的偏置频率通过 C5（Pr.904）进行设定，它是给定电流初始值为 4 mA 时对应的频率；给定电流最大值 20 mA 对应的最大输出频率通过 Pr.126 来设定；C6 就是端子 4 输入偏置侧电流与最大输入给定电流 20 mA 的百分比换算值，C7 就是端子 4 输入增益侧电流与最大输入给定电流 20 mA 的百分比换算值。

任务实施

【训练工具、材料和设备】

三菱 FR-D740-0.75K-CHT 变频器 1 台，三相异步电机 1 台，《三菱通用变频器 FR-D700 使用手册》1 本，按钮和开关若干，1 kΩ、1/2 W 电位器 1 个，通用电工工具 1 套。

子任务 1　频率给定线的预置

1. 任务要求

某用户要求，通过端子 2、5 给定 1～5 V 的电压信号时，变频器输出频率是 10～60 Hz。如何预置频率给定线？

2. 硬件接线

按照图 1-48（a）所示接线。

3. 预置频率给定线及相关参数

变频器的基本频率给定线如图 1-52 所示直线①：给定信号范围是 0～5 V，对应的输出频率是 0～50 Hz。

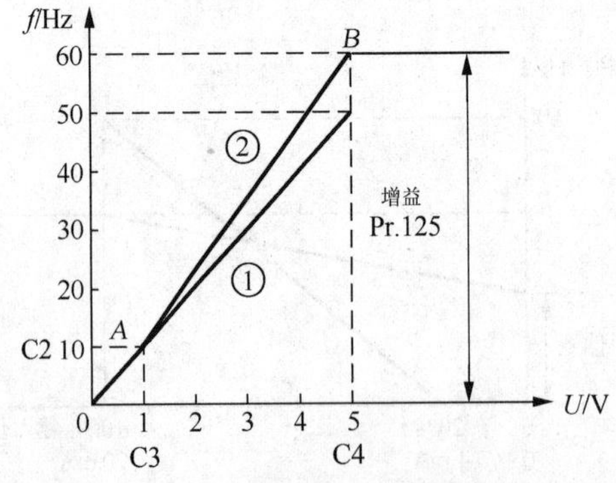

图1-52　频率给定线预置示意

用户实际要求的频率给定线如图 1-52 所示曲线②的 *AB* 段。*AB* 段输出频率的大小（斜度）由起点 *A*（C3，C2）和终点 *B*（C4，Pr.125）连成的直线确定，需要设置 *A* 点的坐标，C3=1/5×100%=20%，C2=10 Hz；*B* 点的坐标，C4=5/5×100%=100%，Pr.125=60 Hz。还需要设置如下参数：

Pr.1=60 Hz，上限频率；

Pr.2=10 Hz，下限频率；

Pr.73=1，端子 2 输入 0～5 V 电压信号；

Pr.79=2，外部运行模式。

频率给定线的参数设置

注意：

C2、C3、C4 参数的设置方法请扫描“频率给定线的参数设置”二维码观看相应的微课视频学习。

4. 操作运行

闭合图 1-48（a）中的开关 SA1，变频器开始运行。调节电位器（三脚电位器），使变频器输出频率分别为 47.5 Hz、35 Hz 和 22.5 Hz。变频器输出频率为 47.5 Hz 时，用万用表测量图 1-48（a）中端子 2、5 之间的电压，其对应的电压值如表 1-32 所示，应该显示 4 V；继续调节三脚电位器，使变频器输出频率为 35 Hz，此时用万用表测量图 1-48（a）中端子 2、5 之间的电压，应该显示 3 V。

通过以上设置可知，当给定电压信号是 3 V 时，变频器输出频率应该是 35 Hz。

表 1-32　给定电压与给定频率之间的关系

频率/Hz	电压/V
47.5	4
35	3
22.5	2

注：由于是电压给定，万用表实际测出的电压值会上下波动。

子任务 2　电压给定的变频器组合运行

1. 任务要求

有一台变频器采用组合运行模式 1，通过外部 STF 和 STR 端子控制变频器正反转运行，通过操作面板上的旋钮给定频率，让变频器以 30 Hz 运行。

另一台变频器采用组合运行模式 2，由操作面板上的RUN键控制变频器启动，频率指令由外部模拟量端子 2、5 给定 0～5 V 的电压信号。

两台变频器的加速时间和减速时间均为 5 s，变频器驱动的两台电机的额定电流均为 2.5 A。请画出两台变频器的接线图，设置参数并进行功能调试。

三菱变频器
组合运行模式 1
运行操作

三菱变频器
组合运行模式 2
运行操作

2．变频器硬件电路

组合运行模式1的接线如图1-53所示，由外部开关SA1和SA2控制变频器正反转运行，通过变频器的面板给定运行频率。组合运行模式2的接线如图1-54所示，由变频器面板上的(RUN)键控制变频器启动，通过端子10、2、5给定运行频率。

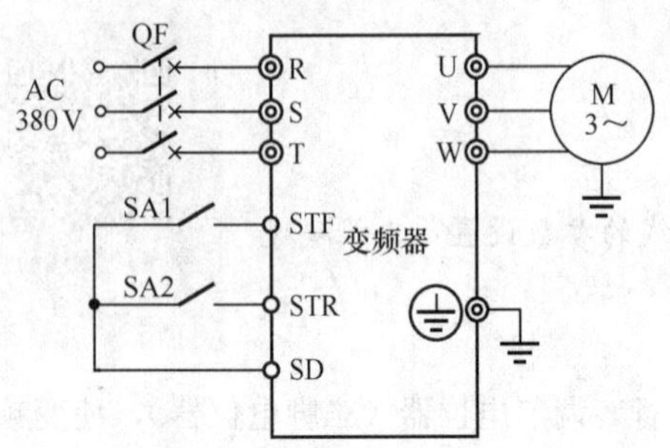

图1-53　组合运行模式1的接线

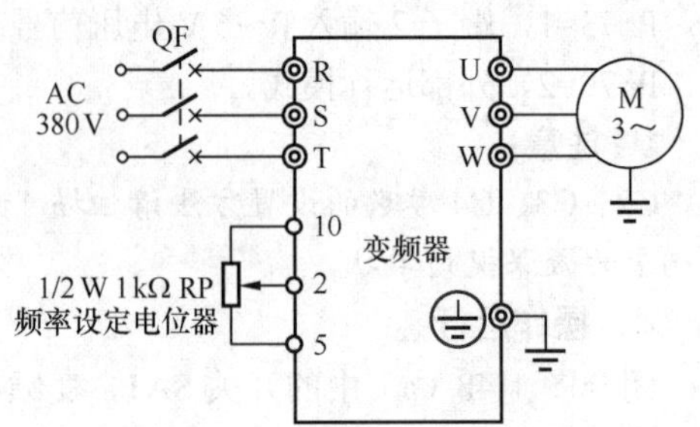

图1-54　组合运行模式2的接线

3．设置变频器参数

（1）组合运行模式1的参数设置如下。

Pr.1=50 Hz，上限频率。

Pr.2=0 Hz，下限频率。

Pr.7=5 s，加速时间。

Pr.8=5 s，减速时间。

Pr.9=2.5 A，电子过电流保护，一般将其设定为变频器的额定电流。

Pr.178=60，将端子STF设定为正转端子。

Pr.179=61，将端子STR设定为反转端子。

Pr.79=3，选择组合运行模式1。

（2）组合运行模式2电压给定频率指令的参数设置如下。

Pr.1=50 Hz，上限频率。

Pr.2=0 Hz，下限频率。

Pr.7=5 s，加速时间。

Pr.8=5 s，减速时间。

Pr.9=2.5 A，电子过电流保护，一般将其设定为变频器的额定电流。

Pr.73=1，端子2输入0～5 V电压信号。

Pr.125=50 Hz，端子2频率设定为增益频率。

Pr.79=4，选择组合运行模式2。

4．操作运行

（1）组合运行模式1的运行操作。

① 参照图1-53所示接线。

② 变频器得电，确定PU指示灯亮（此时Pr.79=0或Pr.79=1）。将组合运行模式1中的参数输入变频器中。

③ 运行模式选择：将“运行模式选择”参数Pr.79的值设定为3，选择组合运行模式1，EXT和PU指示灯都亮。

④ 旋转旋钮设定运行频率为30 Hz。想要设定的频率将在显示屏上显示。设定值将闪烁

约 5 s。

⑤ 在数值闪烁期间按(SET)键确定频率。若不按该键，数值闪烁约 5 s 后显示将变为 0.00 Hz，这种情况下请重新设定频率。

⑥ 将图 1-53 中的启动开关（SA1 或 SA2）闭合时，RUN 指示灯在正转时亮，反转时闪烁。电机以在操作面板的频率设定模式中设定的频率运行。

⑦ 将启动开关（SA1 或 SA2）断开时，电机将随 Pr.8（减速时间）减速并停止。RUN 指示灯熄灭。

若通过按操作面板上的(STOP/RESET)键停止，会出现 PS ⇄ 0.00 的情况，此时将启动开关（SA1 或 SA2）断开，按(PU/EXT)键就可以解除。

（2）组合运行模式 2 电压给定频率指令的运行操作。

① 参照图 1-54 所示接线。

② 变频器得电，确定 PU 指示灯亮（此时 Pr.79=0 或 Pr.79=1）。将组合运行模式 2 中的参数输入变频器中。

③ 运行模式选择：将“运行模式选择”参数 Pr.79 的值设定为 4，选择组合运行模式 2，EXT 和 PU 指示灯都亮。

④ 按(RUN)键启动变频器。无频率指令时，RUN 指示灯会快速闪烁。

⑤ 加速→恒速。将电位器（频率设定电位器）缓慢向右拧到底。显示屏上的频率数值随 Pr.7（加速时间）的增加而增大，变为 50.00 Hz。RUN 指示灯在正转时亮，反转时缓慢闪烁。

⑥ 减速。将电位器（频率设定电位器）缓慢向左拧到底。显示屏上的频率数值随 Pr.8（减速时间）的减少而减小，变为 0.00 Hz，电机停止运行。RUN 指示灯快速闪烁。

⑦ 按(STOP/RESET)键，变频器停止运行，RUN 指示灯熄灭。

注意：

想改变电位器最大值（5 V 初始值）时的频率（50 Hz），可以利用 Pr.125 端子 2 频率设定增益频率来调整。例如，若要将 5 V 给定电压对应的频率修改为 60 Hz，则只需要设置 Pr.125=60 Hz、Pr.1=60 Hz 即可。

想改变电位器最小值（0 V 初始值）时的频率（0 Hz），可以通过校正参数 C2 设定偏置频率来调整。

任务拓展　电流给定的变频器组合运行

假设用端子 4、5 给定 4～20 mA 电流信号，让变频器以 0～50 Hz 的输出频率运行，按变频器面板上的(RUN)键控制变频器启动。如何对变频器进行接线并进行参数设置？请扫码学习“电流给定的变频器组合运行”。

电流给定的变频器组合运行

自我测评

一、简答题

1．变频器的频率给定方式有哪几种？如何选择频率给定方式？

2．三菱变频器的频率给定线如何调整？

3．变频器可以由外接电位器用模拟电压信号控制输出频率，也可以用模拟电流信号来控制输出频率。哪种控制方式容易引入干扰信号？

二、分析题

1．某变频器频率由外部模拟量给定，信号为4～20 mA 的电流信号，对应输出频率为0～60 Hz，已知系统的基准频率f_b= 50 Hz，受生产工艺的限制，已设置上限频率f_H=40 Hz，试解决下列问题。

（1）根据已知条件画出频率给定线。

（2）写出预置该频率给定线的操作步骤。

（3）若给定信号为10 mA，系统输出频率为多少？若给定信号为18 mA 呢？

（4）若传动机构固有的机械谐振频率（25 Hz）落在频率给定线上，该如何处理？

2．利用外部端子控制变频器的正反转，利用变频器面板给定频率，控制电机以40 Hz 正反转运行，上、下限频率为50 Hz 和 0 Hz，加减速时间为15 s。试画出变频器的接线图并正确设置参数。

任务1.5 三菱变频器的多段速运行

任务导入

在工业生产中，由于工艺的要求，很多生产机械需要在不同的转速下运行，如工业洗衣机不同的洗涤速度、车床主轴变频、龙门刨床主运动、高炉加料料斗的提升等。针对这种情况，一般的变频器都有多段速控制功能，以满足工业生产的要求。三菱变频器通过 4 个端子的不同组合能实现变频器的 7 段速或 15 段速运行。变频器的多段速运行怎么接线、设置参数？15 种速度需要设置在哪些参数中？15 种速度和 4 个端子组合的对应关系是怎样的？请带着这些问题进入任务 1.5。

相关知识　三菱变频器多段速功能

在变频器的外部输入端子中，通过功能预置，可以将若干（通常为 2～4 个）输入端子作为多段速（3～16 挡）控制电路端子。其转速的切换由外接的开关通过改变输入端子的状态及组合来实现，转速的挡位是按二进制的顺序排列的，故 2 个输入端子可以组合成 3 段速，3 个输入端子可以组合成 7 段速，4 个输入端子可以组合成 15 段速。

用参数预先设定多种运行频率（速度），用输入端子的不同组合选择速度。其中参数 Pr.4～Pr.6 用来设定高、中、低 3 段速，参数 Pr.24～Pr.27 用来设定 4～7 段速，参数 Pr.232～Pr.239 用来设定 8～15 段速，其参数意义及设定范围如表 1-33 所示。

表 1-33　多段速参数意义及设定范围

参　数　号	名　　称	出厂设定	设定范围	功　　能	备注
Pr.4	3 段速设定（速度 1：高速）	50 Hz	0～400 Hz	设定 RH 闭合时的频率	
Pr.5	3 段速设定（速度 2：中速）	30 Hz	0～400 Hz	设定 RM 闭合时的频率	
Pr.6	3 段速设定（速度 3：低速）	10 Hz	0～400 Hz	设定 RL 闭合时的频率	
Pr.24～Pr.27	多段速设定（4～7 段速）	9999	0～400 Hz，9999	通过 RH、RM、RL 的组合，设定 4～7 段速的频率	9999：未选择
Pr.232～Pr.239	多段速设定（8～15 段速）	9999	0～400 Hz，9999	通过 RH、RM、RL、REX 的组合，设定 8～15 段速的频率	9999：未选择

可通过断开或闭合外部开关（RH、RM、RL、REX 端子）选择各种速度，三菱变频器的多段速运行分为以下几种方式。

（1）启动指令通过RUN键给定，频率指令通过变频器的外部输入端子 RH、RM、RL 设定，3 个端子可以实现 7 段速运行，此时必须设置 Pr.79=4（组合运行模式 2）、Pr.180=0（RL，低速信号）、Pr.181=1（RM，中速信号）、Pr.182=2（RH，高速信号）。其接线如图 1-55 所示，输入信号组合与各挡速度的对应关系如图 1-57（a）所示。

例如，通过 3 段速开关控制变频器分别以 60 Hz、30 Hz、10 Hz 运行。如图 1-55 所示，设置 Pr.4=60 Hz、Pr.5=30 Hz、Pr.6=10 Hz，则 RH 信号为 ON 时，按 Pr.4 中设定的频率 60 Hz 运行；RM 信号为 ON 时，按 Pr.5 中设定的频率 30 Hz 运行；RL 信号为 ON 时，按 Pr.6 中设定的频率 10 Hz 运行。

（2）启动指令通过变频器的外部输入端子 STF（或 STR）给定，频率指令通过端子 RH、RM、RL 设定，此时必须设置 Pr.79=2 或 Pr.79=3、Pr.180=0（RL，低速信号）、Pr.181=1（RM，中速信号）、Pr.182=2（RH，高速信号）。其接线如图 1-56 所示。RH、RM、RL 中 2 个（或 3 个）端子的不同组合可以实现 3 段速或 7 段速运行。通过 RH、RM、RL、REX 端子的组合可以实现 15 段速运行，Pr.24～Pr.27、Pr.232～Pr.239 用于设定运行频率。输入信号组合与各挡速度的对应关系如图 1-57 所示。如图 1-57（a）所示，当 RH 和 RL 信号同时为 ON 时，按 Pr.25 中设定的频率（即速度 5）运行。

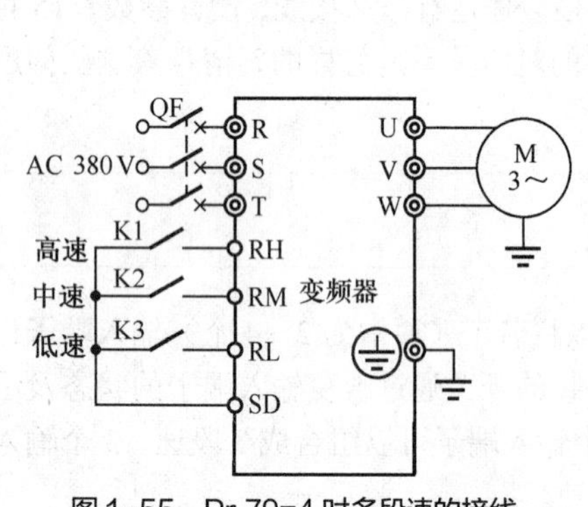

图 1-55　Pr.79=4 时多段速的接线

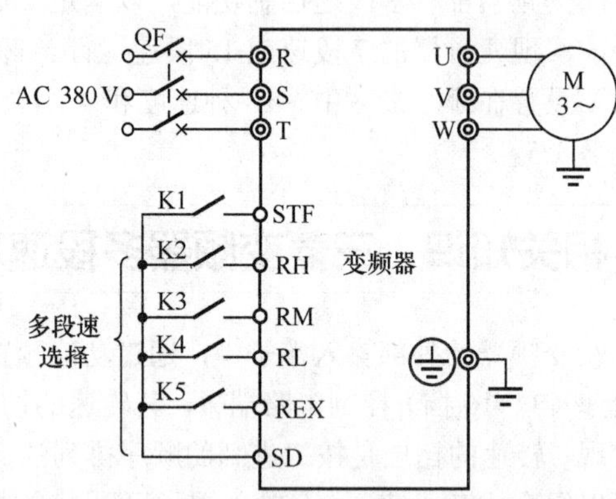

图 1-56　Pr.79=2 或 Pr.79=3 时多段速的接线

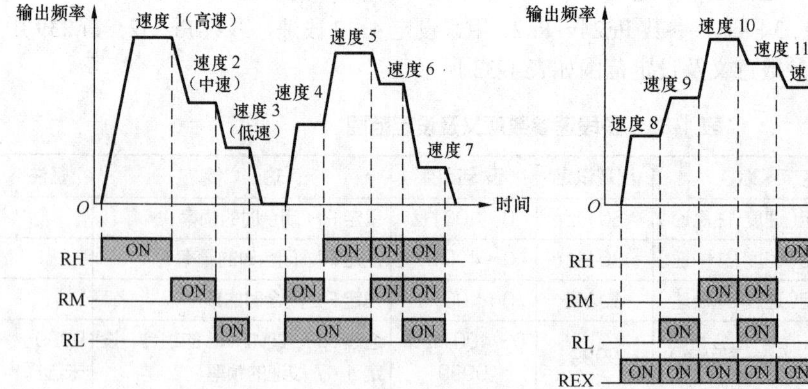

图 1-57　输入信号组合与各挡速度的对应关系

对于 REX 信号输入使用的端子，将 Pr.178～Pr.182 中的任意一个参数设定为 8 来分配功能。借助点动频率（Pr.15）、上限频率（Pr.1）和下限频率（Pr.2）最多可以设定 18 段速。

📖 **注意：**

① 多段速只有在外部运行模式或PU/外部组合运行模式（Pr.79=3或4）中才有效。

② 在“遥控设定功能选择”参数Pr.59≠0时，RH、RM、RL信号成为遥控设定用信号，多段速设定将无效。

任务实施　三菱变频器7段速运行

【训练工具、材料和设备】

三菱FR-D740-0.75K-CHT变频器1台、三相异步电机1台、《三菱通用变频器FR-D700使用手册》1本、开关和按钮若干、通用电工工具1套。

1. 任务要求

某变频器控制系统要求用3个端子实现7段速控制，运行频率分别为16 Hz、20 Hz、25 Hz、30 Hz、35 Hz、40 Hz、45 Hz，变频器的上、下限频率分别为50 Hz、0 Hz，加减速时间为2 s。请画出变频器的接线图，设置参数并进行功能调试。

2. 硬件接线

7段速接线如图1-58所示，STF端子是正转启动端子，RH、RM、RL端子是速度选择端子，其不同的组合方式可以实现变频器的7段速运行。

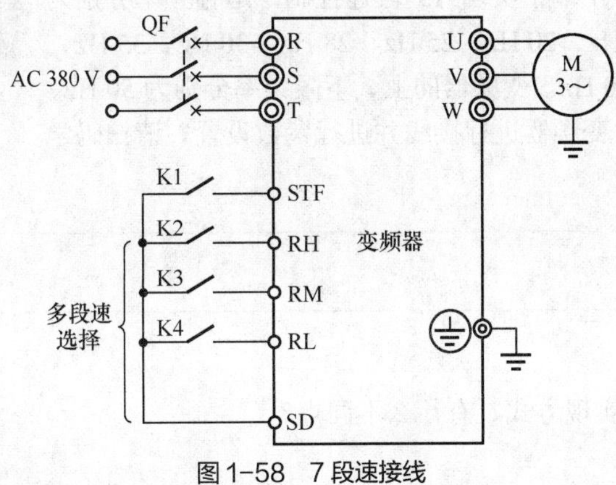

图1-58　7段速接线

3. 参数设置

参数设置如下。

Pr.1=50 Hz，上限频率。

Pr.2=0 Hz，下限频率。

Pr.7=2 s，加速时间。

Pr.8=2 s，减速时间。

Pr.160=0，扩展参数。

Pr.180=0，RL，低速信号。

Pr.181=1，RM，中速信号。

Pr.182=2，RH，高速信号。

Pr.79=3，组合运行模式1。

各段速度（频率）：Pr.4=16 Hz，Pr.5=20 Hz，Pr.6=25 Hz，Pr.24=30 Hz，Pr.25=35 Hz，Pr.26=40 Hz，Pr.27=45 Hz。

4．运行操作

连接图 1-58 所示的电路。在表 1-34 中，“1”表示开关闭合，“0”表示开关断开。将开关 K1 一直闭合，按照表 1-34 所示操作各个开关。通过操作面板监视频率的变化，并将结果填入表 1-34 中。

表 1-34　7 段速开关状态与输出频率的关系

K2（RH）	K3（RM）	K4（RL）	输出频率/Hz	参　数
1	0	0		Pr.4
0	1	0		Pr.5
0	0	1		Pr.6
0	1	1		Pr.24
1	0	1		Pr.25
1	1	0		Pr.26
1	1	1		Pr.27

任务拓展　三菱变频器 15 段速运行

某变频器控制系统要求用 4 个端子实现 15 段速控制，运行频率分别为 5 Hz、8 Hz、10 Hz、12 Hz、15 Hz、20 Hz、25 Hz、28 Hz、30 Hz、35 Hz、39 Hz、42 Hz、45 Hz、48 Hz、50 Hz，变频器的上、下限频率分别为 50 Hz、0 Hz，加减速时间为 5 s。如何对变频器进行接线并进行参数设置？请扫码学习“三菱变频器 15 段速运行”。

三菱变频器 15 段速运行

自我测评

一、简答题

三菱变频器有哪几种多段速实现方式？有什么不同点？

二、分析题

用 4 个开关控制变频器实现电机 12 段速运转，运行频率分别为 5 Hz、10 Hz、15 Hz、−15 Hz、−5 Hz、−20 Hz、25 Hz、40 Hz、50 Hz、30 Hz、−30 Hz、60 Hz。变频器的启停信号可以由外部端子给定。试画出变频器外部接线图，设置参数。

任务1.6 三菱变频器的升降速端子运行

01

任务导入

任务 1.3 中，图 1-48 所示是通过给定电压信号调节变频器频率的，由于电压给定属于模拟量给定，电路上的电压降将影响频率的给定精度，同时电位器的滑动触点接触不良，导致给定频率不稳定，甚至发生频率跳动等现象。解决这个问题的方法就是使用变频器的升降速端子功能。三菱变频器的数字量输入端子具有升速和降速功能，称为升降速端子，其给定属于数字量给定，精度较高且不受电路电压降的影响。因此在变频器进行外接给定时，应尽量少用电位器，而利用升降速端子进行频率给定为好。三菱变频器升降速端子功能怎么预置，电路如何接线呢？请带着这些问题进入任务 1.6。

相关知识　升降速端子功能

如果操作柜和控制柜的距离较远，也可以不使用模拟信号而通过接在变频器升降速端子的接点信号进行连续调速，三菱公司将这种升降速端子功能称为遥控设定功能。

三菱变频器
升降速端子功能

对三菱 FR-700 系列和 FR-800 系列的变频器，通过设定“遥控设定功能选择”参数 Pr.59 可以实现频率的升、降速控制。Pr.59 的意义及设定范围如表 1-35 所示。

表 1-35　Pr.59 的意义及设定范围

参数号	名　称	出厂设定	设定范围	功　能	
				RH、RM、RL 信号功能	频率设定值记忆功能
Pr.59	遥控设定功能选择	0	0	多段速设定	—
			1	遥控设定	有
			2	遥控设定	无
			3	遥控设定	无[用 STF/STR-OFF（即 STF 或 STR 处于断开状态）来清除遥控设定频率]

1. 遥控设定功能

通过 Pr.59，可选择有无遥控设定功能以及遥控设定时有无频率设定值记忆功能。

Pr.59＝0 时，不选择遥控设定功能，RH、RM、RL 端子具有多段速端子功能；Pr.59＝1～3（遥控设定功能有效）时，选择遥控设定功能，RH、RM、RL 端子功能改变为升速（RH）、降速（RM）、清除（RL），如图 1-59 所示。

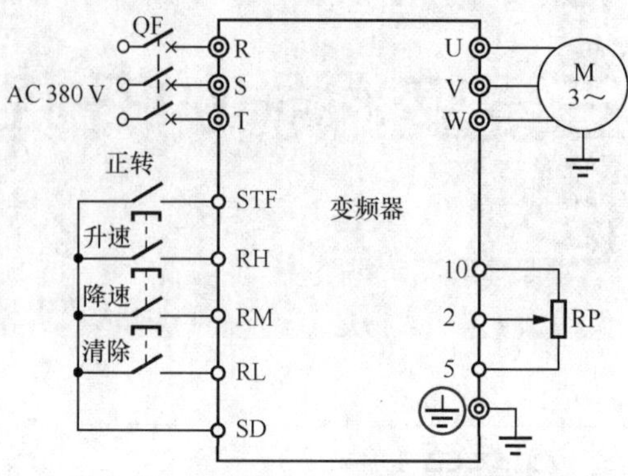

图 1-59　变频器升、降速控制的接线

如图 1-60 所示，当 STF 端子一直闭合时，变频器首先以外部运行频率（见图 1-59 中电位器给定的频率）或 PU 运行频率（PU 运行模式或组合运行模式 1）运行，当 RH（升速）端子接通，变频器在原来频率基础上升高，一旦 RH 端子断开，变频器频率保持；当 RM（降速）端子接通，变频器在原来频率基础上降低，一旦 RM 端子断开，变频器频率保持，断开 STF 端子，则变频器停止运行。在变频器电源不切断的情况下，Pr.59=1 或 2 时，一旦 STF 端子又重新闭合，变频器将以 STF 端子断开前的频率重新运行，而 Pr.59=3 时，一旦 STF 端子又重新闭合，变频器只能以外部运行频率或 PU 运行频率重新运行。RL 端子闭合时，清除 RH 或 RM 端子遥控设定的频率，如图 1-60 所示；当 Pr.59=3 时，只要 STF 端子断开，就可以清除 RH 或 RM 端子遥控设定的频率。

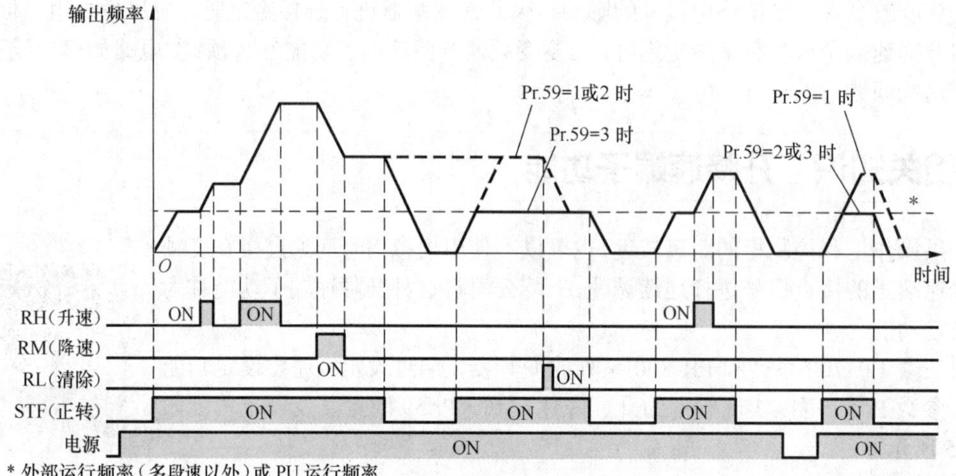

图 1-60　遥控设定

使用遥控设定功能时，对于 RH、RM 设定的频率，可以根据运行模式进行以下频率补偿。

（1）外部运行模式（Pr.79=2）或组合运行模式 2（Pr.79=4）时：多段速以外的外部运行频率。

（2）组合运行模式 1（Pr.79=3）时：PU 运行频率或端子 4 输入频率。

（3）PU 运行模式（Pr.79=1）时：PU 运行频率。

2. 频率设定值记忆功能

当 Pr.59=1 时，遥控设定功能有频率设定值记忆功能。它可以把遥控设定频率（用 RH、RM 设定的频率）保存在存储器（EEPROM）中。一旦切断电源再通电，变频器将以该设定值重新开始运行，如图 1-60 所示。当 Pr.59=2 或 Pr.59=3 时，遥控设定功能没有频率设定值记忆功能。

频率设定值记忆说明如下。

- 启动信号（STF 或 STR）处于 OFF 时的频率即为所记忆的频率。

- 在 RH（升速）、RM（降速）信号同时为 OFF（ON）的状态下，每分钟记忆 1 次遥控设定频率。以分钟为单位比较目前的频率设定值和过去的频率设定值，如有不同，则写入存储器中。RL 信号下不写入。

📖 **注意：**

① 通过 RH（升速）、RM（降速），频率可在 0 到上限频率（Pr.1 或 Pr.18 的设定值）的范围内变化，但是设定频率的上限为主速度设定 + 上限频率。

② 当选择遥控设定功能时，变频器可以采用：PU 运行模式，即 Pr.79=0；外部运行模式，即 Pr.79=2；组合运行模式 1，即 Pr.79=3；组合运行模式 2，即 Pr.79=4。

任务实施

【训练工具、材料和设备】

三菱 FR-D740-0.75K-CHT 变频器 1 台、三相异步电机 1 台、《三菱通用变频器 FR-D700 使用手册》1 本、开关和按钮若干、接点压力表（可用两个按钮取代）1 块、通用电工工具 1 套。

子任务 1　升降速端子实现的恒压供水控制

1. 任务要求

恒压供水控制系统如图 1-61 所示，水泵将水箱中的水压入管道中，由水龙头控制出水口的流量。将水龙头关小时，出水口流量减少，管道中的水压增加；将水龙头开大时，出水口流量增加，管道中的水压降低。在管道上安装一接点压力表 PS，此接点压力表中安装有继电器输出型的上限压力触点和下限压力触点。对这两个压力触点可根据需要进行调整，既可以调整这两个触点的压力范围，又可以调整这两个触点的压力差大小。当管道压力达到 0.6 MPa 时，上限压力触点闭合，RM 端子接通，水泵转速降低；当管道压力下降到 0.3 MPa 时，下限压力触点闭合，RH 端子接通，水泵转速升高。变频器利用接点压力表发出的上、下限压力信号调整水泵输出转速，使管道中的水压达到恒定（0.3～0.6 MPa）。试用变频器 RH、RM 端子的升降速功能实现恒压供水控制，画出控制系统的接线图，设置参数并进行调试。

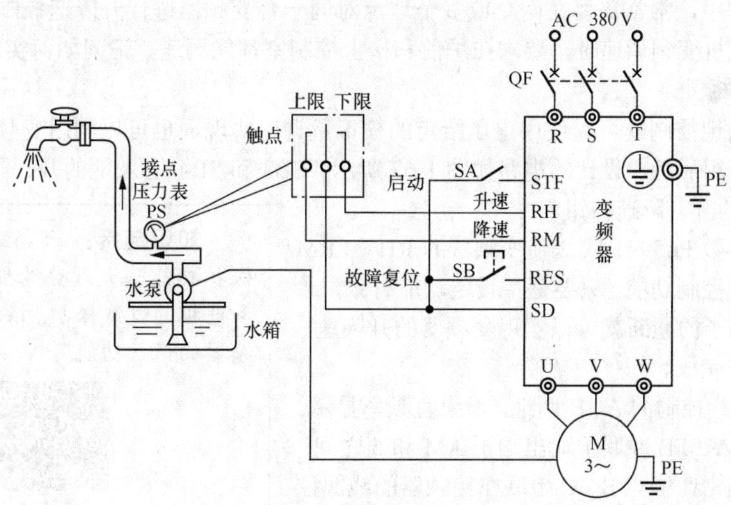

图 1-61　恒压供水控制系统

2. 硬件接线

按照图1-61所示接线。注意上限接RM端子，下限接RH端子。

3. 参数设置

参数设置如下。

Pr.1=50 Hz，上限频率。

Pr.2=20 Hz，下限频率。

Pr.7=5 s，加速时间。

Pr.8=5 s，减速时间。

Pr.160=0，扩展参数。

Pr.59=1或2，遥控设定，同时将RH端子预置为升速端子，RM端子预置为降速端子。

Pr.178=60，将STF端子预置为正转启动端子。

Pr.179=62，将STR端子预置为变频器复位端子。

Pr.79=2，外部运行模式。

4. 运行操作

（1）启动。如图1-61所示，将STF端子上的开关SA闭合，变频器以下限频率20 Hz运行。

（2）速度调节。按RM端子上的按钮（模拟接点压力表的上限压力触点），变频器转速下降，水泵的转速下降，流量减少，从而使压力下降，松开RM端子上的按钮，变频器保持松开时的速度运行；按RH端子上的按钮（模拟接点压力表的下限压力触点），变频器转速上升，水泵的转速上升，流量增加，从而使压力升高，松开RH端子上的按钮，变频器保持松开时的速度运行。

（3）停止。断开STF端子上的开关SA，变频器停止运行。

📖 注意：

Pr.59=1时，变频器具有频率设定值记忆功能。如果将启动开关SA断开后又重新闭合，或者将变频器电源切断后又重新得电，则变频器将以SA断开前的频率重新运行。

子任务2 变频器的两地控制

1. 任务要求

在实际生产中，常常需要在两个或多个地点对同一台变频器进行升降速控制。例如，在实现某厂的锅炉风机变频调速时，要求在炉前和楼上控制室都能调速。请问如何实现？

2. 设计电路

变频器的两地控制既可以使用电压给定的模拟量调速实现，也可以利用变频器的升降速端子实现。这里采用后者，设计的电路如图1-62所示。SB3和SB4是A地的升、降速按钮，SB5和SB6是B地的升、降速按钮。

首先通过参数Pr.59=1或2使变频器的RH和RM端子具有升降速控制功能。只要遥控设定功能有效，通过RH和RM端子的通断就可以实现变频器的升降速，而不用电位器来完成。

此外，在进行控制的A、B两地，都应有频率显示。将两个频率表FA、FB并联于输出端子AM和5之间。

将变频器的常闭触点B、C串联在接触器的线圈控制电路中，一旦变频器发生故障，常闭触点B、C断开，

知识链接： 三菱变频器有各种保护功能，大致分为变频器的保护和电机的过载保护。请扫码学习“变频器的保护功能”。

变频器的保护功能

接触器KM线圈失电，将变频器的电源切断，对变频器起到保护作用。

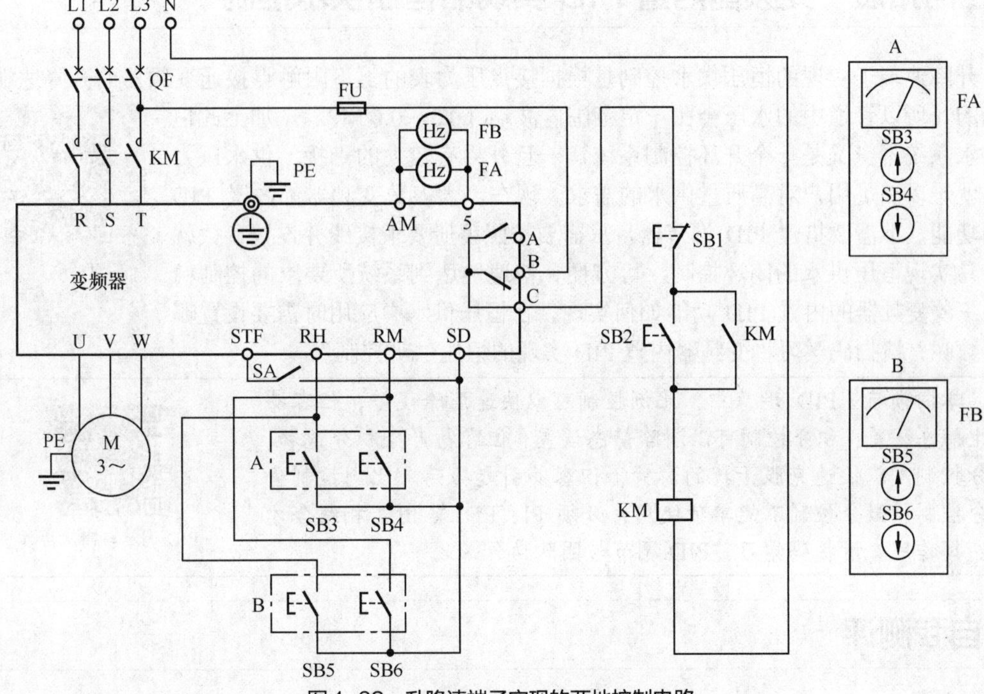

图1-62　升降速端子实现的两地控制电路

3. 参数设置

参数设置如下。

Pr.1=50 Hz，上限频率。

Pr.2=0 Hz，下限频率。

Pr.7=5 s，加速时间。

Pr.8=5 s，减速时间。

Pr.160=0，扩展参数。

Pr.55＝50，使输出频率表的量程为0～50 Hz。

Pr.158＝1，使AM端子输出频率信号。

Pr.59=1或2，遥控设定，同时将RH端子预置为升速端子，RM端子预置为降速端子。

Pr.178=60，将STF端子预置为正转启动端子。

Pr.79=2，外部运行模式。

4. 运行操作

（1）启动。如图1-62所示，首先闭合QF，按启动按钮SB2，接触器KM线圈得电并自锁，主电路中KM的3对主触点闭合，变频器得电。接着将STF端子上的开关SA闭合，变频器启动运行。

（2）两地控制。在A地按SB3或在B地按SB5按钮，RH端子接通，频率上升，松开按钮，则频率保持；在A地按SB4或在B地按SB6按钮，RM端子接通，频率下降，松开按钮，则频率保持。从而在异地控制时，电机的转速都是在原有的基础上升降的，很好地实现了两地控制时速度的衔接。

（3）停止。断开STF端子上的开关SA，变频器停止运行。

任务拓展　变频器内置 PID 实现的恒压供水控制

升降速端子实现的恒压供水控制是根据接点压力表的上下限触点接通变频器的升降速端子实现的，所以管道中的水压会在一定范围内波动（0.3～0.6 MPa），加上此恒压供水系统本身又是一个开环控制系统，一旦外界有较大的干扰，供水压力调节就难以满足用户对高质量供水的需求。现在，大多数变频器都内置 PID 控制功能，不需要搭建 PID 调节器，只需要按照手册要求接线并设置参数就很容易实现恒压供水的闭环控制，可方便、快速地达到系统所要求的控制精度。三菱变频器的内置 PID 功能如何实现，在恒压供水中应用时需要设置哪些参数呢？请扫码学习“变频器内置 PID 实现的恒压供水控制”。

变频器内置 PID 实现的恒压供水控制

学海领航：PID 调节中，比例控制可以快速消除误差，但容易产生静态误差；积分控制可以消除静态误差，但容易产生积分饱和；微分控制可以快速克服干扰的影响，但容易引起振荡。比例控制、积分控制和微分控制不能单独使用，必须 PI、PD 或 PID 相结合才能发挥作用。请扫码学习“PID 调节与团队协作”。

PID 调节与团队协作

自我测评

一、简答题

1. 在变频器遥控设定功能中，用 RH、RM 端子对变频器进行升降速控制，Pr.59=1、Pr.59=2 或 Pr.59=3 有什么区别？

2. 模拟量输入电压给定频率与升降速端子给定频率中，哪一种给定方式更好？为什么？

二、分析题

某用户要求在控制室和工作现场都能够进行升速和降速控制，有人设计了图 1-63 所示的电路，该电路在工作时可能出现什么现象？与图 1-62 所示相比，哪种两地控制电路更实用？

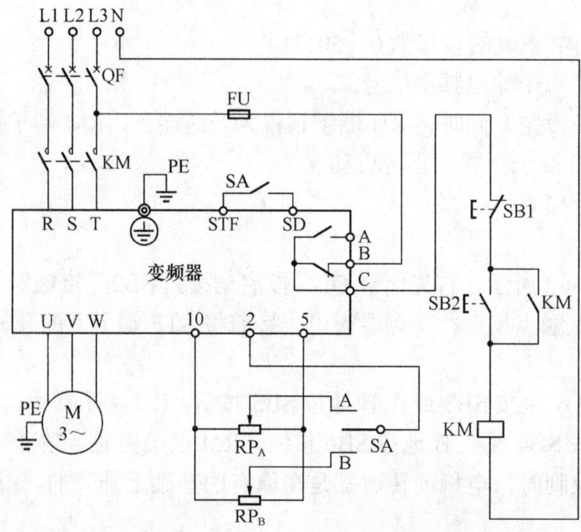

图 1-63　电位器实现的两地控制电路

项目2　西门子变频器的运行与操作

导言

MM440 系列变频器是西门子公司广泛应用于工业场合的多功能标准变频器，此系列变频器有多种型号供用户选择，额定功率范围为 120 W～250 kW。它采用高性能的矢量控制技术，提供低速高转矩输出和良好的动态特性，同时具备超强的过载能力，以适应不同的交流电机调速应用场合，在变频器市场中占据着重要地位。

本项目以西门子 MM440 系列变频器（后文简称 MM440 变频器）为载体，按照《运动控制系统开发与应用职业技能等级标准》中的“系统配置基本概念”（中级 2.1）和《可编程控制系统集成及应用职业技能等级标准》中的“驱动器控制”（中级 2.3）、“工艺参数设置”（高级 3.2）工作岗位的职业技能要求，重构“岗、课、赛、证”融通的 4 个学习任务。在任务导入的帮助下，借助相关知识和配套视频介绍西门子变频器的接线图、输入/输出端子功能、面板运行、外部运行、组合运行、升降速端子运行和多段速运行等。

知识目标

① 认识西门子变频器的接线图。

② 掌握西门子变频器的端子功能和参数设置方法。

③ 熟悉西门子变频器的运行模式和常用功能。

技能目标

① 能根据控制要求完成变频器的接线。

② 能进行西门子变频器的参数设置。

③ 会使用手册对西门子变频器进行常用功能调试。

素质目标

① 树立良好的安全操作和规范作业意识。

② 养成 6S 管理的职业素养。

③ 培养沟通、交际、组织、团队协作的社会能力。

任务2.1 西门子变频器的面板运行

02

任务导入

项目 1 介绍了三菱变频器的运行，西门子变频器与三菱变频器一样，也有面板运行模式。西门子 MM440 变频器的接线图和参数与三菱变频器的还是有较大的区别。那么，MM440 变频器的外观和接线图是怎样的，需要怎么设置参数才能实现西门子变频器的面板运行呢？请带着这些问题走进任务 2.1。

相关知识

2.1.1 西门子变频器的接线图

MM440 变频器按功率及外形尺寸分，可分为 A 型、B 型、C 型、D 型、E 型、F 型 6 种类型，其中 A 型、B 型、C 型变频器的外形如图 2-1 所示。

所有 MM440 变频器在标准供货方式下只装有状态显示面板（Status Display Panel，SDP），如图 2-2（a）所示。对于很多用户来说，利用 SDP 和制造厂的默认设定值，就可以使变频器成功地运行。如果制造厂的默认设定值不适合用户的设备情况，用户可以购买独立的可选件基本操作面板（Basic Operation Panel，BOP）[见图 2-2（b）]或高级操作面板（Advanced Operation Panel，AOP）[见图 2-2（c）]，修改参数使之匹配起来。

西门子 MM440 变频器的端子接线如图 2-3 所示，其端子分为主电路端子和控制电路端子两部分。

1. 主电路端子

图 2-3 所示的主电路端子 L1、L2、L3 通过断路器或者漏电保护断路器连接至三相交流电源，也可以接单相交流电源；端子 U、V、W 连接至电机；其余 4 个端子 DC/R+、B+/DC+、B−、DC−中，B+/DC+与 B−之间接制动电阻，DC/R+与 B+/DC+出厂时短接。

（a）A 型变频器　（b）B 型变频器　（c）C 型变频器

图 2-1 西门子 MM440 A 型、B 型、C 型变频器的外形

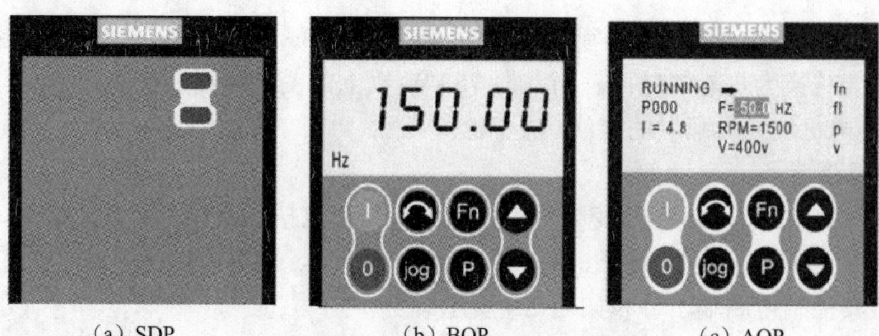

（a）SDP　　（b）BOP　　（c）AOP

图 2-2　适用于 MM440 变频器的操作面板

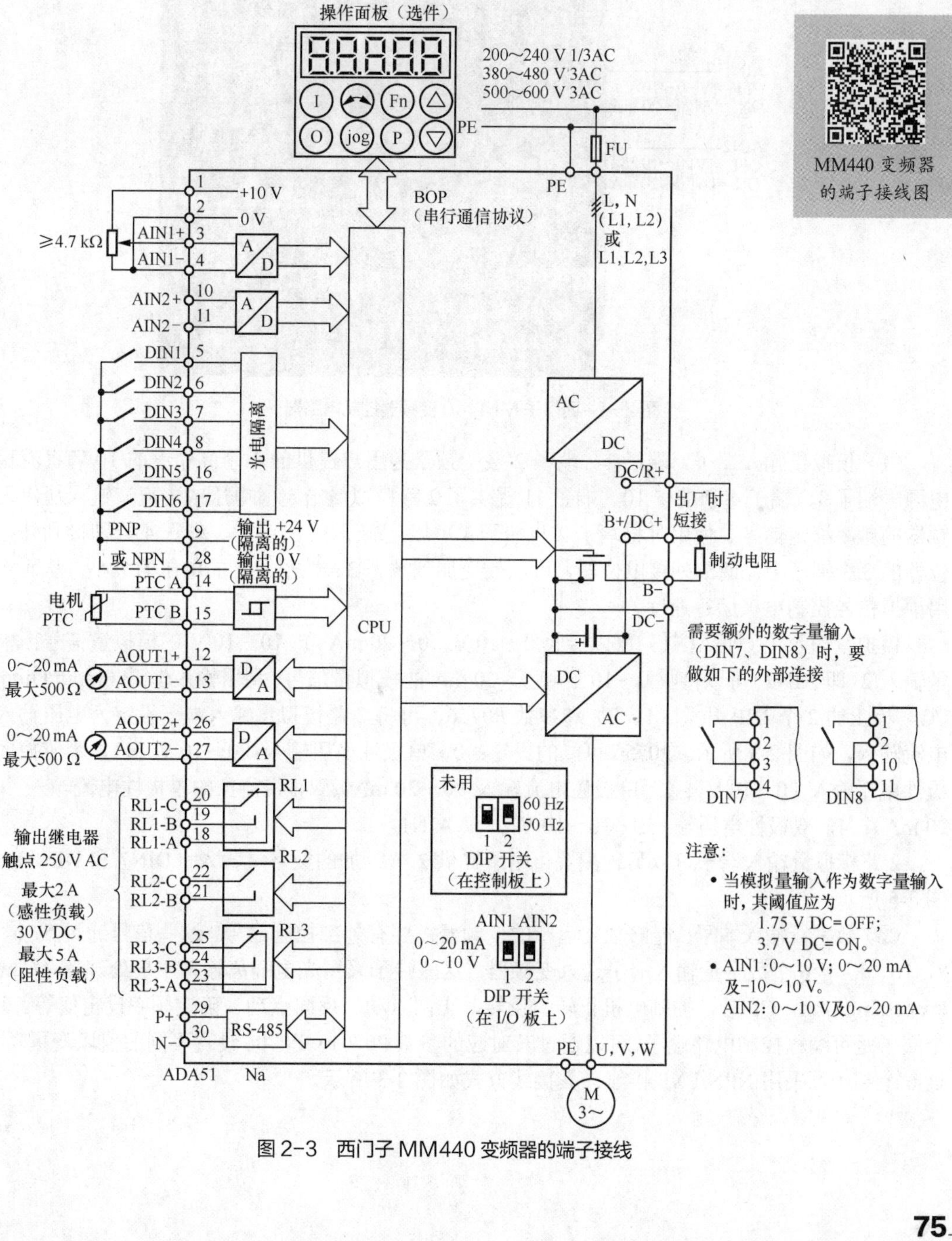

MM440 变频器的端子接线图

操作面板（选件）
200～240 V 1/3AC
380～480 V 3AC
500～600 V 3AC
PE
FU
PE
L, N
（L1, L2）
或
L1, L2, L3
BOP
（串行通信协议）
1　+10 V
2　0 V
≥4.7 kΩ
AIN1+　3
AIN1−　4
A/D
AIN2+　10
AIN2−　11
A/D
DIN1　5
DIN2　6
DIN3　7
DIN4　8
DIN5　16
DIN6　17
光电隔离
PNP　9　输出 +24 V（隔离的）
或 NPN　28　输出 0 V（隔离的）
电机 PTC
PTC A　14
PTC B　15
CPU
0～20 mA 最大500 Ω
AOUT1+　12
AOUT1−　13
D/A
0～20 mA 最大500 Ω
AOUT2+　26
AOUT2−　27
D/A
RL1
RL1-C　20
RL1-B　19
RL1-A　18
输出继电器触点 250 V AC
最大2 A（感性负载）
30 V DC，最大5 A（阻性负载）
RL2
RL2-C　22
RL2-B　21
RL3
RL3-C　25
RL3-B　24
RL3-A　23
P+　29
N−　30
RS-485
ADA51　Na
AC/DC
DC/R+
B+/DC+
出厂时短接
制动电阻
B−
DC−
DC/AC
未用
60 Hz
50 Hz
1　2
DIP 开关（在控制板上）
AIN1 AIN2
0～20 mA
0～10 V
1　2
DIP 开关（在 I/O 板上）
PE　U, V, W
M 3～

需要额外的数字量输入（DIN7、DIN8）时，要做如下的外部连接
DIN7：1　2　3　4
DIN8：1　2　10　11

注意：

- 当模拟量输入作为数字量输入时，其阈值应为
  1.75 V DC= OFF；
  3.7 V DC= ON。
- AIN1：0～10 V；0～20 mA 及 −10～10 V。
  AIN2：0～10 V 及 0～20 mA

图 2-3　西门子 MM440 变频器的端子接线

功率为75 kW以内的变频器无须接制动单元，直接在B+/DC+与B−端子之间连接制动电阻，通过电阻将电能转换为热能消耗掉。功率为75 kW以上的变频器需要接制动单元，再接制动电阻。PE端子是电机电缆屏蔽层的接线端子。

2. 控制电路端子

图2-3所示的西门子MM440变频器的控制电路端子包括2路模拟量输入端子、6个数字量输入端子、1个PTC电阻输入端子、2个模拟量输出端子、3组数字量输出端子、1个RS-485通信端子等。其控制电路端子分布如图2-4所示。

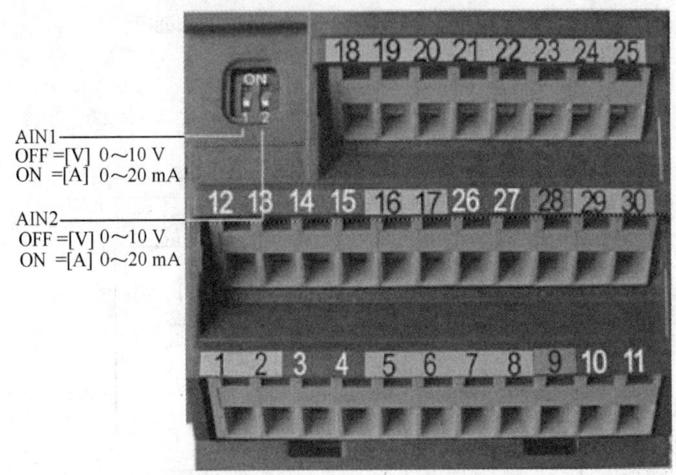

图2-4 西门子MM440变频器控制电路端子

（1）模拟量输入端子。端子1、端子2接变频器为用户提供的1个高精度的10 V直流稳压电源。端子3、端子4和端子10、端子11提供了2路模拟量给定（电压或电流）输入端作为变频器的频率给定信号。使用时将端子2与端子4短接，端子1、端子3、端子4分别接到外接电位器的3个端子上。调节外接电位器，可以改变加到端子3、端子4上的电压的大小，从而实现用模拟信号控制电机运行速度。

模拟量输入1（即AIN1）可以接收0～10 V、0～20 mA和−10～10 V的模拟量信号；模拟量输入2（即AIN2）可以接收0～10 V和0～20 mA的模拟量信号。利用输入/输出（Input/Output，I/O）板上的2个DIP开关（1、2）和参数P0756，可将2路模拟量输入端子设定为电压输入或电流输入，如图2-3所示。P0756可能的设定：0，单极性电压输入（0～10 V）；1，带监控的单极性电压输入（0～10 V）；2，单极性电流输入（0～20 mA）；3，带监控的单极性电流输入（0～20 mA）；4，双极性电压输入（−10～10 V），仅AIN1。

2路模拟量输入端子可以另行配置，用于提供2个附加的数字量输入（DIN7和DIN8），如图2-5所示。

（2）数字量输入端子。能够独立运行的变频器需要有外部控制信号，这些信号通过5、6、7、8、16、17等6个数字量输入端子送入变频器，这些端子采用光电隔离输入中央处理器（Central Processing Unit，CPU），控制电机正转、反转、正向点动、反向点动、确定频率设定值等。这6个端子是可编程控制电路端子，可以通过其对应的参数P0701～P0706设置不同的值以变更功能，这6个端子可采用NPN/PNP接线，其接线方式如图2-3所示。

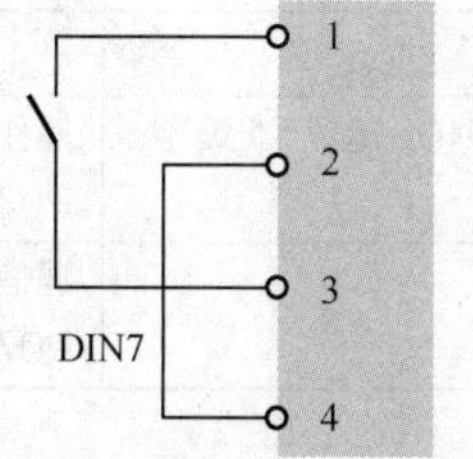

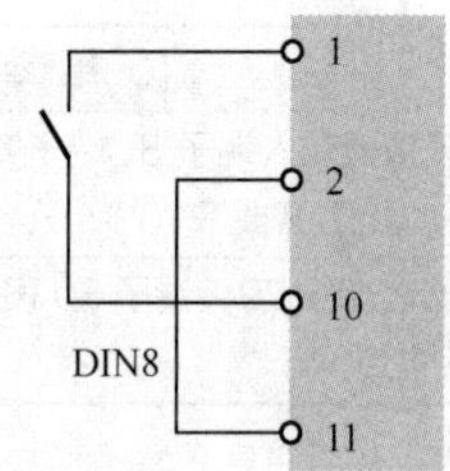

注：1. P0756（模拟量输入类型）的设定必须与在I/O板上的开关DIP（1、2）的设定相匹配。
2. 双极性电压输入仅能用于模拟量输入1（AIN1）。

图 2-5　模拟量输入作为数字量输入时外部线路的连接

端子 9、端子 28 是 24 V 直流电源端子，为变频器的控制电路提供 24 V 直流电源。

数字量输入端子除了上述端子外，端子 14、端子 15 为电机的过热保护输入端子，用来接收电机热敏电阻发出的温度信号，监视电机工作时的工作温度；端子 29、端子 30 为 RS-485[通用串行接口（Universal Serial Interface，USS）协议]通信端子。

（3）模拟量输出端子。端子 12、端子 13 和端子 26、端子 27 为 2 对模拟量输出端子，可以输出 0～20 mA 的电流信号，如果在这两对端子上并联一个 500 Ω的电阻，就可以输出 0～10 V 的直流电压。利用这些模拟量输出端子，通过数/模（D/A）转换器可以读出变频器中的给定值、实际值和控制信号。

（4）数字量输出端子。端子 18、端子 19、端子 20、端子 21、端子 22、端子 23、端子 24、端子 25 为输出继电器触点。继电器 1（RL1）为变频器故障触点，继电器 2（RL2）为变频器报警触点，继电器 3（RL3）为变频器准备就绪触点。

2.1.2　西门子变频器的运行模式

西门子变频器的常用运行模式有面板运行模式、外部运行模式、组合运行模式和网络运行模式等。

西门子变频器运行模式的选择用“选择命令给定源”参数 P0700（设置变频器启停信号的给定源）和“选择频率给定值”参数 P1000（设置变频器给定频率源）进行设置，其常用的运行模式如表 2-1 所示。

表 2-1　西门子变频器常用的运行模式

运行模式	给定频率	启停信号
面板运行模式	操作面板 MOP 电动电位器设定。 P1000=1	操作面板（启动和停止键）设定。 P0700=1
外部运行模式	模拟量输入端子 3、端子 4 或端子 10、端子 11 设定。 P1000=2（AIN1 通道给定频率）或 P1000=7（AIN2 通道给定频率）	数字量输入端子 5、端子 6、端子 7、端子 8、端子 16、端子 17 设定。 P0700=2
外部/面板组合运行模式 1	操作面板 MOP 电动电位器设定。 P1000=1	数字量输入端子 5、端子 6、端子 7、端子 8、端子 16、端子 17 设定。 P0700=2

续表

运行模式	给定频率	启停信号
外部/面板组合运行模式2	模拟量输入端子3、端子4或端子10、端子11设定。P1000=2或P1000=7	操作面板（启动和停止键）设定。P0700=1
网络运行模式	通信端子29、端子30设定。P1000=5	通信端子29、端子30设定。P0700=5

注意：

西门子变频器运行模式选择需要P0700和P1000两个参数，而三菱变频器运行模式选择只需要Pr.79一个参数。

2.1.3 西门子变频器的操作面板

1. 西门子变频器的参数分类

MM440变频器的所有参数分成命令参数组（CDS）以及与电机、负载相关的驱动参数组（DDS）两大类。CDS和DDS又各分为3组，默认状态下使用的当前参数组是第0组参数，即CDS0和DDS0。参数号是参数的编号，用0000～9999表示，以字母r开头的参数表示本参数为只读参数，以字母P开头的参数为用户可以改动的参数。由于大部分参数分为3组，因此在BOP上分别用in000、in001、in002标识予以区分，默认设定时，in000的参数有效。例如，P0756的第0组参数，在BOP上显示为in000，手册中常写作P0756[0]或P0756.0，如果将P0756的第0组参数设置为0（电压输入），第1组参数设置为1（电流输入），需要在变频器上设置P0756[0]=0，P0756[1]=1。

西门子MM440变频器的参数

2. 操作面板

西门子MM440变频器的BOP如图2-6所示。用BOP可以修改和设定系统参数，使变频器具有期望的特性，如斜坡时间、最小频率和最大频率等。为了用BOP设置参数，首先必须将SDP从变频器上拆卸下来，然后装上BOP。BOP具有5位数字的7段显示，主要用于显示参数序号r××××和P××××、参数值、参数单位（如A、V、Hz、s）、报警信息A××××和故障信息F××××，以及该参数的设定值和实际值等。BOP上的按键及其功能说明如表2-2所示。

西门子变频器的操作面板

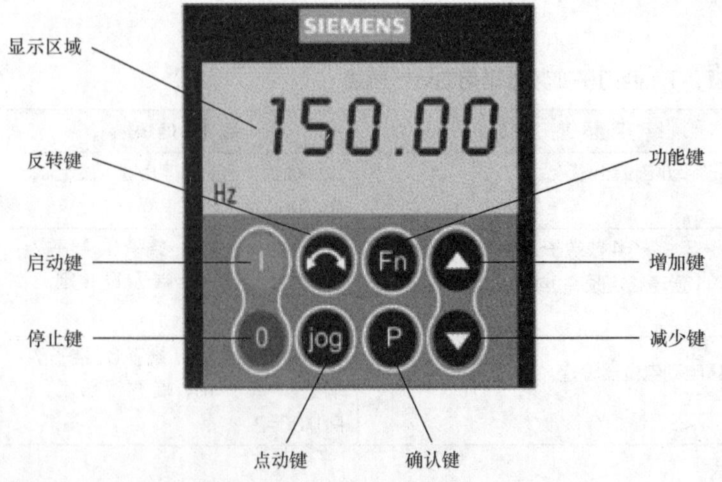

图2-6 西门子MM440变频器的BOP

表 2-2　BOP 上的按键及其功能说明

显示/按键	功　能	功能说明
r0000	状态显示	LCD 显示变频器当前的设定值
I	启动变频器	按此键启动变频器。以默认值运行时，此键是被封锁的。为了使此键的操作有效，应设定 P0700=1
O	停止变频器	OFF1：按此键，变频器将按选定的斜坡下降速度减速停止。以默认值运行时，此键是被封锁的。为了使此键的操作有效，应设定 P0700=1。 OFF2：按此键 2 次（或 1 次，但时间较长），电机将在惯性作用下自由停止。此功能总是“使能”的
	改变电机的转动方向	按此键可以改变电机的转动方向。电机的反向转动用负号（-）表示或用闪烁的小数点表示。以默认值运行时，此键是被封锁的。为了使此键的操作有效，应设定 P0700=1
jog	电机点动	在变频器无输出的情况下按此键，将使电机启动，并按预设定的点动频率运行。释放此键时，变频器停止。如果电机正在运行，按此键将不起作用
Fn	浏览辅助信息	此键用于浏览辅助信息。 变频器运行过程中，在显示任何一个参数时按此键并持续 2 s，将显示以下参数（在变频器运行过程中，从任何一个参数开始显示）： ① 直流回路电压（用 U_d表示，单位为 V）； ② 输出电流（单位为 A）； ③ 输出频率（单位为 Hz）； ④ 输出电压（用 U_o表示，单位为 V）。 变频器显示在参数 P0005 中所选定的值（如果已设置了 P0005 的数值，那么显示上面参数①～④中的其中一个，然后相应的值不再显示）。 跳转功能：在显示任何一个参数（r××××或 P××××）时短时间按此键，将立即跳转到 r0000，如果需要的话，用户可以接着修改其他的参数。跳转到 r0000 后，按此键将返回原来的显示点。 故障确认：在出现故障或报警的情况下，按此键可以确认故障或报警
P	访问参数	按此键即可访问参数
▲	增加数值	按此键即可增加面板上显示的参数值
▼	减少数值	按此键即可减少面板上显示的参数值

注意：

在默认设置时，用 BOP 控制电机的功能是被禁止的。如果要用 BOP 进行控制，应将参数 P0700 的值（使能 BOP 的启动/停止按钮）设置为 1，参数 P1000 的值（使能电位器的设定值）也设置为 1。

2.1.4 西门子变频器的快速调试

变频器的快速调试是指通过设置电机参数和变频器的命令给定源及频率给定源，从而实现简单、快速运转电机的一种操作模式。一般在复位操作或者更换电机后需要进行此操作。

进行变频器的快速调试时，需要设置变频器的相关参数。设置“调试参数过滤器”参数 P0010 和“用户访问级”参数 P0003 在调试时是十分重要的。快速调试包括电机的参数设定和斜坡函数的参数设定。必须完全按照表 2-3 所示设置参数，才能确保变频器高效运行和优化变频器的操作。

注意：

必须将 P0010 的值设置为 1（快速调试），才能允许按此步骤执行。

表 2-3　变频器快速调试的流程和相关参数解析

步骤	参数号	参 数 描 述	推荐设置
1	P0003	设置用户访问级［本参数用于定义用户访问参数组的等级。对于大多数简单的应用对象，采用默认设定值（标准模式）就可以满足要求］： = 1，标准级（基本应用）； = 2，扩展级（标准应用）； = 3，专家级（复杂应用）	3
2	P0004	设置参数过滤器［按照功能筛选（过滤）出与该功能有关的参数，这样可以更方便地进行调试］： =0，全部参数（默认设置）； =2，变频器参数； =3，电机参数； =4，速度传感器参数； =7，命令和数字 I/O 参数； =8，ADC（模/数转换器）和 DAC（数/模转换器）参数； =10，设定值通道/斜坡函数发生器（RFG）参数	0
3	P0010	设置调试参数过滤器，开始快速调试（本设定值对与调试相关的参数进行过滤，只筛选出那些与特定功能组有关的参数）： =0，准备运行； =1，快速调试； =30，出厂设置（在恢复变频器的参数时，参数 P0010 的值必须为 30。从设定 P0970=1 起，便开始恢复参数。变频器将自动把所有参数都恢复为它们各自的默认设定值）。 注意： ①只有在 P0010=1 的情况下，才能修改电机的主要参数，如 P0304、P0305 等； ②只有在 P0010=0 的情况下，变频器才能运行	1
4	P0100	选择使用地区（此参数与 I/O 板上的 DIP 开关组合用来选择电机的基准频率）。 = 0，欧洲，功率单位为 kW，频率默认值为 50 Hz； = 1，北美，功率单位为 hp（1 hp≈0.75 kW），频率默认值为 60 Hz； = 2，北美，功率单位为 kW，频率默认值为 60 Hz。 注意：I/O 板上的 DIP 开关 2 的设定值要与 P0100 的设定值一致，即根据下图来确定 P0100 设定的使用地区是否要重写 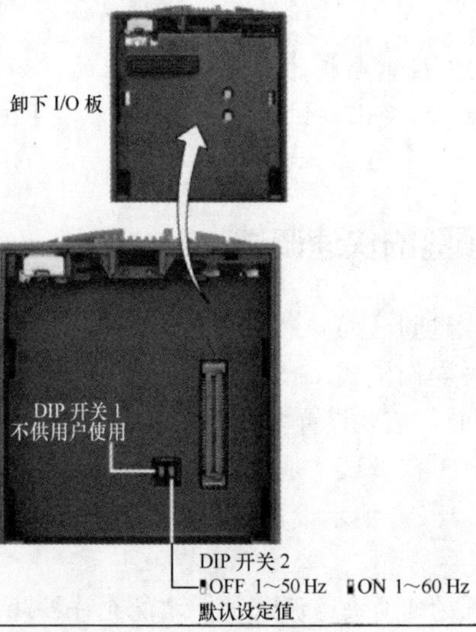 卸下 I/O 板 DIP 开关 1 不供用户使用 DIP 开关 2 OFF 1～50 Hz　ON 1～60 Hz 默认设定值	根据电机选择

续表

步骤	参数号	参 数 描 述	推荐设置
5	P0205	设置变频器的应用对象： = 0，恒定转矩（CT）（皮带运输机、空气压缩机等）； = 1，可变转矩（VT）（风机、泵类等）	0
6	P0300	选择电机的类型： = 1，异步电机； = 2，同步电机。 注意：如果 P0300=2，仅能选择 *V*/*f* 控制方式，即 P1300 < 20，不能用矢量控制方式，同时一些功能被禁止，如直流制动等	1
7	P0304	设置电机额定电压。 设定值范围：10～2000 V。下图表明如何从电机的铭牌上找到电机的有关数据。 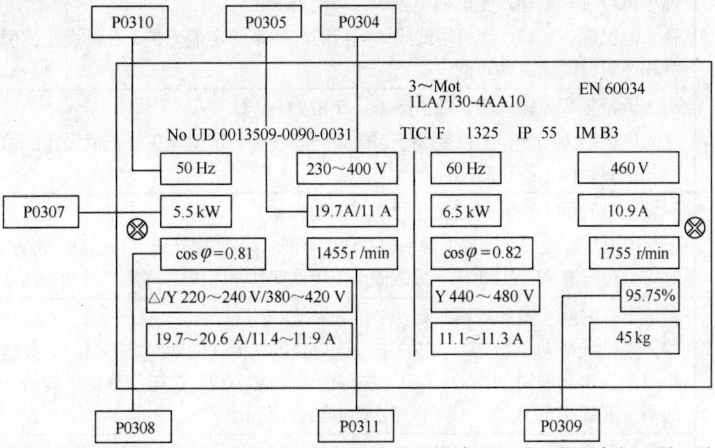 P0310 P0305 P0304 3～Mot 1LA7130-4AA10 EN 60034 No UD 0013509-0090-0031 TICI F 1325 IP 55 IM B3 50 Hz 230～400 V 60 Hz 460 V P0307 5.5 kW 19.7A/11 A 6.5 kW 10.9 A cos φ=0.81 1455 r/min cos φ=0.82 1755 r/min △/Y 220～240 V/380～420 V Y 440～480 V 95.75% 19.7～20.6 A/11.4～11.9 A 11.1～11.3 A 45 kg P0308 P0311 P0309 注意：输入变频器的电机铭牌数据必须与电机的接线（星形或三角形）相一致，也就是说，如果电机采用三角形接线，就必须输入三角形接线对应的铭牌数据	根据电机铭牌
8	P0305	电机额定电流	根据电机铭牌
9	P0307	电机额定功率： P0100 = 0 或 2 时，单位为 kW； P0100 = 1 时，单位为 hp	根据电机铭牌
10	P0308	电机额定功率因数	根据电机铭牌
11	P0309	电机额定功率	根据电机铭牌
12	P0310	电机额定频率，通常为 50 Hz/60 Hz。 非标准电机，可以根据电机铭牌修改	根据电机铭牌
13	P0311	电机额定转速。设定值的范围为 0～40000 r/min，根据电机的铭牌数据输入电机额定转速（r/min）。矢量控制方式下，必须准确设置此参数	根据电机铭牌
14	P0700	选择命令给定源（该参数用于选择变频器的启动/停止信号的给定源）： =0，出厂设定值； = 1，BOP 设置； = 2，由端子排输入； = 4，BOP 链路（RS-232）的 USS 设置（AOP）； = 5，COM 链路的 USS 设置（端子 29 和端子 30）； = 6，COM 链路的通信板设置。 注意：如果 P0700=2，数字量输入端子的功能取决于 P0701～P0708	2

续表

步骤	参数号	参 数 描 述	推荐设置
15	P1000	设置频率给定源： =1，BOP 内部电动电位器设定； =2，模拟量输入 1（端子 3、端子 4）； =3，固定频率设定值； =4，BOP 链路的 USS 设置； =5，COM 链路的 USS 设置（端子 29 和端子 30）； =6，通过 COM 链路的 CB 控制（CB = Profibus 通信模块）； =7，模拟量输入 2（端子 10、端子 11）； =23，模拟通道 1 设定值+固定频率	2
16	P1080	最小运行频率（输入电机最小频率，单位为 Hz）。 输入电机最小频率，电机用此频率运行时与频率给定值无关。在此设定的值用于顺时针和逆时针两个旋转方向	0
17	P1082	最大运行频率（输入电机最大频率，单位为 Hz）。 输入电机最大频率，电机受限于该频率而与频率给定值无关。在此设定的值用于顺时针和逆时针两个旋转方向	50
18	P1120	斜坡上升时间（输入斜坡上升时间，单位为 s）。 输入电机从静止加速到最大频率（P1082）的时间。如果斜坡上升时间参数设定值太小，则将引起报警 A0501（电流极限值）或传动变频器用故障 F0001（过电流）停止	10
19	P1121	斜坡下降时间（输入减速时间，单位为 s）。 输入电机从最大频率（P1082）制动到停止的时间。如果斜坡下降时间参数设定值太小，则将引起报警 A0501（电流极限值）、A0502（过电压限值）或传动变频器用故障 F0001（过电流）或 F0002（过电压）停止	10
20	P1300	选择控制方式： = 0，线性 *V/f* 控制，可用于可变转矩和恒定转矩的负载，如带式运输机和正排量泵类； = 1，带磁通电流控制（FCC）的 *V/f* 控制，用于提高电机的效率和改善其动态响应特性； = 2，平方曲线的 *V/f* 控制，可用于二次方律负载，如风机、水泵等； = 3，特性曲线可编程的 *V/f* 控制，由用户定义控制特性； = 20，无传感器的矢量控制，在低频时可以提高电机的转矩； = 21，带传感器的矢量控制	0
21	P3900	结束快速调试（启动电机计算）： = 0，结束快速调试，不进行电机计算或将 I/O 设定值恢复为出厂设定值； = 1，结束快速调试，进行电机计算和将 I/O 设定值恢复为出厂设定值（推荐方式）； = 2，结束快速调试，进行电机计算并将 I/O 设定值恢复为出厂设定值； = 3，结束快速调试，进行电机计算，但不将 I/O 设定值恢复为出厂设定值	3

2.1.5 与工作频率有关的参数

1. 上限频率和下限频率

西门子变频器用 P1082 设定输出频率的上限，如果频率设定值高于此设定值，则输出频率被限制为上限频率；用 P1080 设定输出频率的下限，若频率设定值低于此设定值，则输出频率被限制为下限频率。

上限频率和下限频率

2. 跳转频率

跳转频率功能是为了防止变频器与机械系统的固有频率产生谐振，可以使其跳过谐振发生的频率点。MM440 变频器最多可设置 4 个跳转区间，分别由 P1091、P1092、P1093、P1094 设置跳转区间的中心频率，由 P1101 设置跳转频率的频带宽度，如图 2-7 所示。P1091=40 Hz、P1101=2 Hz 时，跳转频率的范围是 38～42 Hz。

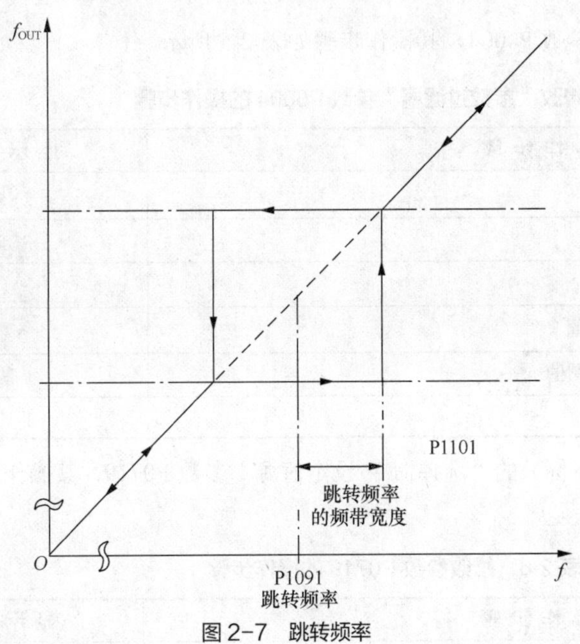

图 2-7　跳转频率

3. 点动频率

点动频率和点动的斜坡上升/下降时间参数意义及设定范围如表 2-4 所示，点动输出频率如图 2-8 所示。在西门子变频器的外部运行模式(由接在数字量输入端子上的按钮控制）和面板运行模式［由 BOP 的 JOG（点动）按键控制］下都可以进行点动操作。

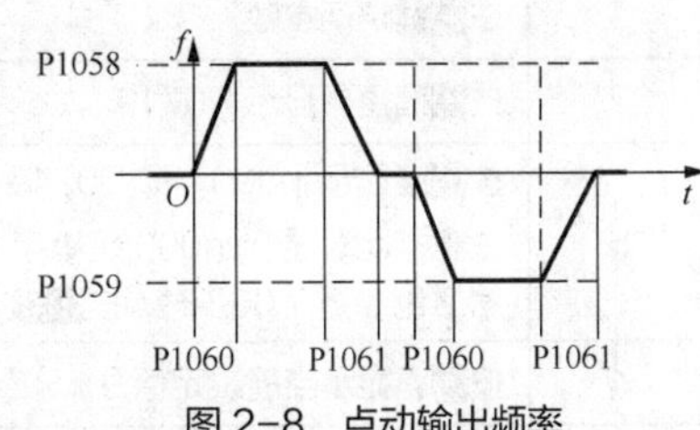

图 2-8　点动输出频率

表 2-4　点动频率和点动的斜坡上升/下降时间参数意义及设定范围

参 数 号	出厂设定值	设 定 范 围	功　能
P1058	5 Hz	0～650 Hz	正向点动频率
P1059	5 Hz	0～650 Hz	反向点动频率
P1060	10 s	0～650 s	点动的斜坡上升时间
P1061	10 s	0～650 s	点动的斜坡下降时间

任务实施

【训练工具、材料和设备】

西门子 MM440 变频器 1 台、三相异步电机 1 台、《西门子 MM440 通用变频器使用手册》1 本、通用电工工具 1 套。

子任务1　西门子变频器的参数修改

西门子变频器的参数修改

1. 任务要求

使用 BOP 修改西门子变频器的参数并进行参数复位。

2. 用 BOP 修改参数

（1）修改“参数过滤器”参数 P0004，其操作步骤如表 2-5 所示。

表 2-5　修改“参数过滤器”参数 P0004 的操作步骤

操作步骤		显示结果
1	按P键访问参数	r0000
2	按▲键直到显示 P0004	P0004
3	按P键显示当前设定值	0
4	按▲键或▼键达到需要的值	7
5	按P键确认并存储当前设置值	P0004
6	用户只能看到命令的参数	

（2）修改带索引号（又叫下标）的“选择命令/设定值源”参数 P0719，其操作步骤如表 2-6 所示。

表 2-6　修改参数 P0719 的操作步骤

操作步骤		显示结果
1	按P键访问参数	r0000
2	按▲键直到显示 P0719	P0719
3	按P键显示 in000，即 P0719 的第 0 组值。 注意：此时显示 in000 是指第 0 组参数，需要设置第 1 组参数 in001 和第 2 组参数 in002 时，按▲键或▼键即可	in000
4	按P键显示当前设定值 0	0
5	按▲键或▼键达到需要的值	12
6	按P键确认并存储当前设定值	P0719
7	按▼键直到显示 r0000 或按Fn键显示 r0000	r0000
8	按P键返回运行显示（由用户定义）	

📖 **说明：**

忙碌信息：修改参数值时，BOP 有时会显示 busy，表明变频器正忙于处理优先级更高的任务。

3. 参数复位

在设置参数之前，首先将变频器的参数值复位为出厂设定值。在变频器初次调试或者参数设置混乱时，需要执行该操作，以便将变频器的参数值恢复为默认值。其操作步骤如图 2-9 所示，完成复位过程约需 3 min。

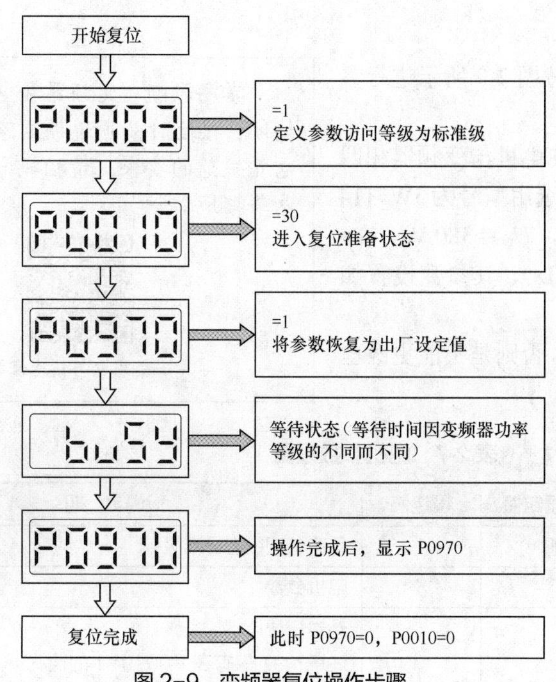

图 2-9　变频器复位操作步骤

子任务 2　西门子变频器的面板操作

西门子变频器的
面板操作

1. 任务要求

利用变频器操作面板上的按键控制变频器启动、停止及正反转。按变频器操作面板上的Ⓘ键，变频器正转启动，经过 10 s，变频器以 40 Hz 频率稳定运行。变频器进入稳定运行状态后，如果按Ⓞ键，经过 10 s，电机将从 40 Hz 频率运行到停止，通过变频器操作面板上的▲键和▼键可以在 0～60 Hz 频率之间调速。按⟲键，电机还可以按照正转的相同启动时间、相同稳定运行频率以及相同停止时间反转。按jog键，电机可以 10 Hz 频率点动运行。

2. 硬件接线

变频器主电路的接线如图 2-10（a）所示，图 2-10（b）所示是实物接线，将三相交流电源接到 L1、L2、L3 端子上，U、V、W 端子接电机。

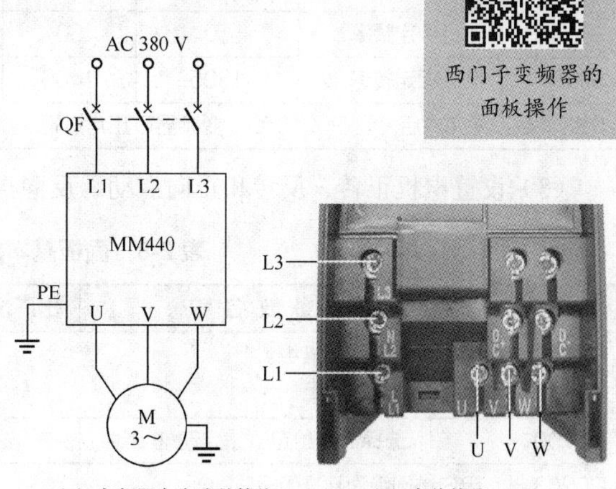

（a）变频器主电路的接线　　（b）实物接线

图 2-10　面板操作的变频器接线

知识链接：必须将变频器的操作面板、I/O 板拆下来，才能看到图 2-10（b）所示的实物接线。请扫码学习“西门子变频器的拆装训练”。

西门子变频器的拆装训练

3. 参数设置

（1）在设置参数之前，首先按图 2-9 所示进行参数复位。

（2）设置电机的参数。为了使电机与变频器相匹配，需设置电机的参数。例如，选用型号为 JW7114 的三相笼形电机（P_N= 0.37 kW，U_N = 380 V，I_N = 1.1 A，n_N = 1400 r/min，f_N = 50 Hz），其参数设置如表 2-7 所示。

除非 P0010 = 1 和 P0004 = 3，否则是不能更改电机参数的。

学海领航： 变频器和电机必须分别接地，接地时必须遵循国家安全法规和电气规范的要求。请扫码学习“安全用电与接地保护”。

安全用电与接地保护

表 2-7　电机参数设置

参数号	参 数 名 称	出厂设定值	设定值	说　明
P0003	用户访问级	1	1	用户访问级为标准级
P0004	参数过滤器	0	3	电机参数
P0010	调试参数过滤器	0	1	开始快速调试。 注意：① 只有在 P0010=1 的情况下，才能修改电机的主要参数；② 只有在 P0010=0 的情况下，变频器才能运行
P0100	使用地区	0	0	使用地区：欧洲 50 Hz
P0304	电机额定电压	400	380	电机额定电压（V）
P0305	电机额定电流	1.90	1.1	电机额定电流（A）
P0307	电机额定功率	0.75	0.37	电机额定功率（kW）
P0310	电机额定频率	50	50	电机额定频率（Hz）
P0311	电机额定转速	1395	1400	电机额定转速（r/min）
电机参数设置完成后，设 P0010=0，变频器可正常运行				

（3）设置电机正转、反转和正向点动、反向点动参数，具体参数如表 2-8 所示。

表 2-8　面板基本操作控制参数

参 数 号	参 数 名 称	出厂设定值	设定值	说　明
P0003=1，用户访问级为标准级。 P0004=7，命令和数字 I/O				
P0700	选择命令给定源（启动/停止）	2	1	由 BOP（键盘）输入设定值
P0003=1，用户访问级为标准级。 P0004=10，设定值通道和斜坡函数发生器				
P1000	设置频率给定源	2	1	由键盘给定频率
*P1080	下限频率	0	0	电机的最小运行频率（Hz）
*P1082	上限频率	50	60	电机的最大运行频率（Hz）
*P1120	加速时间	10	10	斜坡上升时间（s）
*P1121	减速时间	10	10	斜坡下降时间（s）

续表

参数号	参数名称	出厂设定值	设定值	说明
P0003=2，用户访问级为扩展级。				
P0004=10，设定值通道和斜坡函数发生器				
*P1040	设定给定频率	5	40	设定键盘控制的频率值（Hz）
*P1058	正向点动频率	5	10	设定正向点动频率（Hz）
*P1059	反向点动频率	5	10	设定反向点动频率（Hz）
*P1060	点动斜坡上升时间	10	5	设定点动斜坡上升时间（s）
*P1061	点动斜坡下降时间	10	5	设定点动斜坡下降时间（s）

注：标“*”的参数可根据用户实际要求进行设置。

P1032=0，允许反向，可以用输入的设定值改变电机的旋转方向（既可以用数字输入，也可以用键盘上的升/降键提高/降低运行频率）。P1032=1，禁止反向。

P3900=1，结束快速调试。

P0010=0，运行准备。

4．运行操作

（1）按变频器操作面板上的Ⅰ键，变频器将按由P1120设定的斜坡上升时间驱动电机升速，并以由P1040设定的频率值运行。

（2）如果需要，电机的转速（运行频率）及旋转方向可直接按变频器操作面板上的▲键或▼键来改变（P1031=1时，被▲键或▼键改变了的频率设定值被保存在内存中）。

（3）对于设置的最大运行频率即上限频率（P1082）的设定值，可以根据需要修改。

（4）按变频器操作面板上的O键，则变频器将按由P1121设定的斜坡下降时间驱动电机降速至零。

（5）点动运行。按变频器操作面板上的jog键，变频器将驱动电机按由P1058设定的正向点动频率运行；松开该键时，点动结束。如果按变频器操作面板上的⊙键，再重复上述的点动运行操作，电机可在变频器的驱动下反向点动运行。

注意：

在变频器运行过程中，按Fn键并持续2 s，可依次显示直流回路电压、输出电流和输出频率的数值，当显示屏上显示频率“Hz”时，可按▲或▼键实现电机加速或减速转动。

任务拓展　西门子变频器的启动和制动功能

西门子变频器启动和制动时，斜坡上升时间、启动方式与斜坡下降时间、停止方式等都可以设置，可有效地解决启动电流大与机械冲击问题。怎么设置启动和制动功能的相关参数呢？请扫码学习“西门子变频器的启动和制动功能”。

西门子变频器的启动和制动功能

自我测评

一、填空题

1．西门子MM440变频器输入端子中，有________个数字量端子。

2．西门子 MM440 变频器的模拟量输入端可以接收的电压信号是________V 或________V，电流信号是________mA。

3．西门子 MM440 变频器的操作面板中，键用于________，键用于________，键用于________。

4．西门子 MM440 变频器中用于选择命令给定源的参数是________，用于设置用户访问级的参数是________，用于设置频率给定源的参数是________。

5．西门子 MM440 变频器中用于设置上限频率的参数是________，用于设置下限频率的参数是________。

6．某变频器需要跳转的频率范围为 18～22 Hz，可设置跳转频率值（P1091）为________Hz，跳转频率的频带宽度（P1011）为________Hz。

7．西门子 MM440 变频器中需要设置电机的参数时，应设置参数 P0010=________，需要变频器运行时，需要将 P0010 的值设置为________。

二、简答题

1．如何将西门子 MM440 变频器的参数恢复为出厂设定值？

2．简述西门子 MM440 变频器的运行模式。

3．什么叫跳转频率？为什么设置跳转频率？

三、分析题

1．变频器工作在面板运行模式，试分析在下列参数设置的情况下，变频器的实际运行频率。

① 预置上限频率 P1082= 60 Hz，下限频率 P1080=10 Hz，面板给定频率分别为 5 Hz、40 Hz、70 Hz。

② 预置 P1082= 60 Hz，P1080=10 Hz，P1091=30 Hz，P1101=2 Hz，面板给定频率如表 2-9 所示，将变频器的实际输出频率填入表 2-9 中。

表 2-9　变频器的实际输出频率

给定频率/Hz	5	20	29	30	32	35	50	70
输出频率/Hz								

2．利用变频器操作面板控制电机以 30 Hz 频率正转、反转，电机加减速时间为 4 s，点动频率为 15 Hz，上、下限频率为 60 Hz 和 5 Hz。频率由操作面板给定。

（1）写出将参数恢复为出厂设定值的步骤。

（2）画出变频器的接线图。

（3）写出变频器的参数设置。

任务2.2 西门子变频器的外部运行

02

任务导入

西门子变频器和三菱变频器一样，可以通过外部端子实现变频器的外部运行。那么，西门子变频器的输入端子如何接线、参数如何设置才能实现变频器的外部运行？电压给定和电流给定的模拟量调速怎么实现？请带着这些问题走进任务 2.2。

相关知识

2.2.1 西门子变频器输入端子功能

1. 数字量输入端子功能的设定

变频器数字量输入端子的功能及接线

西门子 MM440 变频器的输入信号中有端子 5、端子 6、端子 7、端子 8、端子 16、端子 17 等 6 个数字量输入端子，两路模拟量输入端子也可以用作数字量输入端子，如图 2-11（a）所示，这样一共有 8 个数字量输入端子可供使用，这 8 个端子都是多功能端子，这些端子功能可以通过参数 P0701～P0708 的设定值来选择，以减少变频器控制电路端子的数量。端子 5、端子 6、端子 7、端子 8、端子 16、端子 17 等 6 个数字量输入端子可采用 NPN/PNP 接线，其接线方式如图 2-11（a）所示。注意，选择不同信号的接线方式时，必须设定 P0725 的值，当 P0725=0 时，选择 NPN 方式，如图 2-11（a）所示，端子 5、端子 6、端子 7、端子 8、端子 16、端子 17 必须通过端子 28（0 V）连接；当 P0725=1 时，选择 PNP 方式，如图 2-11（a）所示，端子 5、端子 6、端子 7、端子 8、端子 16、端子 17 必须通过端子 9（24 V）连接。

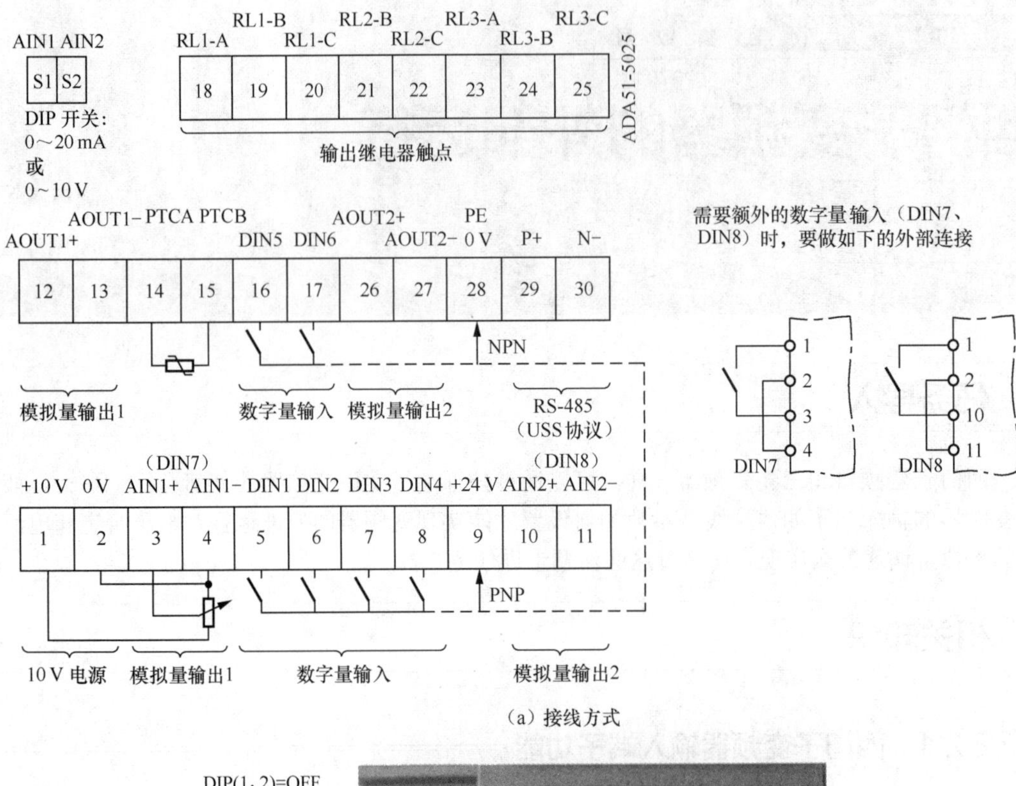

（a）接线方式

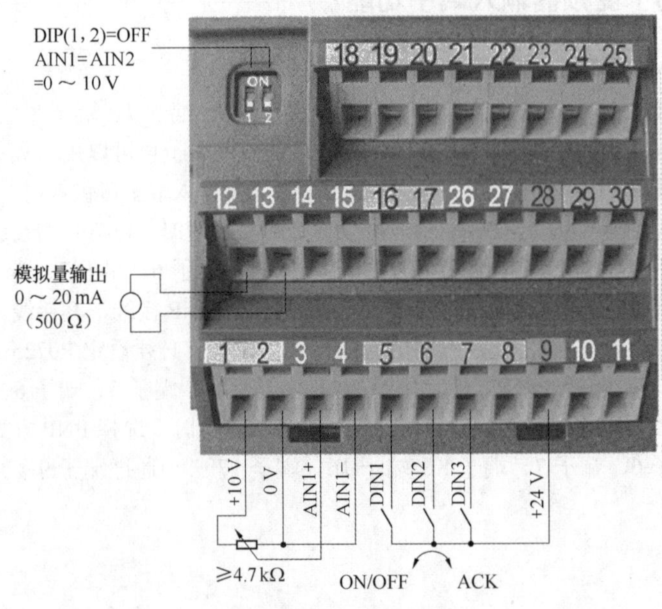

（b）实物

图 2-11 西门子 MM440 变频器控制电路端子接线方式

数字量输入端子功能如表 2-10 所示。

表 2-10 数字量输入端子功能

数字量输入	端子号	参数号	出厂值	功能说明
DIN1	5	P0701	1	=0，禁止数字量输入。 = 1，ON/OFF1，接通正转/断开停止。 = 2，ON+反向/OFF1，接通反转/断开停止。 = 3，OFF2，断开按惯性自由停止。 = 4，OFF3，断开按第二降速时间快速停止。 = 9，故障复位。 = 10，正向点动。 = 11，反向点动。 = 12，反转（与正转命令配合使用）。 = 13，电动电位器升速。 = 14，电动电位器降速。 = 15，固定频率直接选择。 = 16，固定频率选择+ON 命令。 = 17，固定频率编码选择+ON 命令。 = 25，使能直流制动。 = 29，外部故障信号触发跳闸。 = 33，禁止附加频率设定值。 = 99，使能 BICO 参数化
DIN2	6	P0702	12	
DIN3	7	P0703	9	
DIN4	8	P0704	15	
DIN5	16	P0705	15	
DIN6	17	P0706	15	
DIN7	1、3	P0707	0	
DIN8	1、10	P0708	0	
	9	公共端		

注意事项如下。

① 数字量输入逻辑可以通过 P0725 改变。

② 数字量输入状态由参数 r0722 监控，开关闭合时相应笔画点亮。通过此参数来判断变频器是否已经接收到相应的数字量输入信号。

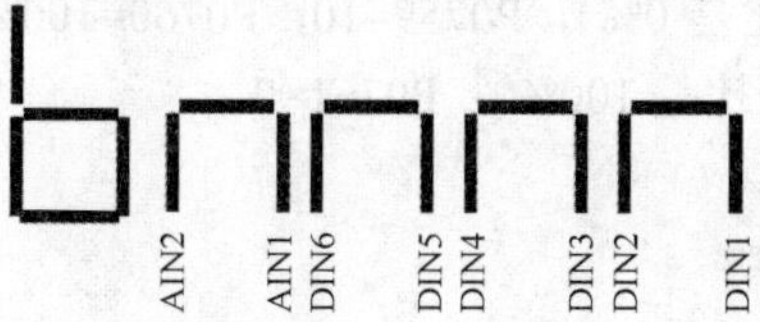

③ DIN7 和 DIN8 没有 15、16、17 等设定值，因此不能用作多段速端子

2. 模拟量输入端子功能的设定

模拟量输入端子功能的设定

西门子 MM440 变频器可以通过外部给定电压信号或电流信号调节变频器的输出频率，这些电压信号和电流信号在变频器内部通过模/数转换器转换成数字信号作为频率给定信号，控制变频器的速度。

（1）模拟量通道属性的设定

西门子 MM440 变频器有两路模拟量输入，即 AIN1（端子 3、端子 4）和 AIN2（端子 10、端子 11），如图 2-11（a）所示，这两个模拟量通道既可以接收电压信号，又可以接收电流信号，并允许模拟量输入的监控功能。两路模拟量输入以 in000 和 in001 区分，可以分别通过 P0756[0]（AIN1）和 P0756[1]（AIN2）设置两个模拟量通道的信号属性，如表 2-11 所示。

表 2-11 P0756 参数解析

参数号	设定值	参数功能	说明
P0756	0	单极性电压输入（0~10 V）	带监控是指模拟量通道带有监控功能，当断线或信号超限时，报故障（F0080）
	1	带监控的单极性电压输入（0~10 V）	
	2	单极性电流输入（0~20 mA）	
	3	带监控的单极性电流输入（0~20 mA）	
	4	双极性电压输入（−10~10 V）	

为了从模拟电压输入切换到模拟电流输入，仅设置参数 P0756 是不够的。更确切地说，要

求I/O板上的两个DIP开关的位置也必须设定为正确的位置，如图2-4所示。

DIP开关的设定值如下。

OFF＝ 模拟电压输入（0～10 V）；

ON＝ 模拟电流输入（0～20 mA）。

DIP开关的安装位置与模拟量输入的对应关系如下。

左面的DIP开关（DIP 1）＝ 模拟量输入1（AIN1）

右面的DIP开关（DIP 2）＝ 模拟量输入2（AIN2）

（2）模拟量输入的标定

模拟给定电压、模拟给定电流与给定频率之间存在线性关系，可用参数P0757～P0760配置模拟量输入的标定，如图2-12（a）所示，横轴表示模拟给定电压或电流值，纵轴表示与模拟给定电压或电流对应的给定频率与基准频率（P2000）的百分比，只要确定$A(x_1,y_1)$和$B(x_2,y_2)$两点的坐标，就可以确定直线AB的线性关系。模拟量输入的x_1、y_1、x_2、y_2可以通过参数P0757、P0758、P0759、P0760来标定，这4个参数的含义如表2-12所示。通过以上4个参数的标定，把模拟输入信号按线性关系转换为百分比。西门子MM440变频器默认的是AIN1通道输入0～10 V的电压，对应的给定频率是0～50 Hz，如图2-12（b）所示，此时应设置P0757=0，P0758=0%（0 V电压对应的给定频率是0 Hz，与P2000=50 Hz的百分比是0%），P0759=10，P0760=100%（10 V电压对应的给定频率是50 Hz，与P2000=50 Hz的百分比是100%），P0761=0。

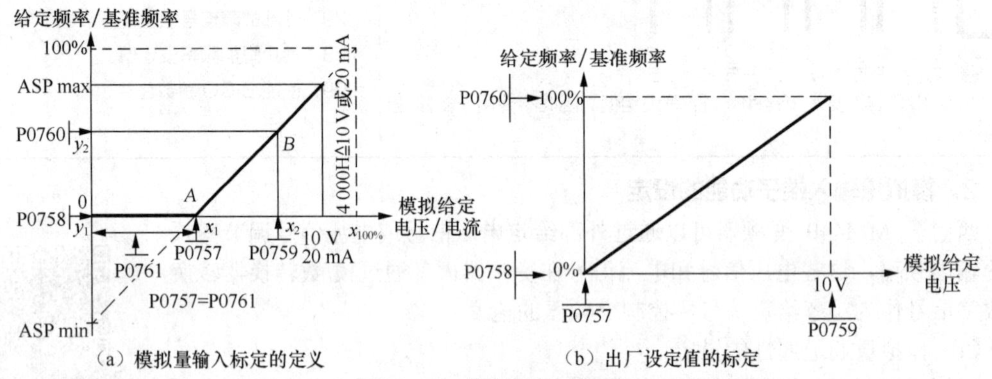

（a）模拟量输入标定的定义　　（b）出厂设定值的标定

图2-12　模拟量输入的标定

表2-12　模拟量输入参数设置及监控参数

参数号	参数功能	出厂设定值	说明
P0757	标定模拟量输入的x_1值	0	0～10 V电压对应的起始电压是0 V
P0758	标定模拟量输入的y_1值	0.00	给定频率的最小值0 Hz对应的百分比（以P2000=50 Hz为基准频率）
P0759	标定模拟量输入的x_2值	10.00	0～10 V电压对应的最大电压
P0760	标定模拟量输入的y_2值	100.00	给定频率的最大值50 Hz对应的百分比（以P2000=50 Hz为基准频率）
P0761	模拟量输入死区宽度	0.00	死区宽度为0
r0752	模拟量输入的实际输入电压（V）或电流（mA）	—	显示特征方框前以V（或mA）为单位的经过平滑的模拟输入电压（或电流）值
r0754	标定后的模拟量输入实际值（%）	—	显示标定方框后以百分比值表示的经过平滑的模拟量输入

【例 2-1】某用户要求，通过模拟量输入 1 给定信号 2～10 V 时，变频器输出的频率是 0～50 Hz。试确定频率给定线。

知识链接：西门子频率给定线是如何定义与设置的？请扫码学习“频率给定线的设置与调整”。

频率给定线的设置与调整

解：由题意知，与 2 V（x_1）对应的频率是 0 Hz，其纵轴对应的坐标 y_1 就是 0 Hz/50 Hz×100%=0%（纵坐标是以 P2000=50 Hz 为基准的百分比），与 10 V（x_2）对应的频率是 50 Hz，其纵轴对应的坐标 y_2 就是 50 Hz/50 Hz×100%=100%（P2000=50 Hz），画出图 2-13 所示的频率给定线。此时应设置的参数如下。

P1000[0]=2，选择 AIN1 通道。

P0756[0]=0，选择单极性电压输入，同时把 DIP1 开关置于 OFF 位置。

起点坐标：P0757[0]=2 V，P0758[0]=0%。

终点坐标：P0759[0]=10 V，P0760[0]=100%。

在图 2-13 中，如果给定电压低于 2 V，则变频器的频率可能出现负值，为了防止发生这种情况，需要设置死区，即 P0761[0]=2 V。

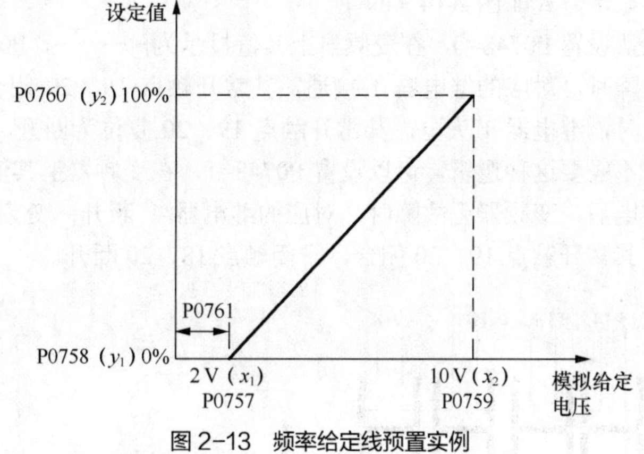

图 2-13 频率给定线预置实例

📖 **注意**：

如果 P0758 和 P0760（模拟量输入标定的 y_1 和 y_2 坐标）的值都是正的或负的，那么从 0 V 开始到 P0761 的值为死区。

2.2.2 西门子变频器输出端子功能

西门子变频器输出端子有两种：一种是数字量输出端子，如图 2-11（a）中的 3 组输出继电器触点，其规格为 30 V DC/5 A（电阻负载）或 250 V AC/2 A（电感负载）；另一种是模拟量输出端子，如图 2-11（a）中的端子 12、端子 13 及端子 26、端子 27，其规格为输出 0～20 mA 电流。

变频器输出端子的功能

1. 数字量输出端子的功能

可以将变频器当前的状态以数字量的形式用继电器输出，方便用户通过输出继电器的状态来监控变频器的内部状态，而且每个输出逻辑可以进行取反操作，即通过操作 P0748 的每一位来更改。3 组输出继电器触点对应的参数功能及设定值如表 2-13 所示。

表 2-13　输出继电器触点对应的参数功能及默认值

继电器编号	参数号	默认值	参数功能	输出状态
继电器 1	P0731	52.3	变频器故障（得电后继电器会动作）	继电器失电
继电器 2	P0732	52.7	变频器报警	继电器得电
继电器 3	P0733	52.2	变频器运行	继电器得电

P0731～P0733 还可以设置以下值。

52.0，变频器准备；52.1，变频器准备就绪；52.4，OFF2 停止命令有效；52.5，OFF3 停止命令有效；52.A，已达到最大频率；52.D，电机过载；52.E，电机正向运行；52.F，变频器过载

数字量输出信号的默认状态如与外部电气线路的不一致，可以用 P0748 设置的数字反相功能实现。P0748 参数的设定值在变频器中通过 7 段数码管显示，7 段显示的结构如图 2-14（a）所示，对应的位号点亮为 1，对应的位号熄灭为 0。P0748 用于定义 3 个输出继电器的数字反相功能，其在变频器默认状态的设定值为 0，即 7 段显示的 0 位、1 位、2 位为 0，相应的位号熄灭，其显示方式如图 2-14（b）所示。如果设定 P0748=1，即 7 段显示的 0 位、1 位、2 位为 1，相应的位号点亮，其显示方式如图 2-14（c）所示。

西门子变频器默认设置 P0748=0，在变频器上其值显示为b----，P0731=52.3 时，变频器得电后，变频器无故障时，对应的继电器 1 接通，其常开触点 19、20 闭合，常闭触点 18、20 断开；变频器有故障时，继电器 1 失电，其常开触点 19、20 复位为断开，常闭触点 18、20 复位为闭合。如果用户不需要这种逻辑，可以设置 P0748=1，在变频器上其值显示如图 2-14（c）所示，改为变频器得电后，变频器无故障时，对应的继电器 1 断开；变频器一旦发生故障，对应的继电器 1 接通，其常开触点 19、20 闭合，常闭触点 18、20 断开。

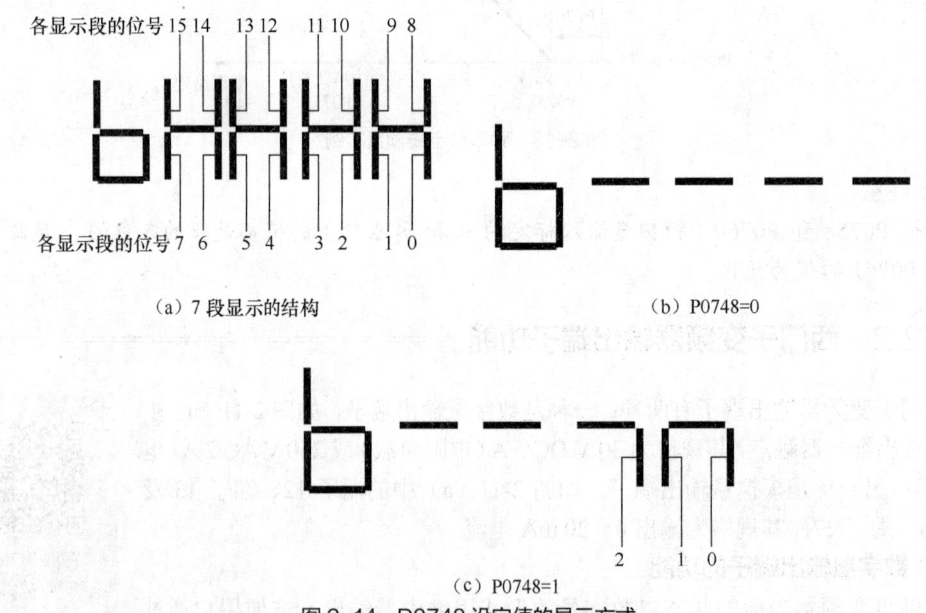

图 2-14　P0748 设定值的显示方式

2. 模拟量输出端子的功能

西门子 MM440 变频器有两路模拟量输出，即图 2-11（a）中的端子 12、端子 13 和端子 26、端子 27，相关参数以 in000 和 in001 区分，出厂设定为 0～20 mA 输出，可以标定为 4～20 mA 输

出（P0778=4），如果需要电压信号，可以在相应端子处并联一支 500 Ω电阻得到 0～10 V 的电压。

需要输出的物理量可以通过 P0771 设置，P0771 参数的含义如表 2-14 所示。

表 2-14　P0771 参数的含义

参 数 号	设 定 值	参 数 功 能	说　明
P0771	21.0	实际频率	模拟输出信号与设置的物理量呈线性关系
	25.0	实际输出电压	
	26.0	实际直流回路电压	
	27.0	实际输出电流	

任务实施

【训练工具、材料和设备】

西门子 MM440 变频器 1 台、三相异步电机 1 台、开关和按钮若干、5 kΩ三脚电位器 1 个、《西门子 MM440 通用变频器使用手册》1 本、通用电工工具 1 套。

子任务 1　西门子变频器外部点动运行

1. 任务要求

利用变频器的端子 5 和端子 6 控制变频器正反转点动，点动频率为 15 Hz，点动加减速时间为 10 s。

2. 硬件接线

按图 2-15（a）所示连接主电路和控制电路。注意西门子变频器控制电路端子的接线方法如图 2-15（b）所示，以端子 11 为例，使用一字螺钉旋具，插入接线端子上方的小口，撬动压簧，然后把线缆插入下方的接线接口中，再抽出一字螺钉旋具即可（自紧固的）。

西门子变频器外部点动运行操作

3. 参数设置

变频器通电，设定 P0010=30、P0970=1，按P键，将变频器参数清零，然后按照表 2-7 所示设置电机的参数，最后设置点动操作的相关功能参数，如表 2-15 所示。

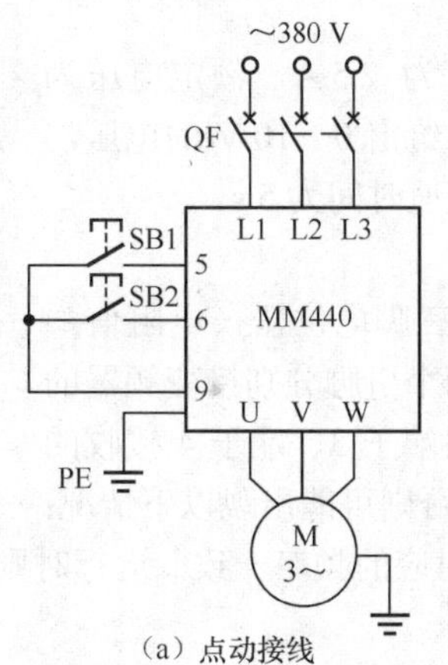

（a）点动接线　　（b）西门子变频器控制端子的接线方法

图 2-15　变频器外部点动电路

表2-15　外部点动操作参数设置

参 数 号	参 数 名 称	出厂设定值	设定值	说　明
P0003=1，用户访问级为标准级；P0004=7，命令和数字 I/O				
P0700	选择命令给定源（启动/停止）	2	2	命令给定源选择由端子排输入
P0003=2，用户访问级为扩展级；P0004=7，命令和数字 I/O				
P0701	设置端子5	1	10	正向点动
P0702	设置端子6	12	11	反向点动
P0003=1，用户访问级为标准级；P0004=10，设定值通道和斜坡函数发生器				
P1000	设置频率给定源	2	1	由 BOP 给定频率
*P1080	下限频率	0.00	0.00	电机的最小运行频率（Hz）
*P1082	上限频率	50.00	50.00	电机的最大运行频率（Hz）
P0003=2，用户访问级为扩展级；P0004=10，设定值通道和斜坡函数发生器				
P1058	正向点动频率	5.00	15.00	设置正向点动频率（Hz）
P1059	反向点动频率	5.00	15.00	设置反向点动频率（Hz）
*P1060	点动斜坡上升时间	5.00	10.00	设定点动斜坡上升时间（s）
*P1061	点动斜坡下降时间	5.00	10.00	设定点动斜坡下降时间（s）

注：标“*”的参数可根据用户实际要求设置。

4. 运行操作

（1）正向点动运行：当按下按钮 SB1 时，变频器端子 5 为 ON，电机按 P1060 设置的 10 s 点动斜坡上升时间正向启动运行，经 10 s 后以 15 Hz 的频率稳定运行，此时转速与 P1058 设置的 15 Hz 对应。松开按钮 SB1，变频器端子 5 为 OFF，电机按 P1061 设置的 10 s 点动斜坡下降时间停止运行。

（2）反向点动运行：当按下按钮 SB2 时，变频器端子 6 为 ON，电机按 P1060 设置的 10 s 点动斜坡上升时间反向启动运行，经 10 s 后以 15 Hz 的频率稳定运行，此时转速与 P1059 设置的 15 Hz 对应。松开按钮 SB2，变频器端子 6 为 OFF，电机按 P1061 设置的 10 s 点动斜坡下降时间停止运行。

子任务 2　西门子变频器电压给定的外部运行

1. 任务要求

现有一台三相异步电机功率为 1 kW，额定电流为 2.5 A，额定电压为 380 V。用外部端子控制变频器启停，通过外部电位器给定 0～10 V 的电压，让变频器在 0～50 Hz 之间进行正反转调速运行，加减速时间为 5 s。

西门子变频器的外部正反转运行操作

2. 硬件接线

按图 2-16 所示连接变频器的电路，注意，对于三脚电位器（电阻值≥4.7 kΩ）要把中间引脚接到变频器的端子 3 上，其他两个引脚分别接变频器的端子 1、端子 4，变频器的端子 2、端子 4 短接。如果端子 3、端子 4 接收的是 0～10 V 的电压信号，建议将端子 2、端子 4 短接，否则可能出现以下情况：变频器不运行时，操作面板显示频率信号与端子 3、端子 4 间电压给定对应的频率一致，运行时则不一致。

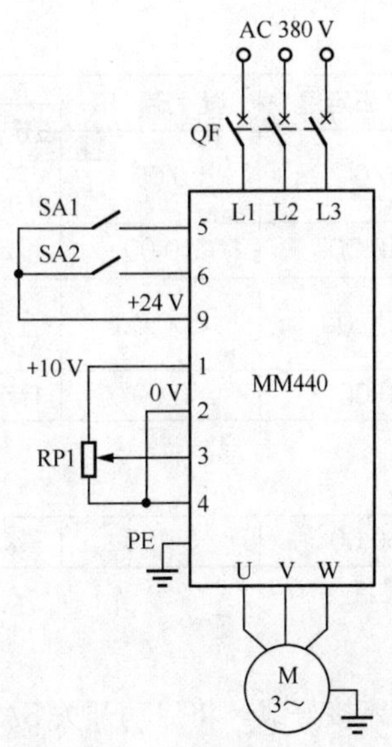

图 2-16　变频器外部操作电路

3. 参数设置

电机参数设置请参考表 2-7。变频器通过端子 3、端子 4 给定 0～10 V 的电压信号，其对应的变频器的运行频率为 0～50 Hz，因此需选择变频器的模拟量输入 1 作为电压给定信号，必须设置 P0756[0]=0（选择电压输入），还需要设置 P0757[0]、P0758[0]、P0759[0]、P0760[0]及 P0761[0]（[0]表示模拟量输入 1 对应的参数）等参数来标定模拟量输入。具体的参数设置如表 2-16 所示。

表 2-16　变频器外部操作的参数设置

参 数 号	参 数 名 称	出厂设定值	设 定 值	说　明
P0003=1，用户访问级为标准级。 P0004=7，命令和数字 I/O				
P0700[0]	选择命令给定源（启动/停止）	2	2	命令给定源选择由端子排输入
P0003=2，用户访问级为扩展级。 P0004=7，命令和数字 I/O				
P0701[0]	设置端子 5	1	1	ON 表示接通正转，OFF 表示停止
P0702[0]	设置端子 6	12	2	ON 表示接通反转，OFF 表示停止
P0003=1，用户访问级为标准级。 P0004=10，设定值通道和斜坡函数发生器				
P1000[0]	设置频率给定源	2	2	选择 AIN1 给定频率
*P1080[0]	下限频率	0.00	0.00	电机的最小运行频率（Hz）
*P1082[0]	上限频率	50.00	50.00	电机的最大运行频率（Hz）
*P1120[0]	加速时间	10.00	5.00	斜坡上升时间（s）
*P1121[0]	减速时间	10.00	5.00	斜坡下降时间（s）
P0003=2，用户访问级为扩展级。 P0004=8，模拟 I/O				
P0756[0]	设置 AIN1 的类型	0	0	AIN1 通道选择 0～10 V 电压输入，同时将 I/O 板上的 DIP1 开关置于 OFF 位置
P0757[0]	标定 AIN1 的 x_1 值	0.00	0.00	设定 AIN1 通道给定电压的最小值为 0 V

续表

参 数 号	参 数 名 称	出厂设定值	设 定 值	说 明
P0758[0]	标定 AIN1 的 y_1 值	0.00	0.00	设定 AIN1 通道给定频率的最小值 0 Hz 对应的百分比为 0%
P0759[0]	标定 AIN1 的 x_2 值	10.00	10.00	设定 AIN1 通道给定电压的最大值为 10 V
P0760[0]	标定 AIN1 的 y_2 值	100.00	100.00	设定 AIN1 通道给定频率的最大值 50 Hz 对应的百分比为 100%
P0761[0]	死区宽度	0.00	0.00	标定模拟量输入死区宽度
P0003=2，用户访问级为扩展级。 P0004=20，通信				
P2000[0]	基准频率	50.00	50.00	基准频率设为 50 Hz

注：标“*”的参数可根据用户实际要求设置。

4．运行操作

（1）开始。按图 2-16 所示的电路接好线。将启动开关 SA1 或 SA2（端子 5 或端子 6）处于 ON。变频器开始按照 P1120 设定的时间加速，最后以某个频率稳定运行。

（2）加速。顺时针缓慢旋转电位器（频率设定电位器）到满刻度。显示的频率数值逐渐增大，电机加速，当显示 40 Hz 时，停止旋转电位器。此时变频器以 40 Hz 频率运行。根据变频器的模拟量给定电压与给定频率之间的线性关系，40 Hz 对应的给定电压应为 8 V，此时找到监控参数 r0752（显示模拟输入电压值），观察其值是否为 8 V，再找到监控参数 r0020（显示实际的频率设定值），观察其值是否为 40 Hz。

（3）减速。逆时针缓慢旋转电位器（频率设定电位器）。此时找到监控参数 r0752，旋转电位器，让其输入电压为 2 V，再找到 r0020，看其实际的频率设定值是否为 10 Hz。最后将电位器旋转到底，观察电机是否停止运行。

（4）停止。断开启动开关 SA1 或 SA2（端子 5 或端子 6），电机将停止运行。

任务拓展　电流给定频率调节变频器的速度

电流给定频率调节变频器的速度

如果将图 2-16 中的频率给定修改为由 AIN2 通道即端子 10、端子 11 给定 4～20 mA 电流信号，让变频器以 0～50 Hz 的输出频率运行，外部端子 5 和端子 6 控制变频器正反转。如何对变频器进行接线并进行参数设置？请扫码学习“电流给定频率调节变频器的速度”。

自我测评

一、填空题

1．西门子变频器数字量输入端子的接线有________接线和________接线两种，可以通过________参数设定。

2．如果需要将端子 5 的功能预置为正向点动功能，则需要使参数 P0701=________；如果需要将端子 17 的功能预置为正转功能，则需要使参数________=1。

3．如果 P0756[0]=2，则意味着模拟量通道 1 即端子________和端子________接收的是________信号。

4．模拟给定电压、给定电流与给定________之间存在线性关系，可用参数________、________、________和________进行标定。

5．西门子变频器输出端子有________输出端子和________输出端子两种。

二、简答题

1．MM440 变频器的模拟量输入通道有几个？电压输入和电流输入的量程标准是多少？如何通过 DIP 开关设置电压输入和电流输入？

2．MM440 变频器的数字量输入端子有几个？数字量输入能否外加电源？

3．MM440 变频器的输出继电器有几个？分别占用哪几个接口？其中常开触点、常闭触点是哪几个接口？

三、分析题

1．在图 2-16 中，如果选择用 AIN1 的模拟量电流 0～20 mA 作为频率给定信号，变频器怎样接线？参数如何设置？

2．某用户要求，当模拟给定信号是 2～10 V 时，变频器输出的频率是−50～+50 Hz，带有中心为“0”且宽度为 0.2 V 的死区。试确定频率给定线。

3．某变频器采用外部运行，端子 7 为正转端子，端子 8 为反转端子。频率给定采用外部模拟给定（AIN1），信号为 4～20 mA 的电流信号，对应输出频率为 0～60 Hz，已知系统的基准频率 P2000= 50 Hz，受生产工艺的限制，已设置上限频率 f_H=40 Hz。试解决下列问题。

西门子变频器频率给定线预置实例

（1）画出变频器的接线图。

（2）根据已知条件画出频率给定线。

（3）设置变频器的参数。

（4）若给定信号为 10 mA，系统输出频率为多少？若给定信号为 18 mA 呢？

（5）若传动机构固有的机械谐振频率 25 Hz 落在频率给定线上，该如何处理？

任务2.3
西门子变频器的组合与升降速端子运行

任务导入

西门子变频器中有两个运行指令：启动指令和频率指令。如果一个指令由操作面板给定，另一个指令由端子给定，那么这种给定方式称为组合运行模式。

（1）组合运行模式 1（P0700=2，P1000=1）。它是指变频器的启动指令通过外部端子给定，频率指令通过操作面板给定。

（2）组合运行模式 2（P0700=1，P1000=2）。它是指变频器的启动指令由操作面板给定，频率指令由外部模拟量输入通道给定，分为电压给定和电流给定两种方式。

电压给定和电流给定属于模拟量给定，给定精度不高，西门子变频器的数字量输入端子与三菱变频器的一样，也有升降速端子功能，这种调速方式属于数字量给定。那么，西门子变频器的组合运行和升降速端子运行是如何接线的？参数又是如何设置的？请带着这些问题走进任务 2.3。

相关知识　西门子变频器给定方式的设置

西门子变频器允许有两个或多个频率给定信号同时以不同的方式输入，其中必有一个为主给定信号，其他为辅助给定信号。大多数的辅助给定信号都是被叠加到主给定信号（相加或相减）上的。

变频器采用哪一种给定方式，需通过功能预置决定。西门子 MM440 变频器是通过参数 P1000（选择频率设定值）、P0700（选择命令给定源）和 P0701～P0708（数字量输入 DIN1～DIN8 功能，具体设定值参见表 2-10）来设置的。P1000 的部分参数值如下：

P1000=0，无主设定值；

P1000=1，MOP 设定值（给定频率由操作面板给定）；

P1000=2，模拟设定值 1（频率给定值由模拟量输入 1 给定）；

P1000=3，固定频率；

P1000=7，模拟设定值 2（频率给定值由模拟量输入 2 给定）；

P1000=12，模拟设定值 1+MOP 设定值（即主设定值由 AIN1 给定，辅助设定值由操作面板给定）。

注意：

在上面给出的可供选择的设定值中，主设定值由最低一位数字（个位数）来选择（即 0～7），而辅助设定值由最高一位数字（十位数）来选择（即 x0 到 x7，其中，x 为 1～7）。

任务实施

【训练工具、材料和设备】

西门子 MM440 变频器 1 台、三相异步电机 1 台、开关和按钮若干、5 kΩ三脚电位器 1 个、《西门子 MM440 通用变频器使用手册》1 本、通用电工工具 1 套。

子任务 1　西门子变频器的组合运行

1. 任务要求

利用变频器操作面板上的按键控制变频器启停，通过变频器端子 10、端子 11 给定 2～10 V 的电压信号，其对应 0～50 Hz 的输出频率，变频器的上、下限频率为 50 Hz 和 0 Hz，加减速时间为 15 s。

2. 硬件接线

按图 2-17 所示连接变频器电路。

3. 参数设置

因为变频器输入 2～10 V 的电压信号，其对应 0～50 Hz 的输出频率，所以需要标定模拟量输入的值，其标定方法参考例 2-1，具体参数设置如表 2-17 所示。

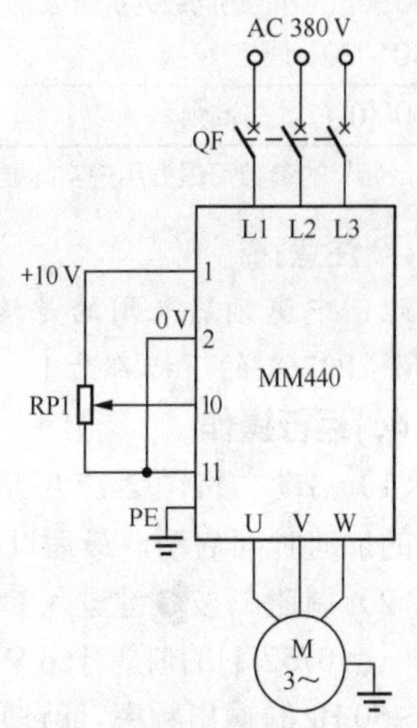

图 2-17　西门子变频器组合运行的接线

表 2-17　变频器组合操作的参数设置

参数号	参数名称	出厂设定值	设定值	说明
P0003=1，用户访问级为标准级。 P0004=7，命令和数字 I/O				
P0700[0]	选择命令给定源（启动/停止）	2	1	命令给定源选择由操作面板给定
P0003=1，用户访问级为标准级。 P0004=10，设定值通道和斜坡函数发生器				
P1000[0]	设置频率给定源	2	7	选择 AIN2 给定频率
*P1080[0]	下限频率	0.00	0.00	电机的最小运行频率（Hz）
*P1082[0]	上限频率	50.00	50.00	电机的最大运行频率（Hz）
*P1120[0]	加速时间	10.00	15.00	斜坡上升时间（s）
*P1121[0]	减速时间	10.00	15.00	斜坡下降时间（s）
P0003=2，用户访问级为扩展级。 P0004=8，模拟 I/O				
P0756[1]	设置 AIN2 的类型	0	0	AIN2 通道选择 0～10 V 电压输入，同时将 I/O 板上的 DIP2 开关置于 OFF 位置
P0757[1]	标定 AIN2 的 x_1 值	0.00	2.00	设定 AIN2 通道给定电压的最小值为 2 V
P0758[1]	标定 AIN2 的 y_1 值	0.00	0.00	设定 AIN2 通道给定频率的最小值 0 Hz 对应的百分比为 0%

续表

参 数 号	参 数 名 称	出厂设定值	设定值	说 明
P0759[1]	标定 AIN2 的 x_2 值	10.00	10.00	设定 AIN2 通道给定电压的最大值为 10 V
P0760[1]	标定 AIN2 的 y_2 值	100.00	100.00	设定 AIN2 通道给定频率的最大值 50 Hz 对应的百分比（给定频率与基准频率的百分比）为 100%
P0761[1]	标定死区宽度	0.00	2.00	因为 P0758 和 P0760 的值都是正的，所以死区宽度为 2 V
P0003=2，用户访问级为扩展级。 P0004=20，通信				
P2000[0]	基准频率	50.00	50.00	基准频率设为 50 Hz

注：标“*”的参数可根据用户实际要求进行设置。

注意：

此例中变频器采用的是端子 10、11 给定电压信号，因此与模拟量输入标定相关的参数 P0756～P0761 的下标都为 1，在 BOP 上设置这些参数时，要选择对应的 in001 值。

4. 运行操作

（1）启动。按图 2-17 所示的电路接好线。按变频器操作面板上的键，变频器按照 P1120 设定的加速时间启动，最后以某个频率稳定运行。

（2）调速。按键进入参数访问模式，按键或键找到参数 r0752[1]，慢慢旋转电位器 RP1，让 r0752[1]的值等于 6 V。根据设定的模拟量输入参数值可知，2～10 V 的给定电压信号对应0～50 Hz的输出频率，通过它们之间的线性关系可以计算出6 V电压对应的频率应该是25 Hz，此时找到参数 r0020，观察其值是否为 25 Hz。继续旋转电位器，可以得到不同的频率，最后将调试结果填入表 2-18 中。

表 2-18 给定电压及对应频率的关系

给定电压/V（r0752［1］）	2	3	4	5	6	7	8	9	10
对应频率/Hz（r0020）									

如果需要改变电机的旋转方向，可以按键，此时 BOP 上显示的频率是负值。

（3）停止。按变频器上的键，电机将按照 P1121 设定的减速时间停止。

子任务 2 西门子变频器的升降速端子运行

1. 任务要求

利用变频器升降速端子功能，用端子 5 控制变频器启停，通过端子 6 和端子 7 给定升速信号和降速信号，让变频器在 0～50 Hz 之间调速，变频器的上、下限频率为 50 Hz 和 0 Hz，加减速时间为 5 s。

2. 接线图

西门子变频器升降速端子运行的接线如图 2-18 所示，端子 5 是启动端子，端子 6 是升速端子，端子 7 是降速端子。

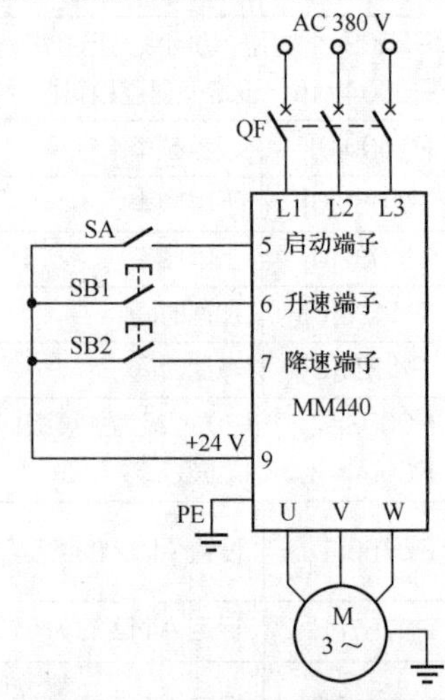

图 2-18 西门子变频器升降速端子运行的接线

3. 参数设置

西门子变频器通过将数字量输入端子 DIN1～DIN7 的参数 P0701～P0708 设置为 13 或 14 可以实现端子的升降速控制功能。参数设定的意义如表 2-19 所示。

表 2-19　升降速端子参数设定的意义

数字量输入	端子号	参数号	出厂设定值	设定值	说明
DIN1	5	P0701	1	1	ON 表示接通正转，OFF 表示停止
DIN2	6	P0702	12	13	ON 表示接通电动电位器升速，OFF 表示速度保持
DIN3	7	P0703	9	14	ON 表示接通电动电位器降速，OFF 表示速度保持
		P0700	2	2	命令给定源选择由外部端子输入
		P1000	2	10	无主设定值+MOP 设定值
		P1040	5	5	MOP 的设定值为 5 Hz
		P1080	0	0	最小运行频率为 0 Hz
		P1082	50	50	最大运行频率为 50 Hz
		P1120	10.00	5.00	斜坡上升时间（s）
		P1121	10.00	5.00	斜坡下降时间（s）

4. 运行操作

（1）闭合端子 5 上的开关 SA，变频器以 P1040 设置的 MOP 设定值 5 Hz 运行。

按下端子 6 上的按钮 SB1，变频器的频率从 5 Hz 开始上升。

松开端子 6 上的按钮 SB1，变频器的频率保持。

按下端子 7 上的按钮 SB2，变频器的频率从当前频率开始下降。

松开端子 7 上的按钮 SB2，变频器的频率保持。

（2）断开端子 5 上的开关 SA，则变频器停止运行。

西门子变频器升降速控制端功能

📖 注意：

① 频率可通过端子 6（加速）和端子 7（减速）在 0 Hz 到上限频率（由 P1180 或 P1182 设定值）之间改变；

② 当选择升降速功能时，必须使 P1000=10。

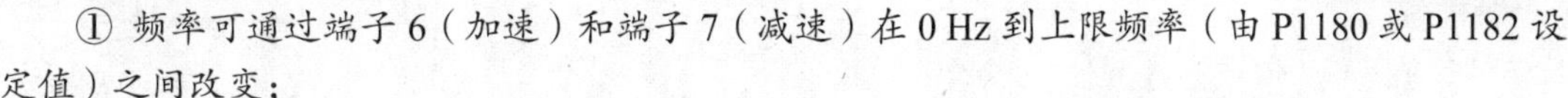

任务拓展　升降速端子实现的变频器同步运行控制电路

在纺织、印染以及造纸机械中，根据生产工艺的需要，往往划分有许多加工单元，如图 2-19 所示，每个单元都有各自独立的拖动系统，如果后面单元的线速度低于前面的，将导致被加工物的堆积；反之，如果后面单元的线速度高于前面的，将导致被加工物的撕裂。因此，要求各单元的运行速度能够一致，即实现同步运行。

升降速端子实现的变频器同步运行控制电路

多台变频器的同步运行可以使用升降速端子来实现。如图 2-19 所示，如果采用变频器控制每个单元的拖动电机，那么 3 台变频器是如何做到同步的呢？请扫码学习“升降速端子实现的变频器同步运行控制电路”。

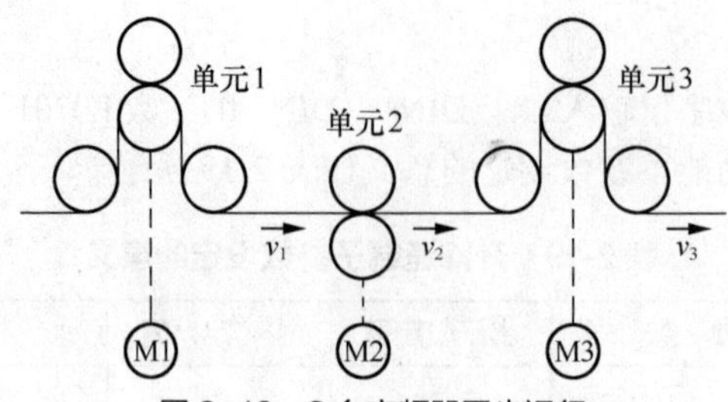

图2-19　3台变频器同步运行

自我测评

一、填空题

1．如果 P1000=17，则主设定值由________给定，辅助设定值由________给定。

2．如果需要将端子 8 的功能预置为升速功能，则需要使 P0704=________；如果需要将端子 17 的功能预置为降速功能，则需要使 P0706=________。

3．当选择升降速功能时，必须使 P1000=________。

二、分析题

利用变频器的端子 8 和端子 16 控制变频器正反转，通过操作面板给定 0～50 Hz 的频率信号，变频器的上、下限频率为 60 Hz 和 10 Hz，加减速时间为 15 s。请画出接线图并设置参数。

任务2.4
西门子变频器的多段速运行

任务导入

西门子变频器的多段速功能与三菱变频器一样，也可以实现 7 段速或 15 段速运行，但其实现多段速的方法、参数设置与三菱变频器有很大不同。西门子变频器多段速运行有几种实现方式？其接线图和参数设置是怎样的？请带着这些问题进入任务 2.4。

相关知识　西门子变频器固定转速功能

西门子变频器的多段速功能也称作固定转速功能，就是设置在参数 P1000=3 的条件下，用数字量端子选择固定频率的组合，实现电机多段速度运行。MM440 变频器的 6 个数字量输入端子，即端子 5、端子 6、端子 7、端子 8、端子 16、端子 17 可通过 P0701～P0706 设置实现多段速控制。每一段的频率可分别由 P1001～P1015 参数设置，最多可实现 15 段速控制，电机的方向可由 P1001～P1015 参数设置的频率正负决定。6 个数字量输入端子，哪一个用于电机运行、停止控制，哪些用于多段速频率控制，可以由用户任意确定。一旦确定了某一数字量输入端子的控制功能，其内部参数设定值必须与端子的控制功能相对应。

西门子 MM440 变频器的多段速运行可通过以下 3 种方式实现。

1. 直接选择（P0701～P0706=15）

在这种操作方式下，一个数字量输入选择一个固定频率，端子与参数设置对应如表 2-20 所示，变频器的启动信号由操作面板给定或通过设置数字量输入端子的正反转功能给定。

表 2-20　直接选择方式端子与参数设置对应

端子号	对应参数	对应频率设定值	说明
5	P0701	P1001	① 频率给定源参数 P1000 的值必须设置为 3。 ② 当多个选择同时激活时，选择的频率是它们的总和
6	P0702	P1002	
7	P0703	P1003	
8	P0704	P1004	
16	P0705	P1005	
17	P0706	P1006	

2. 直接选择+ON 命令（P0701～P0706=16）

在这种操作方式下，数字量输入既选择固定频率（见表 2-20），又具备启动功能。

3. 二进制编码选择+ON命令（P0701～P0704=17）

二进制编码选择+ON命令只能使用4个数字量输入端子，即端子5、端子6、端子7、端子8控制，这4个端子的二进制组合最多可以实现15个固定频率，由P1001～P1015指定多段速中的某个固定频率。使用这种控制方式必须把变频器的参数P0701～P0704的值同时设置为17，其对应的全部4个固定频率方式位参数P1016～P1019的值才能自动设定为3，这4个端子才具有ON命令功能，这时闭合相应的端子，变频器才可能运行。

🕮 注意：

端子5、端子6、端子7、端子8这4个端子的参数P0701～P0704只要有一个参数的值不为17，P1016～P1019的值就自动恢复为出厂设定值1，变频器就不会启动，必须重新手动设置以保证P1016～P1019的值为3。

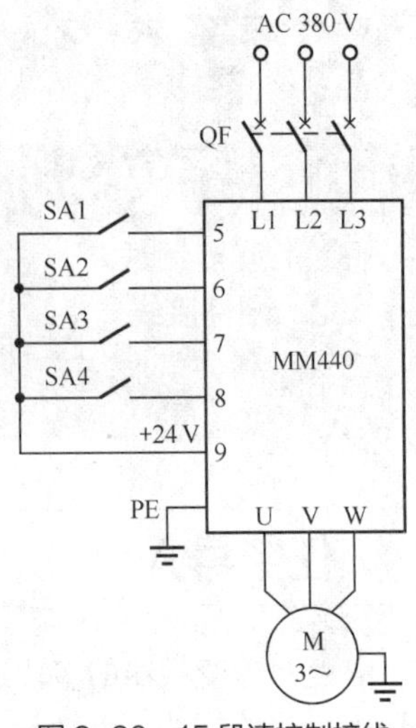

图2-20　15段速控制接线

要实现15段速控制，需要4个数字量输入端子。图2-20所示为15段速控制接线。其中，端子5、端子6、端子7、端子8为固定频率选择控制电路端子，其对应的参数P0701～P0704=17，P1000=3，由开关SA1～SA4按不同通断状态组合，实现15段速固定频率控制，其15段速固定频率控制状态如表2-21所示。

表2-21　15段速固定频率控制状态

序　号	开关状态				对应频率参数	参数功能
	端子8	端子7	端子6	端子5		
1	0	0	0	1	P1001	设置段速1频率
2	0	0	1	0	P1002	设置段速2频率
3	0	0	1	1	P1003	设置段速3频率
4	0	1	0	0	P1004	设置段速4频率
5	0	1	0	1	P1005	设置段速5频率
6	0	1	1	0	P1006	设置段速6频率
7	0	1	1	1	P1007	设置段速7频率
8	1	0	0	0	P1008	设置段速8频率
9	1	0	0	1	P1009	设置段速9频率
10	1	0	1	0	P1010	设置段速10频率
11	1	0	1	1	P1011	设置段速11频率
12	1	1	0	0	P1012	设置段速12频率
13	1	1	0	1	P1013	设置段速13频率
14	1	1	1	0	P1014	设置段速14频率
15	1	1	1	1	P1015	设置段速15频率

任务实施　二进制编码选择+ON命令实现的7段速运行

【训练工具、材料和设备】

西门子MM440变频器1台、三相异步电机1台、开关和按钮若干、《西门子MM440通用变频器使用手册》1 本、通用电工工具 1 套。

二进制编码选择+ON 命令实现的7 段速运行

1. 任务要求

某变频器控制系统要求用 3 个外部端子实现 7 段速控制，运行频率分别为 10 Hz、20 Hz、50 Hz、30 Hz、−10 Hz、−20 Hz、−50 Hz，变频器的上、下限频率分别为 60 Hz、0 Hz，加减速时间为 5 s。请画出变频器的接线图，设置参数并进行功能调试。

2. 硬件接线

根据任务要求，变频器需要实现 7 段速运行，因此，用端子 5、端子 6、端子 7 这 3 个端子就可以实现 7 段速运行，按照图 2-20 所示接线，注意不接端子 8。

3. 参数设置

对变频器首先进行参数清零，然后设置功能参数，如表 2-22 所示。

表 2-22　7 段速控制参数

参数号	参数名称	出厂设定值	设定值	说明
P0003=1，用户访问级为标准级。 P0004=7，命令和数字 I/O				
P0700	选择命令给定源（启动/停止）	2	2	命令给定源选择由端子排输入，这时变频器只能由端子控制
P0003=2，用户访问级为扩展级。 P0004=7，命令和数字 I/O				
P0701	设置端子 5	1	17	二进制编码选择+ON 命令
P0702	设置端子 6	12	17	二进制编码选择+ON 命令
P0703	设置端子 7	9	17	二进制编码选择+ON 命令
P0704	设置端子 8	15	17	二进制编码选择+ON 命令
P0003=1，用户访问级为标准级。 P0004=10，设定值通道和斜坡函数发生器				
P1000	设置频率给定源	2	3	选择固定频率设定值
*P1080	下限频率	0.00	0.00	电机的最小运行频率（Hz）
*P1082	上限频率	50.00	60.00	电机的最大运行频率（Hz）
*P1120	加速时间	10.00	5.00	斜坡上升时间（s）
*P1121	减速时间	10.00	5.00	斜坡下降时间（s）
P0003=2，用户访问级为扩展级。 P0004=10，设定值通道和斜坡函数发生器				
设置 P1001～P1007 分别等于 10 Hz、20 Hz、50 Hz、30 Hz、−10 Hz、−20 Hz、−50 Hz				
P0003=3，用户访问级为专家级。 P0004=10，设定值通道和斜坡函数发生器				
P1016	固定频率方式位 0	1	3	P1016～P1019=1，直接选择。 P1016～P1019=2，直接选择+ON 命令。 P1016～P1019=3，二进制编码选择+ON 命令。 P1016～P1019 的值在 P0701～P0704 的值均为 17 时，自动变为 3
P1017	固定频率方式位 1	1	3	
P1018	固定频率方式位 2	1	3	
P1019	固定频率方式位 3	1	3	

注：标“*”的参数可根据用户实际要求进行设置。

4．运行操作

闭合SA1时，变频器以P1001设定的频率运行；闭合SA2时，变频器以P1002设定的频率运行；同时闭合SA1和SA2，变频器以P1003设定的频率运行；闭合SA3时，变频器以P1004设定的频率运行。

请把实操结果填入表2-23中。

表2-23　7段速固定频率控制状态

序　号	端子7（SA3）	端子6（SA2）	端子5（SA1）	对应频率所设置的参数	频率/Hz
1	0	0	1		
2	0	1	0		
3	0	1	1		
4	1	0	0		
5	1	0	1		
6	1	1	0		
7	1	1	1		

任务拓展　直接选择实现的多段速运行

某一变频器由端子5控制启停，由端子6、端子7、端子8实现3段速控制，运行频率分别为10 Hz、20 Hz、35 Hz，上、下限频率分别为60 Hz、0 Hz，加减速时间为 5 s。3段速控制的接线图是怎样的？如何设置参数？请扫码学习“直接选择实现的多段速运行”。

直接选择实现的多段速运行

自我测评

一、简答题

简述西门子MM440变频器的3种多段速实现方式的不同点。

二、分析题

1．变频器的端子7、端子8、端子16分别用于控制变频器以30 Hz、60 Hz、−45 Hz的频率运行，变频器应该选择多段速中的哪种控制方式？变频器如何接线？如何设置参数？

2．用4个开关控制变频器实现电机12段速运行。12段速设置分别为5 Hz、10 Hz、15 Hz、−15 Hz、−5 Hz、−20 Hz、25 Hz、40 Hz、50 Hz、30 Hz、−30 Hz、60 Hz。变频器的启停信号可以由外部端子给定。试画出变频器外部接线图，写出参数设置。

项目3　变频器与PLC在工程中的典型应用

导言

在变频调速系统中，通常采用 PLC 对变频器进行控制。根据 PLC 与变频器的连接方式，可以将 PLC 控制的变频调速系统分为 3 类：通过数字量端子控制的变频调速系统、通过模拟量端子控制的变频调速系统和通过通信接口控制的变频调速系统。本项目利用 PLC 的数字量输出端子、模拟量输出端子和通信接口分别与变频器的数字量输入端子、模拟量输入端子和通信接口连接以实现变频器的外部运行、多段速运行和网络运行功能。

本项目以三菱 FX_{3U} 系列 PLC 和西门子 S7-200 SMART PLC 为控制器，根据《运动控制系统开发与应用职业技能等级标准》中的“自动装备系统简易编程”（初级 2.1）、“系统配置基本概念”（中级 2.1）和《可编程控制系统集成及应用职业技能等级标准》中的“驱动器控制”（中级 2.3）、“驱动控制程序调试”（中级 3.2）工作岗位的职业技能要求，构建数字量变频控制、模拟量变频控制和通信控制 3 类学习任务，在相关知识和配套视频的帮助下，介绍 3 类变频调速系统的组成、硬件电路、参数设置、程序设计和安装调试等。

知识目标

① 掌握 PLC 与变频器的数字量输入端子、模拟量输入端子、通信接口的连接方式。

② 了解 PLC 模拟量模块的特点及接线。

③ 了解变频器通信接口的特点及接线。

④ 知道变频调速系统的组成，掌握变频调速系统的硬件电路和软件编程。

技能目标

① 能按照不同应用场景，独立配置变频调速系统。

② 能进行变频调速系统硬件电路的安装和调试。

③ 能完成变频调速系统的程序编写并进行软件调试。

④ 学会 PLC 与变频器通信系统的构建、编程和调试。

素质目标

① 培养创新意识、高阶思维能力。

② 培养科学的实践观和方法论。

③ 养成规则意识、培养契约精神。

④ 培养严谨认真、注重细节的工匠精神。

任务3.1 数字量变频控制系统的应用

任务导入

项目 1 和项目 2 中变频器的外部运行和多段速运行都是通过按钮和开关实现的。当利用变频器构成调速系统时，通常将 PLC 的数字量输出端子与变频器的数字量输入端子直接相连，通过 PLC 控制变频器正反转、点动、多段速及升降速运行。我们将 PLC 和变频器通过数字量端子构成的调速系统称为数字量变频控制系统。那么，数字量变频控制系统中 PLC 与变频器怎么连接？程序又是怎么编写的？请带着这些问题进入任务 3.1。

相关知识

PLC 变频调速系统通常由 3 部分组成，即变频器、PLC、变频器与 PLC 的接口电路。根据信号的不同，其连接方式分为数字量连接、模拟量连接和通信连接 3 种，其中通信连接方式在任务 3.3 中介绍。

3.1.1 PLC 与变频器的数字量连接方式

PLC 一般有继电器输出型和晶体管输出型两种，它们与变频器输入端子的连接方式有所不同。

1. 继电器输出型 PLC 与变频器的连接方式

对于继电器输出型的三菱 PLC，其数字量输出端子可以与三菱变频器的数字量输入端子直接相连，如图 3-1（a）所示，三菱 PLC 的输出公共端 COM 与三菱变频器的输入公共端 SD 相连，三菱变频器的默认输入逻辑是漏型（SINK）。

对于继电器输出型的西门子 PLC，其数字量输出端子可以与西门子变频器的数字量输入端子直接相连，如图 3-1（b）所示，西门子 PLC 的输出公共端 1L 与西门子变频器的 24 V 电源端子 9 相连，同时设置西门子变频器参数 P0725=1（PNP 方式）[也可以将西门子 PLC 的输出公共端 1L 与西门子变频器的端子 28 相连，则需要设置 P0725=0（NPN 方式）]。

2. 晶体管输出型 PLC 与变频器的连接方式

对于三菱 FX_{3U} 系列晶体管输出型的 PLC，其输出逻辑有漏型（NPN）和源型（PNP）两种，三菱 FR-700 系列变频器的默认输入逻辑为漏型（SINK），与三菱漏型输出的 PLC 电平是兼容的，因此可以直接连接，三菱漏型输出 PLC 与三菱变频器的接线如图 3-2（a）所示；三菱源型输出 PLC 与三菱变频器的接线如图 3-2（b）所示，此时需要将三菱变频器的输入逻辑选择的跳线修改为源型（SOURCE）。

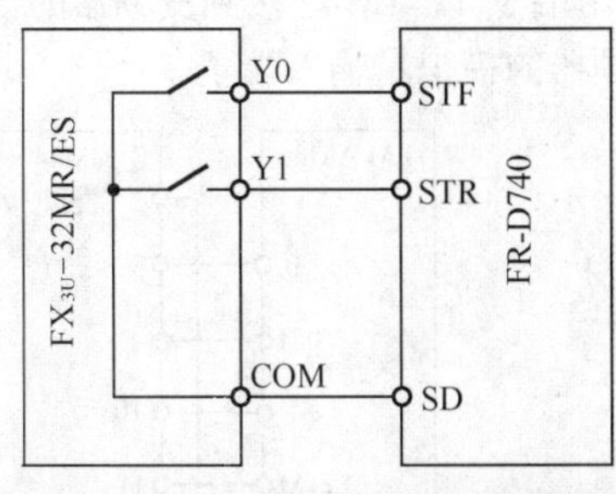

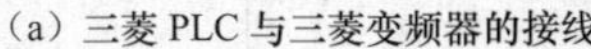

（a）三菱 PLC 与三菱变频器的接线

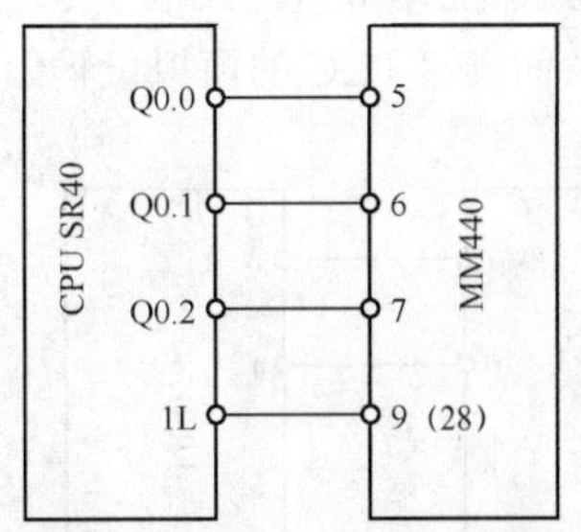

（b）西门子 PLC 与西门子变频器的接线

图 3-1 继电器输出型 PLC 与变频器的接线

西门子 S7-200 SMART 晶体管输出型的 PLC 采用 PNP 输出方式，MM440 变频器的默认输入采用 PNP 方式（P0725=1），由于 Q0.0（或者其他输出点输出时）输出的是 24 V 信号，因此其接线如图 3-2（c）所示。

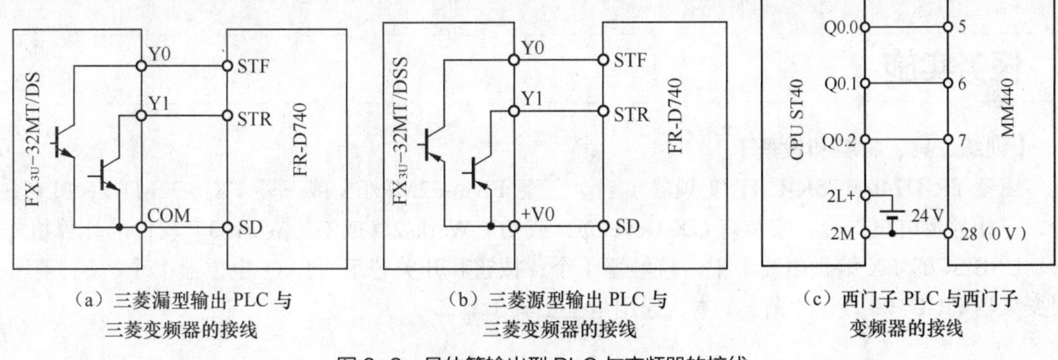

（a）三菱漏型输出 PLC 与三菱变频器的接线

（b）三菱源型输出 PLC 与三菱变频器的接线

（c）西门子 PLC 与西门子变频器的接线

图 3-2 晶体管输出型 PLC 与变频器的接线

注意：

PLC 采用晶体管输出型时，其 2M 端子（0 V）必须与西门子变频器的 28 端子（0 V）（三菱变频器中为 SD 端子）短接，否则 PLC 的输出不能形成回路。

3.1.2 PLC 与变频器的模拟量连接方式

1. 三菱 PLC 的模拟量模块与变频器的连接方式

三菱 FX_{3U} 系列 PLC 与特殊适配器和特殊功能模块配合可以输出电压信号或电流信号，将这些模拟量输出信号接入三菱变频器的模拟量输入端子（如端子 2、端子 5，或端子 4、端子 5）上，就可以调节变频器的速度。

三菱 FX_{3U}-3A-ADP 特殊适配器与三菱变频器的接线如图 3-3 所示。FX_{3U}-3A-ADP 特殊适配器输出 0～10 V 的电压信号（V0、COM 端子）或 4～20 mA 的电流信号（I0、COM 端子）送入三菱变频器的端子 2、端子 5 之间或端子 4、端子 5 之间，从而使 PLC 的模拟量输出模块与变频器的模拟量输入端子连接。

2. 西门子 PLC 的模拟量模块与变频器的连接方式

如图 3-4 所示，由西门子 EM AM06 模拟量输入/输出模块输出 0～10 V 的电压信号或 0～20 mA 的电流信号送入西门子变频器的模拟量输入端子，例如将 EM AM06 的电压输出端子 0、

0M 连接到变频器的模拟量输入端子 3、4，电流输出端子 1、1M 连接到变频器的模拟量输入端子 10、11，从而连接 PLC 的模拟量输出端子与变频器的模拟量输入端子。

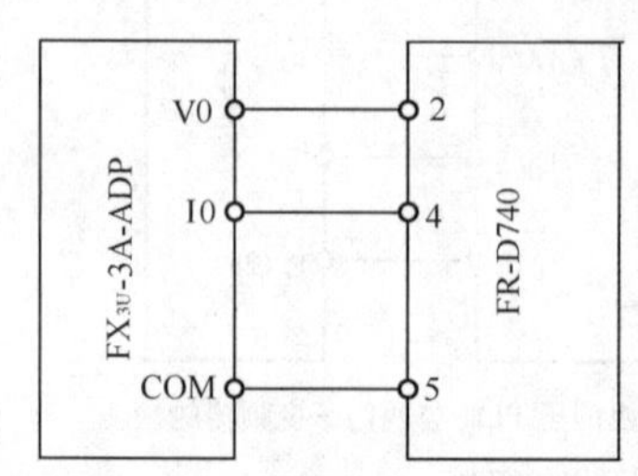

图 3-3　三菱 FX_{3U}-3A-ADP 特殊适配器与三菱变频器的接线

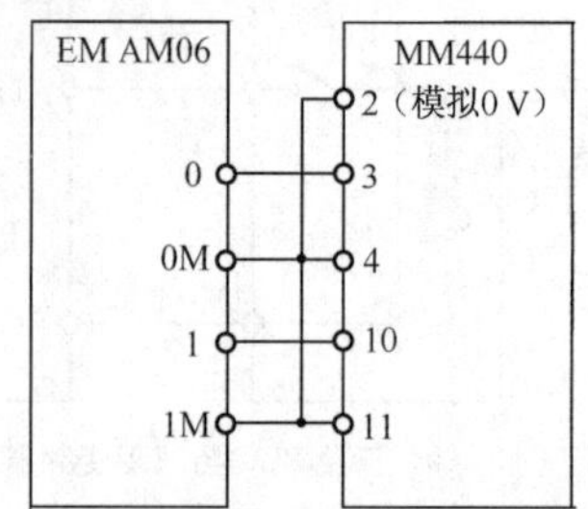

图 3-4　西门子 EM AM06 模拟量模块与变频器的接线

📖 **注意：**

接线（见图 3-4）时一定要把变频器的端子 2（模拟 0 V）和端子 4、端子 11 短接，同时设置参数 P0756[0]和 P0756[1]，选择端子 3、端子 4 为电压输入，端子 10、端子 11 为电流输入。

任务实施

【训练工具、材料和设备】

三菱 FR-D740-0.75K-CHT 变频器 1 台、三菱 FX_{3U}-32MR/ES 或三菱 FX_{3U}-32MT/ES PLC 1 台、三相异步电机 1 台、安装有 GX Developer 或 GX Works2（或 GX Works3）软件的计算机 1 台、USB-SC09-FX 编程电缆 1 根、接触器 1 个、按钮和开关若干、1 kΩ 电位器 1 个、《三菱通用变频器 FR-D700 使用手册》1 本、通用电工工具 1 套。

子任务 1　三菱 PLC 的搅拌机多段速控制

1. 任务要求

某化工厂的工业搅拌机如图 3-5 所示。工业搅拌机是一种由带有叶片的轴在圆筒或槽中旋转，将多种原料搅拌，使之成为一种混合物或达到适宜稠度的机器。该搅拌机由一台三相异步电机通过皮带传动。根据工艺要求，搅拌机一般分几段不同的转速运行以达到搅拌效果。在开始阶段其启动负载较大，转速较低，随后逐步提高转速。其具体控制要求是：按下启动按钮，电机以 15 Hz 运行，20 s 后以 20 Hz 运行，以后每隔 20 s，增加 5 Hz，直到以 45 Hz 运行，其运行速度如图 3-6 所示。按下停止按钮，电机停止运行。

工业搅拌机多段速控制

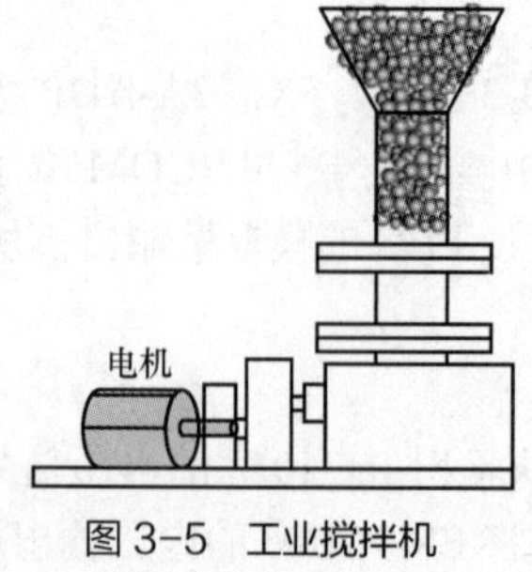

图 3-5　工业搅拌机

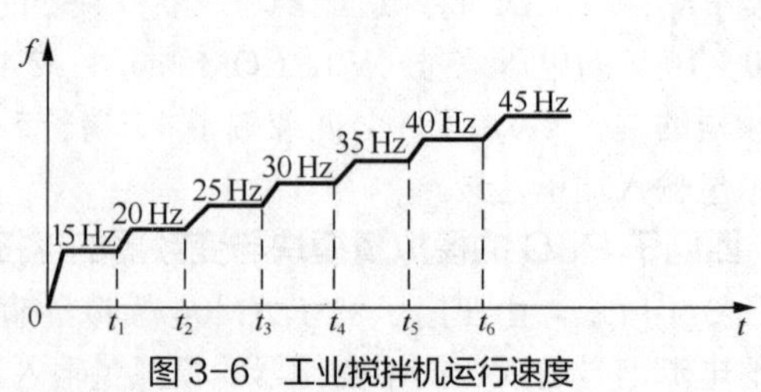

图 3-6　工业搅拌机运行速度

2. 硬件电路

根据以上控制要求，确定 PLC 的输入、输出，并给这些输入、输出分配地址。PLC 采用三菱 FX_{3U}-32MR/ES 继电器输出型 PLC，变频器采用三菱 FR-D740 变频器，其多段速控制的 I/O 分配如表 3-1 所示。

表 3-1 搅拌机多段速控制的 I/O 分配

输入			输出		
输入继电器	输入元件	作用	输出继电器	输出元件	作用
X000	SB1	变频器得电	Y000	RH	高速选择
X001	SB2	变频器失电	Y001	RM	中速选择
X002	SB3	启动	Y002	RL	低速选择
X003	SB4	停止	Y004	STF	启动
X004	A、C	故障信号	Y010	KM	接通 KM 线圈

搅拌机多段速控制电路如图 3-7 所示，将变频器的故障输出端子 A、C 接到 PLC 的 X004 端子上，一旦变频器发生故障，接触器 KM 线圈失电，其 3 对主触点断开，将变频器电源断开。PLC 的输出端子 Y000、Y001、Y002 分别接速度选择端子 RH、RM、RL，通过 PLC 的程序实现 3 个端子的不同组合，从而使变频器选择 7 个不同的速度运行。PLC 的输出端子 Y004 接变频器的 STF 端子，以控制变频器启动。PLC 的输出端子 Y010 接接触器 KM 线圈，用来使变频器得电。

知识链接：在变频调速系统中，根据系统控制要求，需要选择变频器的类型和容量，请扫码学习“变频器的选择”。

变频器的选择

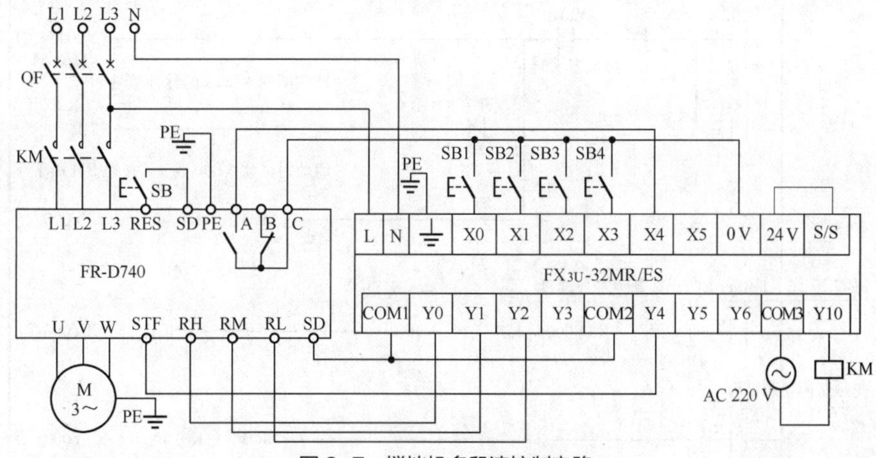

图 3-7 搅拌机多段速控制电路

📖 注意：

在图 3-7 中，因为在 PLC 程序中，Y000、Y001、Y002 和 Y003 组成 K1Y0 的位组件，所以 PLC 的输出端子 Y003 不能接任何负载；需将图 3-7 中的 COM1 和 COM2 共同接变频器的 SD 端子，以构成闭合回路；接触器 KM 线圈接 PLC 的输出端子 Y010，其电压是 AC 220 V，因此需要与 COM1 和 COM2 分开。

3. 参数设置

参数设置如下。

Pr.1=50 Hz，上限频率。

Pr.2=0 Hz，下限频率。

Pr.7=2 s，加速时间。

Pr.8=2 s，减速时间。

Pr.160=0，扩展参数。

Pr.178=60，正转端子。

Pr.179=62，将 STR 端子功能设置为变频器复位功能（RES）。

Pr.180=0，RL，低速选择。

Pr.181=1，RM，中速选择。

Pr.182=2，RH，高速选择。

Pr.79=3，组合运行模式 1。

各段速度：Pr.4=15 Hz，Pr.5=20 Hz，Pr.6=30 Hz，Pr.24=40 Hz，Pr.25=35 Hz，Pr.26=25 Hz，Pr.27=45 Hz。

4. 程序设计

搅拌机 7 段速控制程序如图 3-8 所示。

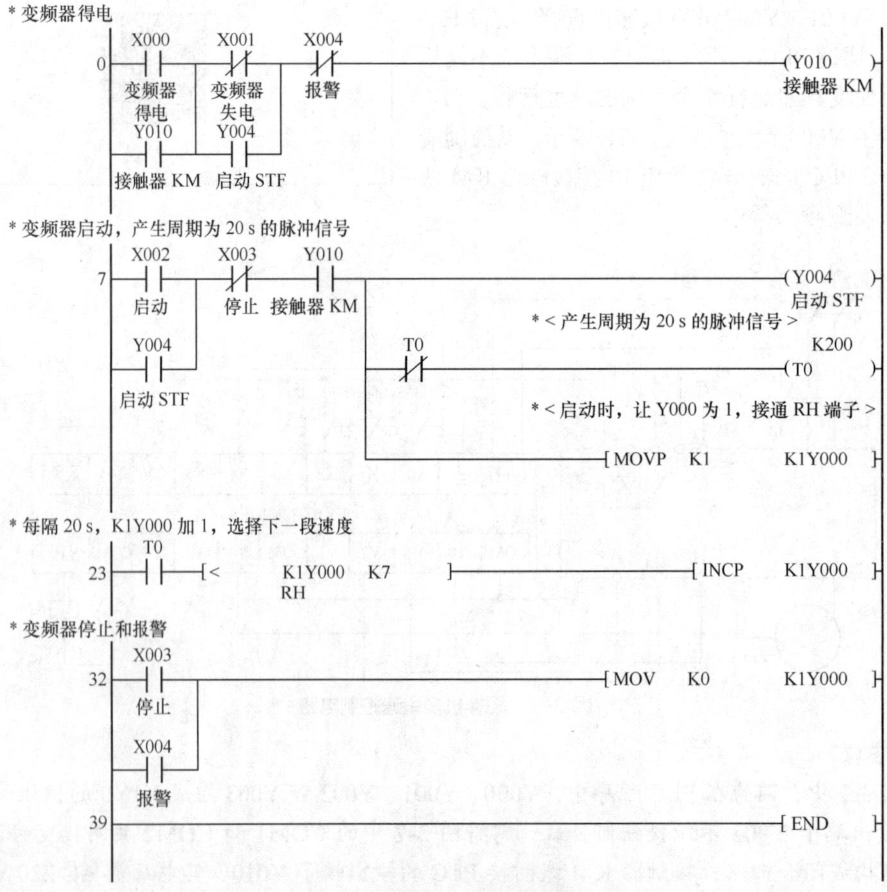

图 3-8 搅拌机 7 段速控制程序

（1）步 0：控制变频器得电，在 X001 触点两端并联 Y004，是为了保证在变频器运行过程中，变频器电源不能切断。该步串联变频器的故障触点 X004，一旦变频器发生故障，该触点断开，变频器电源切断。

（2）步 7：控制变频器启动，按下启动按钮 SB3（X002=1），Y004 得电，接通变频器的 STF 端子，同时通过 MOVP 指令将十进制数 1 送到 K1Y0 中，即此时 Y000 的值为 1，选择 Pr.4 设定的频率 15 Hz 运行，同时用定时器 T0 产生一个周期为 20 s 的脉冲信号，保证变频器每隔 20 s 进行一次速度选择。

（3）步 23：控制变频器进行速度选择。PLC 通过 Y000、Y001、Y002 这 3 个输出端子控制变频器的 RH、RM、RL 端子的接通，从而实现变频器的 7 段速运行，其关系如表 3-2 所示。3 个端子的不同组合，对应十进制数 1～7。在图 3-8 所示的程序中，通过 INCP 加 1 指令让 K1Y0 每隔 20 s 加 1，从而实现表 3-2 中的对应关系。由于 K1Y0 的值最大不能大于 7，因此在步 23 中串联一个触点比较指令，只有在 K1Y0＜7 时，才执行加 1 指令。

（4）步 32：控制变频器停止运行。

表 3-2　变频器端子的不同组合与 PLC 传送数据之间的关系

传送数据（十进制数）	Y003	RL（Y002）	RM（Y001）	RH（Y000）	对应频率/Hz
1	0	0	0	1	15（Pr.4）
2	0	0	1	0	20（Pr.5）
3	0	0	1	1	25（Pr.26）
4	0	1	0	0	30（Pr.6）
5	0	1	0	1	35（Pr.25）
6	0	1	1	0	40（Pr.24）
7	0	1	1	1	45（Pr.27）

5. 运行操作

（1）闭合 QF，使 PLC 得电，把图 3-8 所示的程序下载到 PLC 中。

（2）让 PLC 处于“RUN”状态。此时按下按钮 SB1（X000），Y010=1，接触器 KM 线圈得电，其 3 对主触点闭合，变频器得电。

（3）将变频器的参数清零，然后将“3. 参数设置”中的参数写入变频器中。

（4）变频器运行。按下得电按钮 SB3，Y004 线圈得电并自锁，变频器启动，此时 Y000=1，接通变频器的 RH 端子，变频器以 15 Hz 的频率运行。20 s 后，K1Y0 的值为 2，即 Y001 的值为 1，接通变频器的 RM 端子，变频器以 20 Hz 的频率运行。以后每隔 20 s，都执行 INCP 加 1 指令，Y000、Y001、Y002 都会按照表 3-2 中的组合规律接通变频器的 RH、RM、RL 端子，变频器会依次按照 25 Hz、30 Hz、35 Hz、40 Hz、45 Hz 的频率运行，最后以 45 Hz 的频率稳定运行。

（5）变频器停止运行。按下停止按钮 SB4（X003）或变频器发生故障（此时 A、C 连接的 X004 输入端子闭合），变频器停止运行。

子任务 2　三菱 PLC 的风机变频/工频自动切换控制

1. 任务要求

现有一台风机，当以 50 Hz 以下频率运行时，采用变频器控制风机的运行，由模拟量输入端子2、5控制变频器的输出频率。当风机的运行频率达到50 Hz时，变频器停止运行，将风机自动切换为工频运行。另外，当风机工频运行时，如果工作环境要求它进行无级调速，就必须将风机由工频运行自动切换为变频运行。

2. 硬件电路

根据控制要求，风机变频/工频自动切换控制的I/O分配如表3-3所示。

表3-3 风机变频/工频自动切换控制的I/O分配

输入			输出		
输入继电器	输入元件	作用	输出继电器	输出元件	作用
X000	SB1	启动	Y000	STF	变频器启动
X001	SB2	停止	Y004	KA4	变频运行指示
X002	SA	工频运行	Y005	KA1	控制电源接触器KM1
X003	SA	变频运行	Y006	KA2	控制工频接触器KM2
X004	A、C	输出频率检测	Y007	KA3	控制变频接触器KM3
X005	FR	电机过载保护			

风机变频/工频自动切换控制电路如图3-9所示，由主电路[见图3-9（a）]和接触器及指示控制电路[见图3-9（b）]组成。

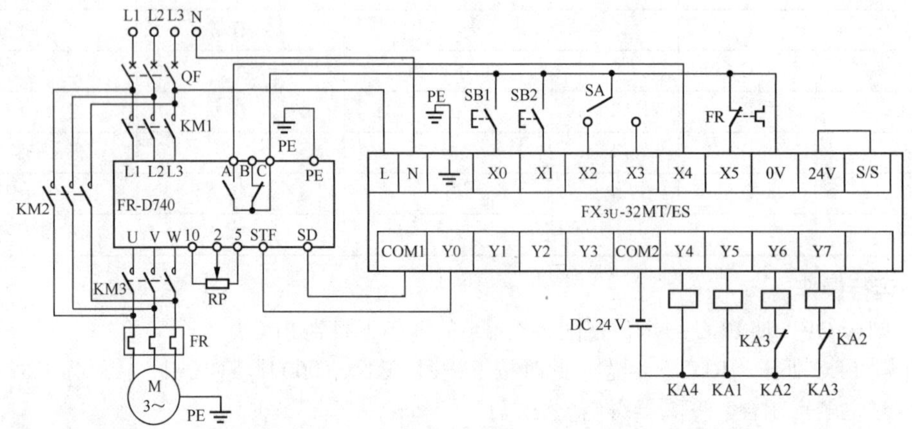

（a）主电路

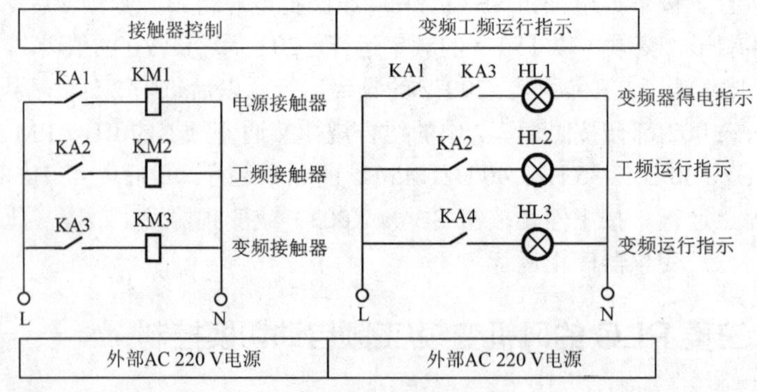

（b）接触器及指示控制电路

图3-9 风机变频/工频自动切换控制电路

（1）如图 3-9（a）所示，Y000 接变频器的 STF 端子，控制变频器启动，变频器通过电位器 RP 对其进行调速。将变频器的输出频率检测端子 A、C 接到 PLC 的 X004 端子上，一旦变频器的实际运行频率大于 Pr.42=49.5 Hz，A、C 端子闭合，将电机由变频运行自动切换到工频运行。

（2）本任务使用的是 FX_{3U}-32MT/ES 晶体管输出型 PLC，因此 PLC 的输出端子 Y005～Y007 接中间继电器 KA1～KA3，再由 KA1～KA3 的触点控制接触器 KM1～KM3 的线圈（其电压规格是 AC 220 V），从而实现工频和变频的自动切换控制。

（3）如图 3-9（b）所示，当 KA2 的常开触点闭合时，KM2 线圈得电，电机工频运行，同时接通工频运行指示灯 HL2；当 KA1 和 KA3 的常开触点闭合时，KM1 和 KM3 线圈得电，电机变频运行，同时接通变频器得电指示灯 HL1；当 KA4 的常开触点闭合时，接通变频运行指示灯 HL3。

3. 参数设置

参数设置如下。

Pr.1=50 Hz，上限频率。

Pr.2=0 Hz，下限频率。

Pr.7=5 s，加速时间。

Pr.8=5 s，减速时间。

Pr.9=2.5 A，电子过电流保护，一般将其设定为变频器的额定电流。

Pr.73=1，端子 2 输入 0～5 V 电压信号。

Pr.125=50 Hz，将端子 2 频率设定为增益频率。

Pr.178=60，将端子 STF 设定为正转端子。

Pr.192=4，将变频器输出端子 A、B、C 的功能设置为输出频率检测功能（FU）。

Pr.42=49.5 Hz，输出频率检测，使 FU 信号变为 ON 的频率。

Pr.79=2，外部运行模式。

4. 程序设计

风机变频/工频自动切换控制程序如图 3-10 所示。

（1）步 0：当工频选择开关 X002 闭合时，按下启动按钮 X000，Y006=1→图 3-9（a）中，KA2 线圈得电→图 3-9（b）中，KA2 常开触点闭合→KM2 线圈得电，其 3 对主触点闭合，电机工频运行，同时工频运行指示灯 HL2 点亮。

按下停止按钮 X001 或电机过载（X005 断开），Y006=0，工频运行停止。

（2）步 9：将变频选择开关 X003 闭合时，Y005=1、Y007=1→图 3-9（a）中，KA1 和 KA3 线圈得电→图 3-9（b）中，KA1 和 KA3 常开触点闭合→KM1 和 KM3 线圈得电→变频器得电，同时变频器得电指示灯 HL1 点亮，将上述参数输入变频器中。

（3）步 15：按下启动按钮 X000，Y000=1、Y004=1→图 3-9（a）中，接通变频器的 STF 端子，变频器开始运行→图 3-9（b）中，KA4 常开触点闭合，变频运行指示灯 HL3 点亮。

（4）步 21：调节图 3-9（a）中的电位器 RP，就可以调节变频器的运行频率，当变频器的实际运行频率达到检测频率 49.5 Hz 时，变频器的输出端子 A、C 闭合（即 X004=1），M0=1，步 9 中的 M0 常闭触点断开，Y005=0、Y007=0→步 15 中的 Y000=0，Y004=0→图 3-9（a）中的 KA1、KA3、KA4 线圈失电→图 3-9（b）中的 KA1、KA3、KA4 常开触点断开→接触器 KM1 和 KM3 线圈失电，将变频器从电机上移除，变频器得电指示灯 HL1 和变频运行指示灯 HL3 熄灭。

当 M0=1 时，接通定时器 T0，延时 5 s 后，其在步 0 中的常开触点闭合，Y006=1，将电机切换为工频运行。

（5）变频器停止。电机变频运行时，不能通过步 9 中的 X003 断开变频器的供电电源，因为此时 Y000 常开触点处于闭合状态。只有在步 15 中按下停止按钮 X001，让 Y000=0，其常开触点断开，才能断开变频器的供电电源。

（6）变频运行与工频运行时的互锁。控制电机工频运行的 Y006 与变频运行的 Y007 在步 0 和步 9 中通过 Y006 和 Y007 的常闭触点实现软件互锁，在主电路[见图 3-9（a）]中，通过 KA2 和 KA3 的常闭触点实现电气互锁。

5. 运行操作

（1）闭合 QF，给 PLC 得电，把图 3-10 所示的程序下载到 PLC 中。

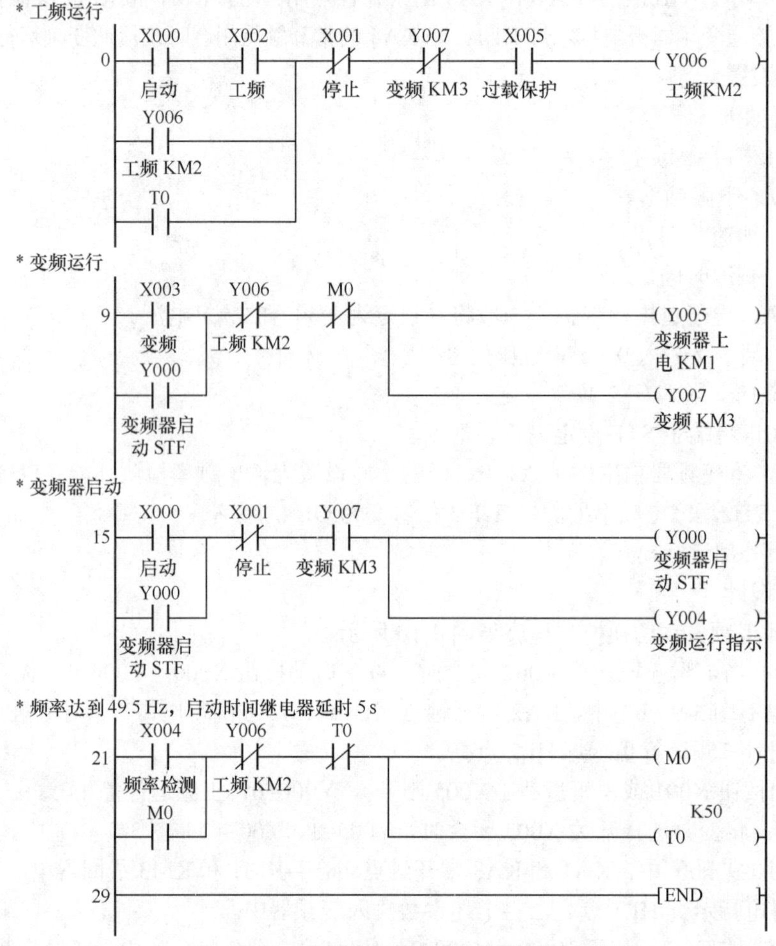

图 3-10 风机变频/工频自动切换控制程序

（2）工频运行。

将速度选择开关 SA 置于工频位置，按下启动按钮 SB1，KA2 线圈得电→KM2 线圈得电→电机工频运行，同时工频运行指示灯 HL2 点亮。

按下停止按钮 SB2 或电机过载，工频运行停止，HL2 熄灭。

（3）变频器得电。

将速度选择开关 SA 置于变频位置→KA1 和 KA3 线圈得电→KM1 和 KM3 线圈得电→变频器得电，同时变频器得电指示灯 HL1 点亮，将“3.参数设置”设置的参数输入变频器中。

（4）变频运行。

按下启动按钮 SB1→变频器开始运行，变频运行指示灯 HL3 点亮→调节电位器 RP，观察变频器运行频率的变化，当变频器的运行频率达到检测频率 49.5 Hz 时，变频器停止运行→延迟 5 s 后，电机切换为工频运行。

📖 **注意：**

当电机切换为工频运行时，由操作人员将控制系统的选择开关置于工频位置。

任务拓展　西门子 PLC 的风机变频/工频自动切换控制

如果用西门子 S7-200 SMART PLC 与 MM440 变频器实现风机变频/工频自动切换控制，西门子 PLC 与变频器怎么接线，如何设置参数和编写程序？请扫码学习“风机的变频/工频自动切换控制”。

西门子 PLC 的风机变频/工频自动切换控制

自我测评

一、简答题

1．PLC 变频调速系统由哪几部分组成？

2．PLC 与变频器的连接方式有哪几种？

二、分析题

1．物料分拣输送带采用三相笼形异步电机。物料分拣输送带如图 3-11 所示。

（1）用操作台上的按钮通过 PLC 控制输送带正反转运行。

（2）输送带的运行速度通过变频器上的端子 2、端子 5 给定 0～5 V 的电压进行调节。

（3）变频器一旦出现故障，系统会自动切断变频器的电源。通过外接按钮能对变频器进行复位操作。

请画出 PLC 与变频器的接线图，设置参数并编写控制程序。

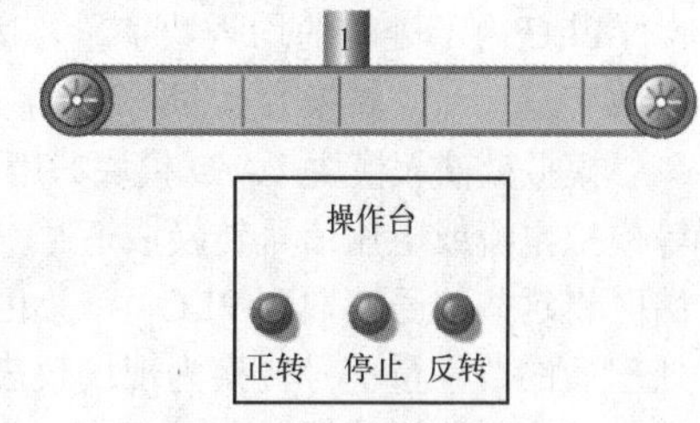

图 3-11　物料分拣输送带

2．某变频控制系统中，选择开关有 7 个挡位，分别选择以 10 Hz、15 Hz、20 Hz、30 Hz、35 Hz、40 Hz、50 Hz 频率运行，采用 PLC 控制变频器的输入端子 5、端子 6、端子 7 进行 7 段速控制。试画出该变频控制系统的接线图，设置变频器的参数，并编写控制程序。

3．在变频/工频切换中，变频器发生故障时，也需要将电机由变频运行自动切换为工频运行，如何设置变频器的参数？如何修改硬件电路及程序？

任务3.2 模拟量变频控制系统的应用

任务导入

如果使项目 1 和项目 2 中变频器的模拟量电压给定和电流给定由 PLC 的模拟量输出 D/A 模块提供，例如此任务使用 FX_{3U}-3A-ADP 特殊适配器提供电压信号和电流信号，那么，FX_{3U}-3A-ADP 与变频器的模拟量输入端子之间如何接线？给定频率、给定电压或给定电流与 D/A 模块的数字量之间有什么关系？如何编写模拟量调速程序？请带着这些问题进入任务 3.2。

相关知识　特殊适配器 FX_{3U}-3A-ADP

1. 模拟量模块简介

在工业控制中，某些输入量（如温度、压力和流量等）是连续变化的模拟量信号，某些执行机构（如伺服电机、调节阀、变频器等）要求 PLC 输出模拟量信号。因此要求 PLC 有处理模拟量信号的能力。

PLC 内部处理的均为数字量，因此模拟量处理需要完成两方面的任务：一是将模拟量转换成数字量（A/D 转换）；二是将数字量转换为模拟量（D/A 转换）。

模拟量输入模块（A/D 模块）用于将现场仪表输出的标准信号 4～20 mA、0～5 V 或 0～10 V 等模拟电流或电压信号转换成适合 PLC 内部处理的数字量信号，PLC 通过特殊软元件或缓冲存储区将这些信号读取到 PLC 中，如图 3-12（a）所示。模拟量输出模块（D/A 模块）用于将 PLC 处理后的数字量信号转换为现场仪表可以接收的标准信号 4～20 mA、0～5 V 或 0～10V 等模拟量信号输出，如图 3-12（b）所示，以满足生产过程中现场连续控制信号的需求。

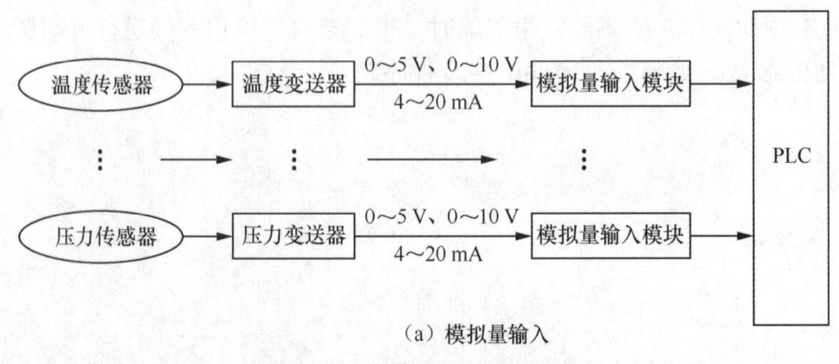

（a）模拟量输入

图 3-12　模拟量输入/输出示意

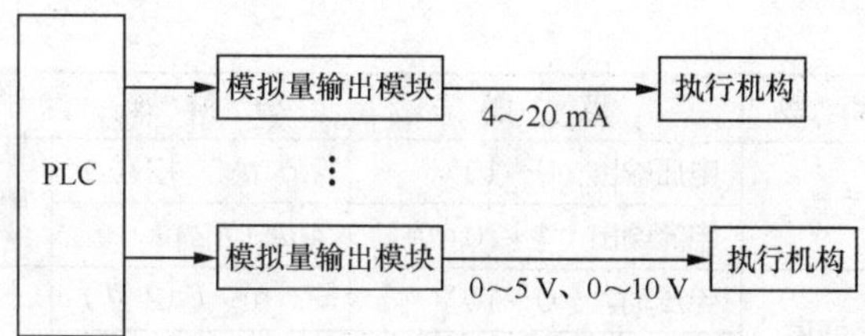

（b）模拟量输出

图 3-12 模拟量输入/输出示意（续）

三菱 FX_{3U} 系列 PLC 的模拟量输入/输出产品有 2 种：特殊适配器和特殊功能模块。如图 3-13 所示，特殊适配器必须通过 FX_{3U}-×××-BD 的功能扩展板才能连接在 PLC 基本单元的左侧，最多可以连接 4 台特殊适配器；特殊功能模块连接在 PLC 基本单元的右侧，最多可以连接 8 台特殊功能单元/模块。

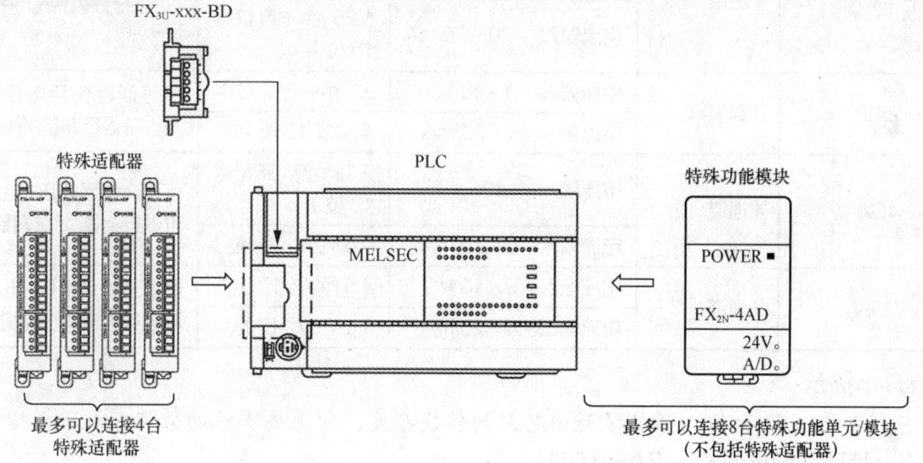

注：连接特殊适配器时，需要 FX_{3U}-232-BD、FX_{3U}-485-BD、FX_{3U}-422-BD、FX_{3U}-USB-BD、FX_{3U}-8AV-BD、FX_{3U}-CNV-BD 功能扩展板中的任意一个

图 3-13 模拟量模块连接示意

FX_{3U} 系列 PLC 的部分特殊适配器和特殊功能模块如表 3-4 和表 3-5 所示。型号中的数字表示通道数，“AD”表示模拟量输入，“DA”表示模拟量输出，“A”表示模拟量输入/输出，“ADP”表示特殊适配器。

知识链接：从表 3-5 中可知，FX_{2N} 系列 PLC 的特殊功能模块 FX_{2N}-2AD、FX_{2N}-2DA 也可以用在 FX_{3U} 系列 PLC 上。关于 FX_{2N}-2DA 模拟量输出模块的接线图、增益、偏置以及具体编程方法等，请扫码学习“FX_{2N}-2DA 模拟量输出模块”。

FX_{2N}-2DA 模拟量输出模块

表 3-4 FX_{3U} 系列 PLC 的部分特殊适配器

型号	通道数	范围	分辨率	功能
FX_{3U}-4AD-ADP	4 通道	电压输入：0～10 V	2.5 mV（12 位）	电压-电流输入，可混合使用
		电流输入：4～20 mA	10 μA（11 位）	

续表

型　号	通道数	范　围	分辨率	功　能
FX_{3U}-4DA-ADP	4通道	电压输出：0～10 V	2.5 mV（12位）	电压-电流输出，可混合使用
		电流输出：4～20 mA	4μA（12位）	
FX_{3U}-3A-ADP	输入2通道	电压输入：0～10 V	2.5 mV（12位）	电压-电流输入/输出，可混合使用
		电流输入：4～20 mA	5 μA（12位）	
	输出1通道	电压输出：0～10 V	2.5 mV（12位）	
		电流输出：4～20 mA	4 μA（12位）	

表3-5　FX_{3U}系列PLC的部分特殊功能模块

型　号	通道数	范　围	分辨率	功　能
FX_{3U}-4AD	4通道	电压输入：−10～10 V	0.32 mV（带符号16位）	可混合使用电压-电流输入，可进行偏置/增益调整，内置采样功能
		电流输入：−20～20 mA	1.25 μA（带符号15位）	
FX_{2N}-2AD	2通道	电压输入：0～10 V	2.5 mV（12位）	不可混合使用电压-电流输入，可进行偏置/增益调整
		电流输入：4～20 mA	4 μA（12位）	
FX_{3U}-4DA	4通道	电压输入：−10～10 V	0.32 mV（带符号16位）	可混合使用电压-电流输出，可进行偏置/增益调整
		电流输入：0～20 mA	0.63 μA（15位）	
FX_{2N}-2DA	2通道	电压输入：0～10 V	2.5 mV（12位）	可混合使用电压-电流输出，可进行偏置/增益调整
		电流输出：4～20 mA	4 μA（12位）	

小提示：

分辨率是A/D和D/A模拟量转换芯片的转换精度，即用多少位的数值来表示模拟量。

2．特殊适配器FX_{3U}-3A-ADP

（1）接线

特殊适配器
FX_{3U}-3A-ADP

FX_{3U}-3A-ADP是安装在FX_{3U}系列PLC基本单元左侧的模拟量输入/输出混合特殊适配器，它具有2通道模拟量输入和1通道模拟量输出，其端子排列及含义如图3-14所示。

关于FX_{3U}-3A-ADP与PLC的连接方式，请扫码学习“特殊适配器FX_{3U}-3A-ADP”。

FX_{3U}-3A-ADP特殊适配器能输入和输出电压信号或电流信号的范围、分辨率如表3-4所示，其输入和输出的接线如图3-15所示，模拟量输入/输出的接线均使用2芯屏蔽双绞电缆，并与其他动力线或者易于受感应的线分开布线。图3-15（b）所示的模拟量输出接线中，还需要将屏蔽线在信号接收侧进行单侧接地。

如图3-15（a）所示，模拟量输入在每个ch（通道）中都可以使用电压输入、电流输入。当使用电压输入时，将信号接在[V□+]和[COM□]端子上；当使用电流输入时，将信号接在[V□+]和[COM□]端子上，同时将[V□+]和[I□+]之间进行短接。

如图3-15（b）所示，当使用电压输出时，将负载接在V0和COM端子之间；当使用电流输出时，将负载接在I0和COM端子之间。

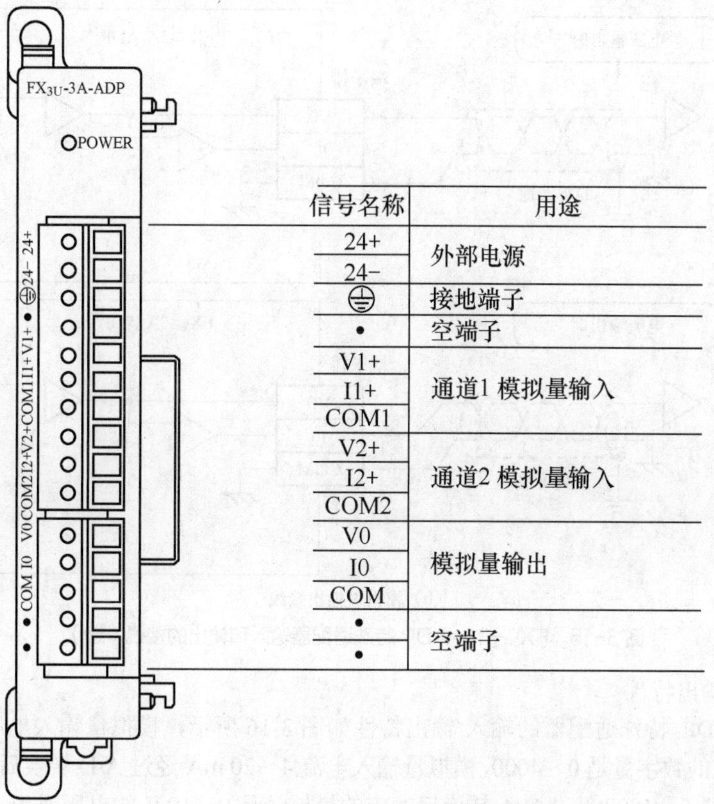

图 3-14　FX3U-3A-ADP 特殊适配器的端子排列及含义

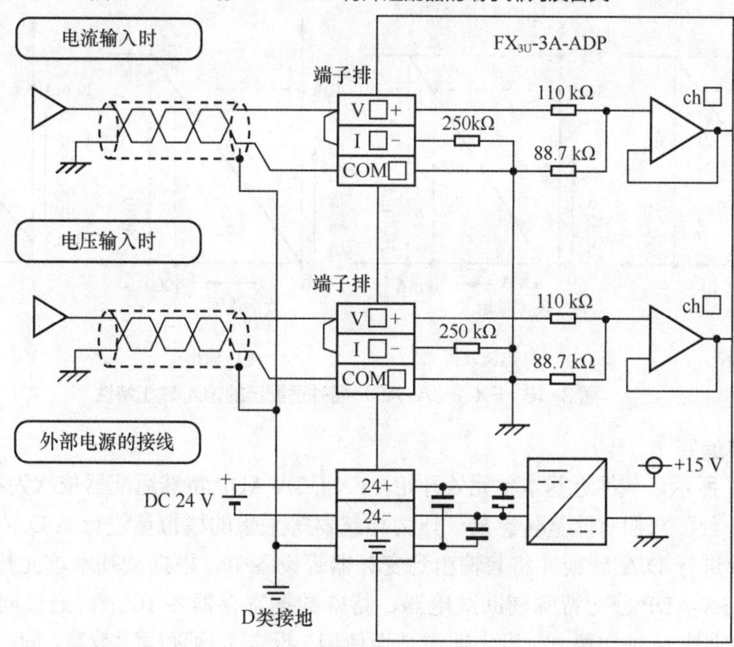

注：V□+、I□+、COM□、ch□的□用于输入通道编号

（a）模拟量输入接线

图 3-15　FX3U-3A-ADP 特殊适配器输入和输出的接线

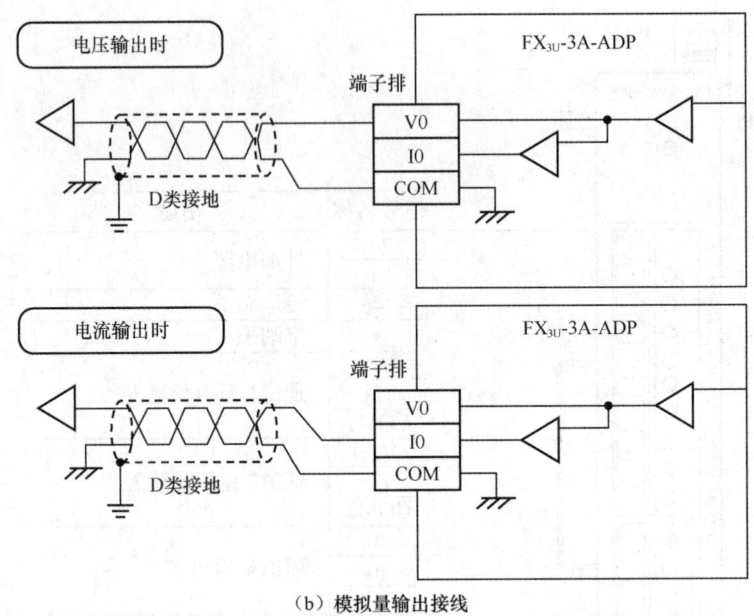

（b）模拟量输出接线

图 3-15　FX3U-3A-ADP 特殊适配器输入和输出的接线（续）

（2）输入/输出特性

FX3U-3A-ADP 特殊适配器的输入/输出特性如图 3-16 所示，模拟量输入电压 0～10 V 经过 A/D 转换后对应的数字量是 0～4000，模拟量输入电流 4～20 mA 经过 A/D 转换后对应的数字量是 0～3200，数字量 0～4000 经过 D/A 转换后对应的模拟量是 0～10 V 的电压或 4～20 mA 的电流。

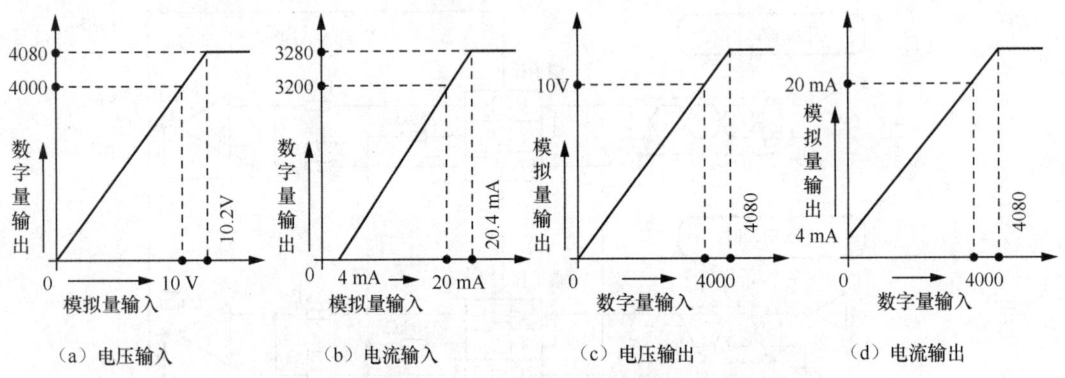

（a）电压输入　（b）电流输入　（c）电压输出　（d）电流输出

图 3-16　FX3U-3A-ADP 特殊适配器的输入/输出特性

（3）程序编写

如图 3-17 所示，从靠近基本单元处开始，FX3U-3A-ADP 特殊适配器依次为第 1 台、第 2 台、第 3 台和第 4 台，它们对流量传感器、压力传感器等采集的模拟量进行 A/D 转换，同时对 PLC 写入的数字量进行 D/A 转换并将其输出到变频器等设备中。根据从基本单元开始的连接顺序，给每台 FX3U-3A-ADP 分配特殊辅助继电器、特殊数据寄存器各 10 个，通过向特殊软元件写入数值，可以指定输入/输出模式、设定通道是否使用、设定平均采样次数等，同时将各通道的 A/D 转换值读取到相应的特殊数据寄存器中，或将输出所设定的数据写入相应的特殊数据寄存器并经 D/A 转换后自动输出。特殊软元件如表 3-6 所示。

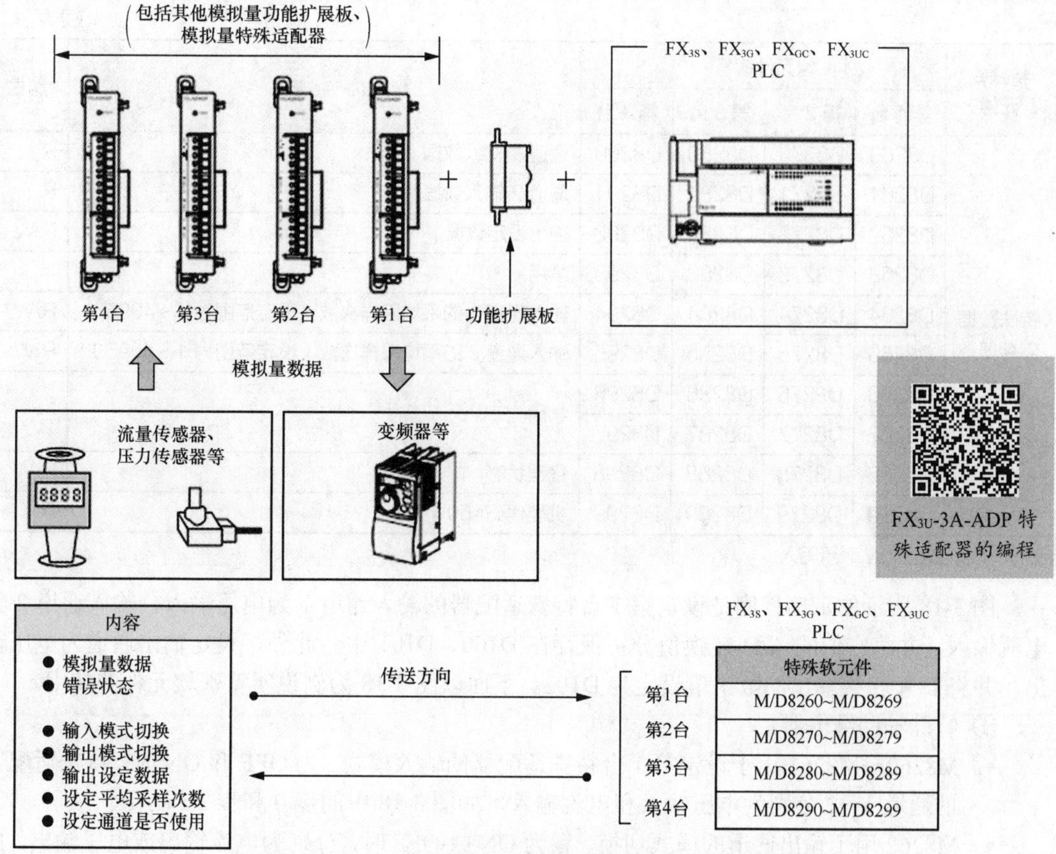

图 3-17　转换数据的获取和写入示意

FX3U-3A-ADP 特殊适配器的编程

表 3-6　FX3U-3A-ADP 特殊适配器的特殊软元件

特殊软元件	软元件编号				内　容		属性
	第 1 台	第 2 台	第 3 台	第 4 台			
特殊辅助继电器	M8260	M8270	M8280	M8290	通道 1 输入模式切换	OFF：电压输入。 ON：电流输入	R/W
	M8261	M8271	M8281	M8291	通道 2 输入模式切换		R/W
	M8262	M8272	M8282	M8292	输出模式切换	OFF：电压输出。 ON：电流输出	R/W
	M8263	M8273	M8283	M8293	禁用		—
	M8264	M8274	M8284	M8294			
	M8265	M8275	M8285	M8295			
	M8266	M8276	M8286	M8296	输出保持解除设定	OFF：PLC 由 RUN 模式转为 STOP 模式时，保持之前的模拟量输出。 ON：PLC 为 STOP 模式时，输出偏置值	R/W
	M8267	M8277	M8287	M8297	设定输入通道 1 是否使用	OFF：使用通道。 ON：不使用通道	R/W
	M8268	M8278	M8288	M8298	设定输入通道 2 是否使用		R/W
	M8269	M8279	M8289	M8299	设定输出通道是否使用		R/W

续表

特殊软元件	软元件编号				内　容	属性
	第1台	第2台	第3台	第4台		
特殊数据寄存器	D8260	D8270	D8280	D8290	通道1输入数据	R
	D8261	D8271	D8281	D8291	通道2输入数据	R
	D8262	D8272	D8282	D8292	输出设定数据	R/W
	D8263	D8273	D8283	D8293	禁用	—
	D8264	D8274	D8284	D8294	输入通道1的平均采样次数（设定范围为1～4095）	R/W
	D8265	D8275	D8285	D8295	输入通道2的平均采样次数（设定范围为1～4095）	R/W
	D8266	D8276	D8286	D8296	禁用	—
	D8267	D8277	D8287	D8297		
	D8268	D8278	D8288	D8298	错误状态	R/W
	D8269	D8279	D8289	D8299	机型代码=50	R

注：R表示读出、W表示写入。

图3-18所示的示例程序是设定第1台特殊适配器的输入通道1为电压输入、输入通道2为电流输入，并将它们的A/D转换值分别保存在D100、D101中。此外，设定输出通道为电压输出，并将D/A转换输出的数字量设定为D102。下面以图3-18为例说明特殊软元件的使用。

① 特殊辅助继电器。

- M8260～M8261用于设定第1台特殊适配器的输入模式，为OFF和ON时，特殊适配器的通道1～2分别为电压输入和电流输入，如图3-18中的步0和步3所示。
- M8262用于输出通道的模式切换，置为ON或OFF时，分别为电流输出或电压输出，如图3-18中的步6所示。
- M8266用于输出保持解除的设定，在PLC由RUN模式转为STOP模式时，可以保持模拟量输出值，或者选择输出偏置值（电压输出模式：0 V。电流输出模式：4 mA），此例设定为输出保持，如图3-18中的步6所示。
- M8267～M8269用于设定输入和输出通道是否使用，为OFF时使用相应通道，为ON时不使用相应通道。

② 特殊数据寄存器。

- D8260和D8261用于设定通道1和通道2的输入数据，可以通过MOV指令将其读入PLC，如图3-18中的步29所示。
- D8262用于设定输出的设定数据，通过MOV指令将数字量写入D8262中并进行D/A转换，如图3-18中的步40所示。
- D8264和D8265用于设定通道1和通道2的平均采样次数，本例设定为5次，如图3-18中的步18所示。
- D8268用于设定错误状态，通过错误状态各位的ON/OFF状态，可以确认发生的错误内容。其中b0和b1位表示检测出通道1和通道2上限量程溢出；b2位表示输出数据设定值错误；b4位表示EEPROM错误；b5位表示平均采样次数的设定错误；b6位表示FX_{3U}-3A-ADP硬件错误（含电源异常）；b7位表示FX_{3U}-3A-ADP通信数据错误；b8和b9位表示检测出通道1和通道2下限量程溢出。其他位未使用。

对于3A-ADP硬件错误（b6）、FX_{3U}-3A-ADP通信数据错误（b7），在PLC的电源OFF→ON

时，需要用程序来清除（OFF）。请务必编写图 3-18 中的步 11 所示的程序。

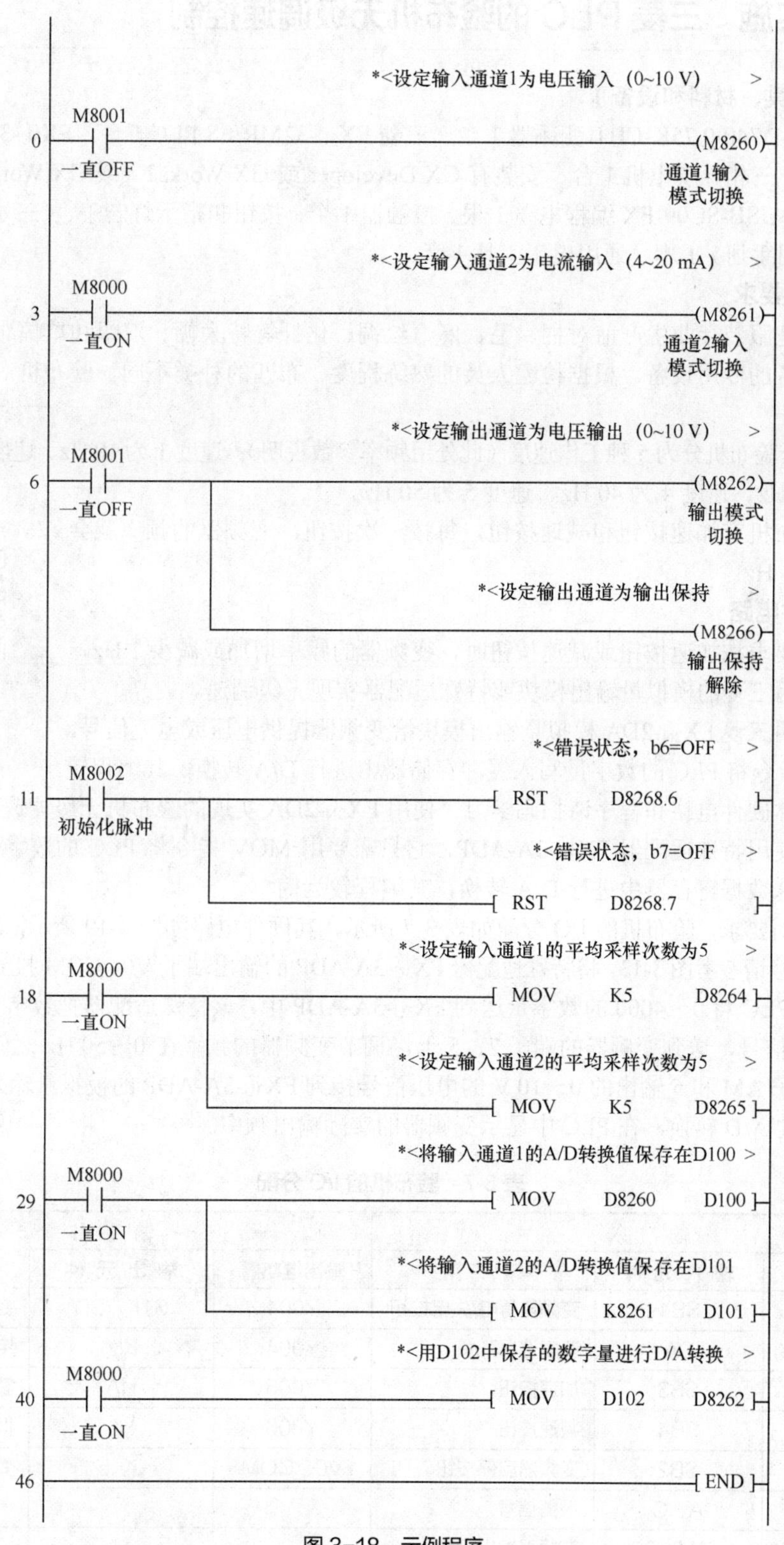

图 3-18 示例程序

任务实施　三菱 PLC 的验布机无级调速控制

【训练工具、材料和设备】

三菱 FR-D740-0.75K-CHT 变频器 1 台、三菱 FX_{3U}-32MR/ES PLC 1 台、FX_{3U}-3A-ADP 特殊适配器 1 台、三相异步电机 1 台、安装有 GX Developer 或 GX Works2（或 GX Works3）软件的计算机 1 台、USB-SC09-FX 编程电缆 1 根、接触器 1 个、按钮和指示灯若干、《三菱通用变频器 FR-D700 使用手册》1 本、通用电工工具 1 套。

1. 任务要求

验布机是服装行业生产前对棉、毛、麻、丝绸、化纤等特大幅、双幅和单幅布进行瑕疵检测的一套必备的专用设备。根据检验人员的熟练程度、布匹的种类不同，验布机对速度的要求不同。

（1）整个验布机分为 5 种工作速度（此处用频率参数说明）：速度 1 为 10 Hz、速度 2 为 20 Hz、速度 3 为 30 Hz、速度 4 为 40 Hz、速度 5 为 50 Hz。

（2）验布机有加速按钮和减速按钮，每按一次按钮，变频器的频率就会增加或减少 1 Hz。

使用 FX_{2N}-2DA 实现的验布机无级调速控制

2. 硬件电路

本任务要求按加速按钮或减速按钮时，变频器的频率增加或减少 1 Hz，因此最好采用三菱的模拟量输出模块或特殊适配器实现无级调速。

如果使用三菱 FX_{2N}-2DA 模拟量输出模块给变频器提供电压或电流信号，需要用 TO 指令将 PLC 的数字量写入缓冲存储器中进行 D/A 转换，其编程较为复杂，具体硬件电路和程序请扫码学习“使用 FX_{2N}-2DA 实现的验布机无级调速控制”。

本任务使用特殊适配器 FX_{3U}-3A-ADP，它只需要用 MOV 指令将 PLC 的数字量写入表 3-6 中相应的特殊数据寄存器中进行 D/A 转换，其编程较为简单。

根据控制要求，验布机的 I/O 分配如表 3-7 所示，其硬件电路如图 3-19 所示，FX_{3U}-3A-ADP 与 PLC 的连接请参考图 3-13。将特殊适配器 FX_{3U}-3A-ADP 的输出端子 V0、COM 接到变频器的端子 2、5 上，PLC 将 0～4000 的数字量送到 FX_{3U}-3A-ADP 中，该特殊适配器把数字量转换成 0～10 V 的电压信号，送到变频器的端子 2、5 上，调节变频器的频率在 0～50 Hz 之间变化；将变频器输出端子 AM 和 5 输出的 0～10 V 的电压信号接到 FX_{3U}-3A-ADP 的模拟量输入端子 V1+、COM1，经过 A/D 转换，在 PLC 中显示变频器的实际输出频率。

表 3-7　验布机的 I/O 分配

输　入			输　出		
输入继电器	输入元件	作　用	输出继电器	输出元件	作　用
X000	SB1	变频器得电/失电按钮	Y001	STF、SD	变频器启动
X001～X005	SA	速度选择开关	Y004	KM	接通 KM 线圈
X006	SB3	加速按钮	Y005	HA	警铃
X007	SB4	减速按钮	Y006	HL	报警指示
X010	SB2	变频器启停按钮	V0、COM	2、5	变频器给定频率
X011	A、C	报警信号			
V1+、COM1	AM、5	变频器输出频率			

3. 参数设置

要想让变频器实现外部运行功能，必须给变频器设置如下参数。

Pr.1=50 Hz，上限频率。

Pr.2=0 Hz，下限频率。

Pr.7=5 s，加速时间。

Pr.8=5 s，减速时间。

Pr.9=2.5 A，电子过电流保护，一般将其设定为变频器的额定电流。

Pr.73=0，端子 2 输入 0～10 V 电压信号。

Pr.125=50 Hz，将端子 2 频率设定为增益频率。

Pr.178=60，将端子 STF 设定为正转端子。

Pr.192=99，将变频器输出端子 A、B、C 的功能设置为报警输出功能。

Pr.55 = 50，使输出频率表的量程为 0～50 Hz。

Pr.158 = 1，使 AM 端子输出频率信号。

Pr.79=2，外部运行模式。

学海领航：图 3-19 所示的接线比较复杂，必须细心、专注才能保证接线正确。请扫码学习“大国工匠”。

大国工匠

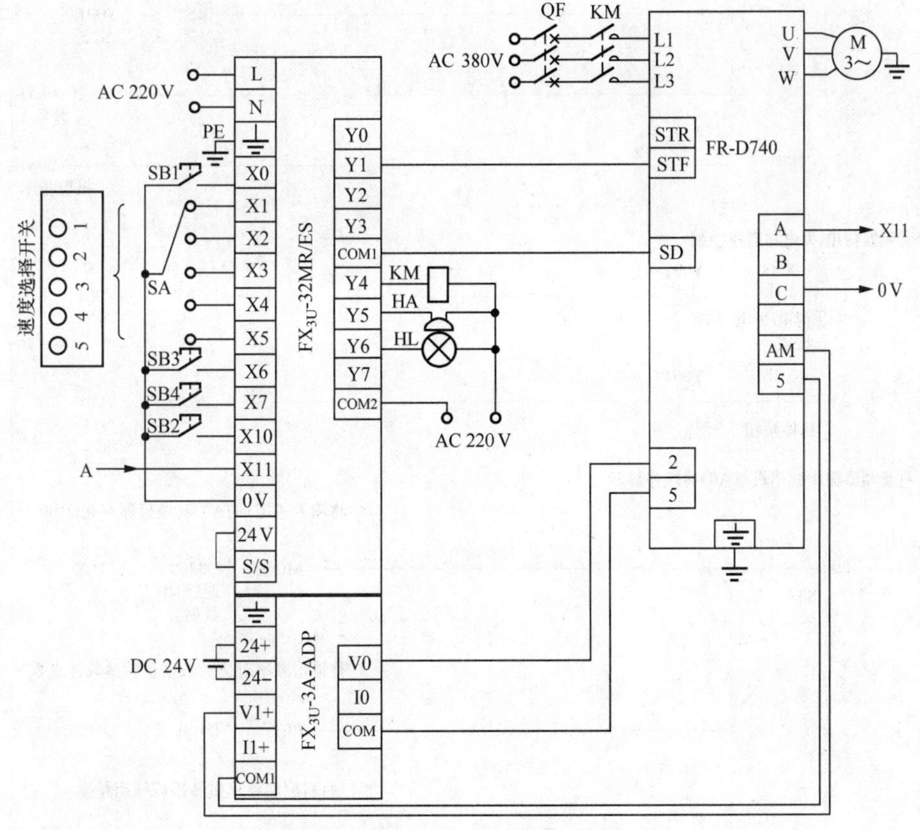

图 3-19 验布机的硬件电路接线

4. 程序设计

验布机控制程序如图 3-20 所示。

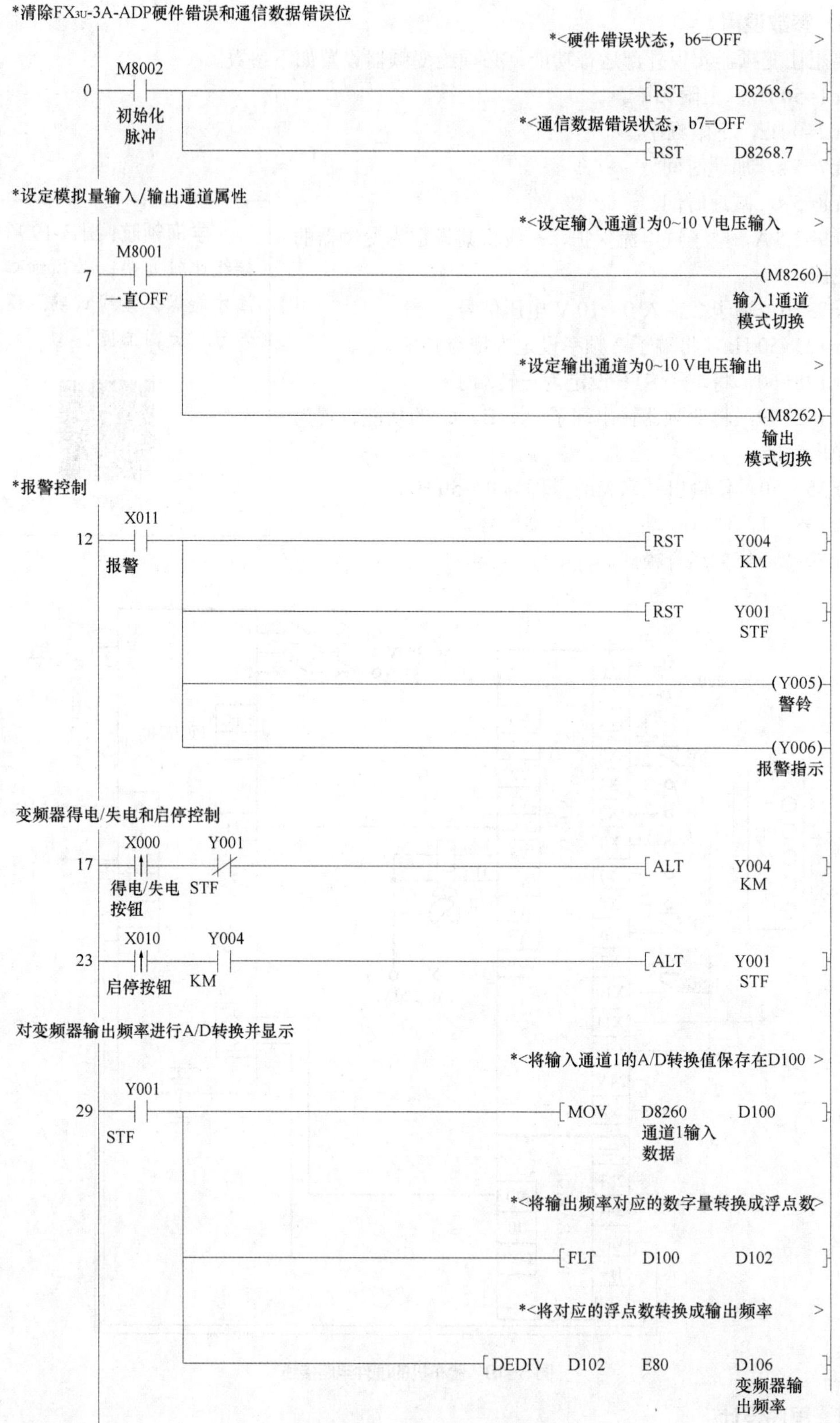

图 3-20 验布机控制程序

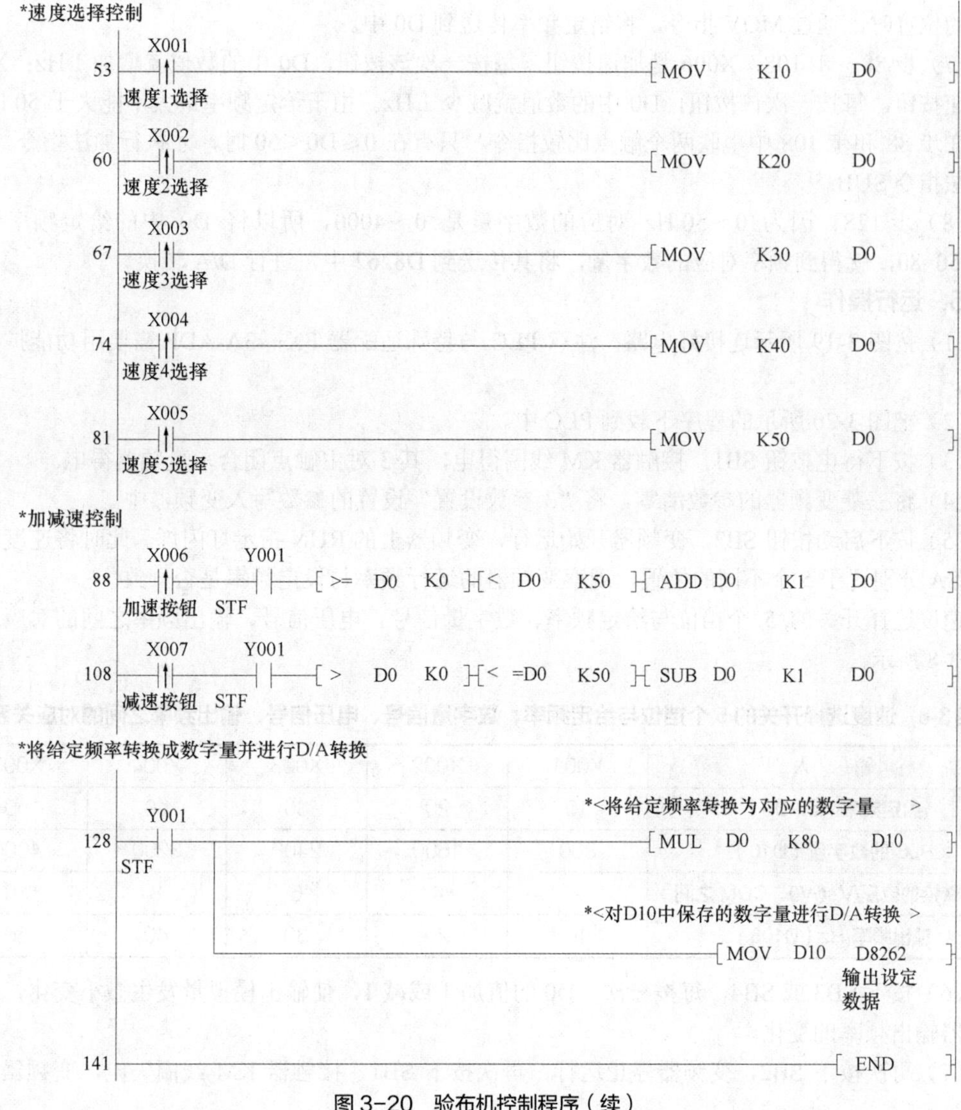

图 3-20　验布机控制程序（续）

（1）步 0：PLC 得电对 FX$_{3U}$-3A-ADP 硬件错误和通信数据错误位进行清除。

（2）步 7：M8260=0，将输入通道 1 设定为 0～10 V 电压输入；M8262=0，将输出通道设定为 0～10 V 电压输出。

（3）步 12：当变频器报警时，X011=1，复位 Y004 和 Y001，接触器 KM 线圈失电，将变频器的电源断开，同时 Y005=1、Y006=1，系统进行声光报警。

（4）步 17～步 23：变频器得电/失电和变频器启停都只用一个按钮，利用 ALT 指令实现单按钮控制。步 23 中串联 Y004 的常开触点，保证变频器先得电，Y001 的值才能为 1，从而启动变频器。

（5）步 29：D8260 是变频器输出的 0～10 V 电压信号通过输入通道 1 进行 A/D 转换后对应的 0～4000 的数字量，它对应的频率是 0～50 Hz，因此将 D100 中的数字量通过 FLT 指令转换成浮点数，再除以 4000/50=80，就是变频器的输出频率，并将其保存在 D106 中。

（6）步 53～步 81：SA 是 5 挡位速度选择开关，接到 X001～X005 输入端子上，当其置于不同的位置时，通过 MOV 指令，将给定频率传送到 D0 中。

（7）步 88～步 108：X006 是加速按钮，每按一次该按钮，D0 中的数值就增加 1 Hz；X007 是减速按钮，每按一次该按钮，D0 中的数值就减少 1 Hz。由于给定频率最大不能大于 50 Hz，因此在步 88 和步 108 中串联两个触点比较指令，只有在 0≤D0<50 时，才执行加法指令 ADD 和减法指令 SUB。

（8）步 128：因为 0～50 Hz 对应的数字量是 0～4000，所以将 D0 中的给定频率乘以 4000/50=80，就得到频率对应的数字量，将其传送到 D8262 中，进行 D/A 转换。

5. 运行操作

（1）按图 3-19 所示连接好电路，注意 PLC 与特殊适配器 FX_{3U}-3A-ADP 需要用功能扩展板连接。

（2）把图 3-20 所示的程序下载到 PLC 中。

（3）按下得电按钮 SB1，接触器 KM 线圈得电，其 3 对主触点闭合，变频器得电。

（4）将三菱变频器的参数清零，将“3.参数设置”设置的参数写入变频器中。

（5）按下启动按钮 SB2，变频器开始运行，变频器上的 RUN 指示灯闪烁。此时将速度选择开关 SA 分别置于 5 个不同的位置，观察变频器的运行频率与设定频率是否一致。

速度选择开关的 5 个挡位与给定频率、数字量信号、电压信号、输出频率之间的对应关系如表 3-8 所示。

表 3-8　速度选择开关的 5 个挡位与给定频率、数字量信号、电压信号、输出频率之间的对应关系

输　入	X001	X002	X003	X004	X005
给定频率/Hz（D0）	10	20	30	40	50
PLC 的数字量（D10）	800	1600	2400	3200	4000
D/A 转换的电压/V（V0、COM 之间）	2	4	6	8	10
输出频率/Hz（D106）	10	20	30	40	50

（6）按下 SB3 或 SB4，每按一次，D0 的值加 1 或减 1，使输出模拟量发生微小变化，观察变频器输出频率的变化。

（7）再次按下 SB2，变频器停止运行，再次按下 SB1，接触器 KM 线圈失电，变频器电源切断。

任务拓展　西门子 PLC 的验布机无级调速控制

如果用西门子 S7-200 SMART PLC 与 MM440 变频器实现验布机无级调速控制，需要用到西门子模拟量输入/输出扩展 EM AM06，它将输出的电压信号连接到 MM440 变频器的端子 2、5 上，用来给变频器进行调速。EM AM06 模块是如何进行接线和硬件组态的？怎么编写验布机控制程序呢？请扫码学习“西门子模拟量输入/输出扩展模块 EM AM06”和“西门子 PLC 的验布机无级调速控制”。

西门子模拟量输入/输出扩展模块 EM AM06

西门子 PLC 的验布机无级调速控制

自我测评

一、填空题

1．将模拟量转换为数字量，称为________转换；将数字量转换为模拟量，称________转换。

2．FX_{3U}-3A-ADP 具有________通道模拟量输入和________通道模拟量输出。

3．FX_{3U}-3A-ADP 输入的电压信号是________V，电流信号是________mA，其输出通道既可以输出________信号，也可以输出________信号。

4．FX_{3U}-3A-ADP 输入 0～10 V 的电压信号，经过 A/D 转换之后，其数字量是________，输入 4～20 mA 的电流信号，经过 A/D 转换之后，其数字量是________；数字量________经过 D/A 转换后输出 0～10 V 的电压信号或 4～20 mA 的电流信号。

二、分析题

一个密闭温度控制系统中，使用 Pt100 温度传感器测量密室温度，其量程是 0～200℃，输出 0～10 V 的电压信号。FX_{3U}-3A-ADP 特殊适配器输出 4～20 mA 的电流信号，送到变频器的模拟量输入端调节风机速度。当 0℃＜密室温度＜50℃时，变频器以 50 Hz 的频率运行；当 50℃≤密室温度＜100℃时，变频器以 30 Hz 的频率运行；当 100℃≤密室温度＜150℃时，变频器以 20 Hz 的频率运行。请设计温度控制系统的硬件电路，设置变频器参数并编写程序。

任务3.3 变频器的通信控制

任务导入

任务 3.1 和任务 3.2 中采用 PLC 的数字量和模拟量输出控制变频器的正反转和调速。这种联机方式存在以下问题。

（1）硬件接线复杂，容易引起噪声和干扰。

（2）PLC 和变频器之间传输的信息受硬件限制，交换的信息量少。

（3）硬件及控制方式影响了控制精度。

PLC 与变频器之间如果通过 RS-485 通信接口来进行信息交换，可以有效解决上述问题，大大减少布线数量，提高控制精度。另外，通过网络可以连续对多台变频器进行监控，实现多台变频器之间的联动控制和同步控制。

学海领航：三菱变频器专用协议和 Modbus 协议是 PLC 与变频器通信时双方必须遵循的规则和约定。PLC 与变频器只有遵循了这些规则和约定，两者才能协同工作，实现信息交换和资源共享。请扫码学习“通信与规则意识”。

通信与规则意识

所有的标准三菱变频器都有一个 RS-485 通信接口。RS-485 通信方式有两种：一种是三菱自带的变频器专用协议通信，另一种是通用的 Modbus 协议通信。前者使用三菱变频器专用通信指令，编程简单，仅限于三菱 FX_{3U} 系列 PLC 与三菱变频器之间的通信。后者使用 ADPRW 指令或 RS 指令实现 Modbus/RTU 通信，编程较为复杂，通常用于 FX_{3U} 系列 PLC 与第三方变频器的通信。本任务我们使用三菱变频器专用通信指令控制变频器启停和调速。FX_{3U} 系列 PLC 的变频器专用通信指令有哪些？PLC 与变频器的通信连接方式是怎样的？如何编写通信程序？请带着这些问题进入任务 3.3。

相关知识

3.3.1 PLC 与变频器通信系统构成和连接方式

1. 系统构成

变频器通信功能就是以 RS-485 通信接口连接 FX 系列 PLC 与变频器，最多可以对 8 台变频器进行运行监控、各种指令以及参数的读出/写入，需要配置的通信设备和通信距离如图 3-21 所示。FX_{3U} 系列 PLC 支持三菱 FR-800 系列和 FR-700 系列变频器进行连接通信，如果 PLC 使用的是 FX_{3U}-485-BD 通信功能扩展板，则通信距离只有 50 m；如果 PLC 使用的是 FX_{3U}-485ADP-MB 特殊适配器，则通信距离可达 500 m。

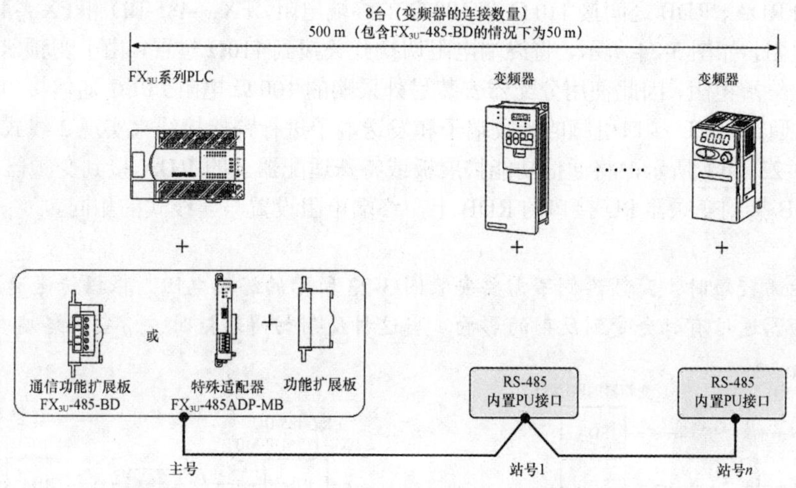

图 3-21　PLC 与变频器通信的系统构成

2．连接方式

使用三菱变频器的 PU 接口与 PLC 进行通信，PU 接口在变频器中的位置及引脚排列如图 3-22（a）所示，RDA、RDB 是变频器接收端，SDA、SDB 是变频器发送端。FR-A700、FR-F700、FR-A800、FR-F800 系列变频器内置 RS-485 通信接口，如图 3-22（b）所示。

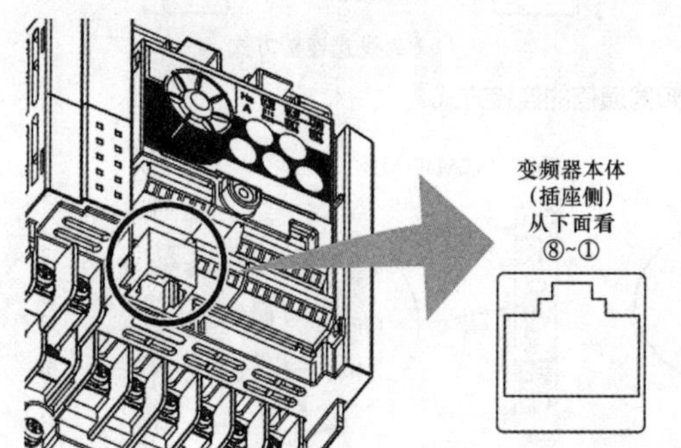

引脚编号	名称	内容
①	SG	接地（与端子5导通）
②	—	参数单元电源
③	RDA	变频器接收+
④	SDB	变频器发送-
⑤	SDA	变频器发送+
⑥	RDB	变频器接收-
⑦	SG	接地（与端子5导通）
⑧	—	参数单元电源

注：②、⑧号引脚用于连接操作面板或参数单元用电源，进行 RS-485 通信时请不要使用

（a）FR-D700、FR-E700 系列变频器的 PU 接口

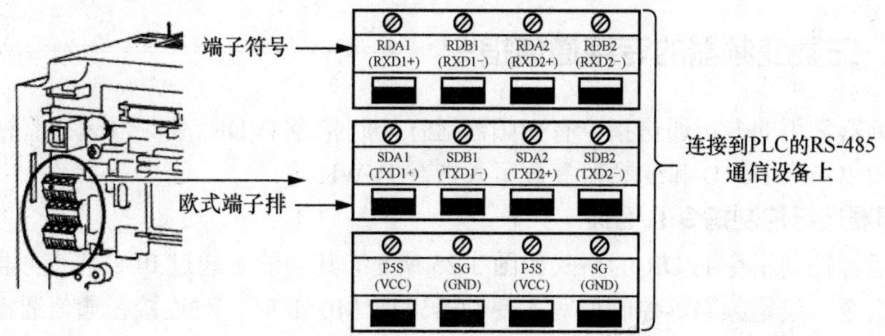

（b）FR-A700、FR-F700、FR-A800、FR-F800 系列变频器的 RS-485 通信接口

图 3-22　变频器的通信接口

FX_{3U}系列 PLC 的 RS-485 通信设备与变频器的通信接口之间的连接方式有 4 线式和 2 线式两种。4 线式连接方式如图 3-23（a）所示，通信设备的发送端 SDA、SDB 接到变频器的接收端 RDA、RDB 上，通信设备的接收端 RDA、RDB 接到变频器的发送端 SDA、SDB 上，并在始端和终端设备的 RDA、RDB 之间接 110 Ω 和 100 Ω 的终端电阻。FX_{3U}-485-BD 和 FX_{3U}-485ADP-MB 中内置终端电阻，如图 3-24 所示，将终端电阻切换开关拨到 110Ω 位置，由于变频器 PU 接口上不能直接安装终端电阻，因此使用分配器安装另外采购的 100 Ω 电阻。PLC 通信接口的接线为 2 线式时，可以通过对 PU 接口引脚的接收端子和发送端子进行跨接接线来实现 2 线式连接，其连接方式如图 3-23（b）所示，将通信功能扩展板或特殊适配器上的 RDA 接到变频器 PU 接口的 RDA 上，RDB 接到变频器 PU 接口的 RDB 上，终端电阻设置与 4 线式的相同。

📖 **注意：**

当通信距离较短时，变频器侧不需要安装图 3-23 所示的终端电阻。根据传送速度、传送距离不同，变频器通信有时会受到反射的影响。当这种反射妨碍通信时，请安装终端电阻。

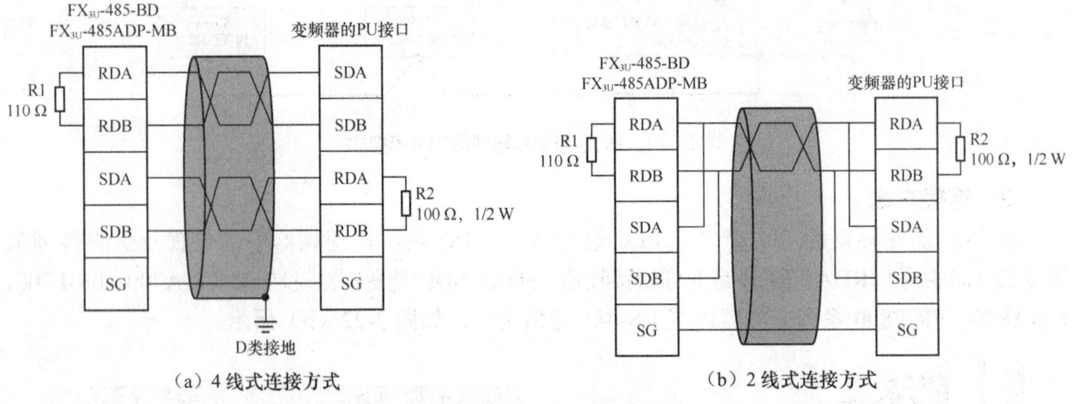

图 3-23　PLC 与变频器通信的连接方式

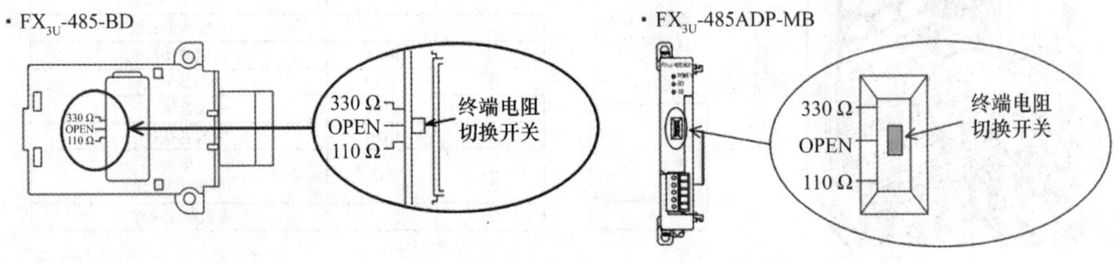

图 3-24　终端电阻切换示意

3.3.2　三菱变频器的专用通信指令

三菱变频器常用的专用通信指令有变频器运行控制指令 IVDR、变频器运行监视指令 IVCK、变频器参数读出指令 IVRD 和变频器参数写入指令 IVWR 等。

1. 变频器运行控制指令 IVDR

变频器运行控制指令 IVDR 的格式如图 3-25 所示，其功能是通过 PLC 将变频器运行所需的正反转启停指令、设定频率等控制值写入变频器。当 M0=1 时，对连接在通信通道[n]上的站号[S1]的变频器，根据[S2]的指令代码写入[S3]的控制值。

[S1]：变频器的站号（0～31）。

[S2]：变频器的指令代码，常用指令代码及其功能如表 3-9 所示，其他指令代码参考《FX 系列 PLC 通信手册》，指令代码用十六进制数表示。

[S3]：写入变频器中的值。图 3-25 中，[S2]是运行指令代码 HFA，运行指令代码 HFA 的控制值如表 3-10 所示。根据表 3-10 中运行指令对应的控制值，如果将 H02 送到 K2M50 中，则控制变频器正转；如果将 H04 送到 K2M50 中，则控制变频器反转。

[n]：通信通道（K1 表示通道 1，K2 表示通道 2）。

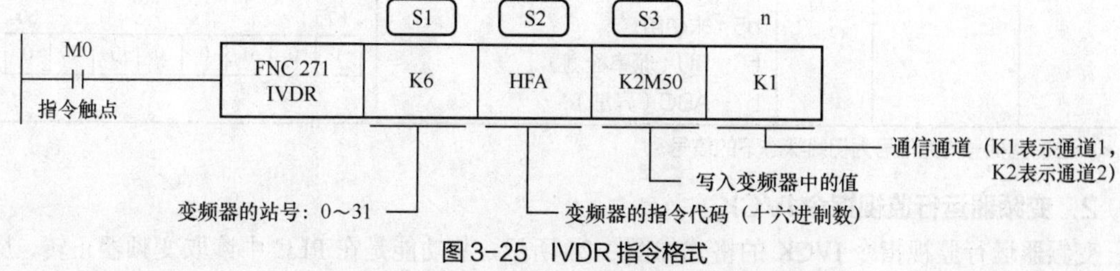

图 3-25 IVDR 指令格式

表 3-9 IVDR 常用指令代码及其功能

变频器的指令代码	写入的内容	数据内容	举例
HFB	运行模式	H0000：网络运行。 H0001：外部运行。 H0002：PU 运行	将变频器的运行模式设置为网络运行模式 M0 FNC 271 IVDR K1 HFB H0000 K1
HFA	运行指令	正转信号以及反转信号等的控制输入指令，详见表 3-10	给变频器发送正转控制指令 M0 FNC 271 IVDR K1 HFA H02 K1
HED	写入设定频率（RAM）	需要连续变更设定频率时，将设定频率写入 RAM（随机存储器）中，频率单位是 0.01 Hz（Pr.37 = 0.01）	将设定频率 1234×0.01 Hz=12.34 Hz 写入 RAM M0 FNC 271 IVDR K1 HED K1234 K1
HFD	变频器复位	H9696：通过计算机进行通信后，变频器会复位，因此无法向计算机发送回复数据 H9966：正常发送时，变频器在向计算机回复 ACK 数据后复位	对变频器进行复位操作 M0 FNC 271 IVDR K1 HFD H9696 K1

注：进行变频器复位时，必须在 IVDR 指令的操作数[S3]中指定 H9696，而不能使用 H9966。

表 3-10 运行指令和变频器状态监视

项目	指令代码	位长	内容	举例
运行指令	HFA	8 bit	b0：AU（电流输入选择）。 b1：正转指令。 b2：反转指令。 b3：RL（低速指令）。 b4：RM（中速指令）。 b5：RH（高速指令）。 b6：RT（第 2 功能选择）。 b7：MRS（输出停止）	例 1：H02，正转。 b7 … b0 0 0 0 0 0 0 1 0 例 2：H00，停止 b7 … b0 0 0 0 0 0 0 0 0

续表

项目	指令代码	位长	内　容	举　例
变频器状态监视	H7A	8 bit	b0：RUN（变频器运行中）*。 b1：正转中。 b2：反转中。 b3：SU（频率到达）。 b4：OL（过载）。 b5：未使用。 b6：FU（频率检测）。 b7：ABC（异常）*	例1：H02，正转。 b7～b0：0 0 0 0 0 0 1 0 例2：H80，因发生异常而停止 b7～b0：1 0 0 0 0 0 0 0

注：*标注的圆括号内的信号为初始状态下的信号。

2．变频器运行监视指令 IVCK

变频器运行监视指令 IVCK 的格式如图 3-26 所示，其功能是在 PLC 中读取变频器正转、反转、输出频率、输出电流等运行状态。当 M0=1 时，对连接在通信通道[n]上的站号[S1]的变频器，根据[S2]的指令代码将变频器相应的运行状态读取到[D]中。[S2]中所涉及的常用指令代码及其功能如表 3-11 所示，其他指令代码参考《FX 系列 PLC 通信手册》。图 3-26 中，[S2]的指令代码是 H6F，其功能是将变频器的输出频率读取到 D100 中。如果图 3-26 中[S2]的指令代码是 H7A，其功能是将变频器的状态读取到 D100 中，变频器状态监视如表 3-10 所示。

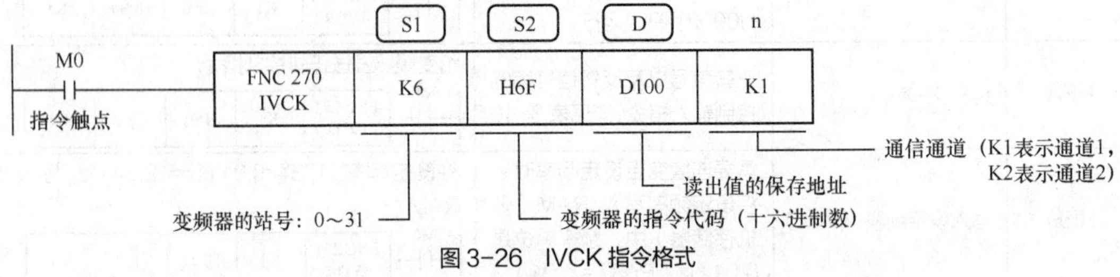

图 3-26　IVCK 指令格式

表 3-11　IVCK 常用指令代码及其功能

变频器的指令代码	读取的内容	数 据 内 容
H7A	变频器状态监视	监视正转、反转中以及变频器运行中（RUN）等的输出信号的状态
H6F	输出频率/转速	H0000～HFFFF：输出频率，单位为 0.01 Hz；转速单位为 0.001（Pr.37=0.01～9998 时）
H70	输出电流	H0000～HFFFF：输出电流（十六进制数）单位为 0.01 A
H71	输出电压	H0000～HFFFF：输出电压（十六进制数）单位为 0.1 V

3．变频器参数读出指令 IVRD

变频器参数读出指令 IVRD 的格式如图 3-27 所示，其功能是将变频器的参数值读取到 PLC 中。当 M0=1 时，对连接在通信通道[n]上的站号[S1]的变频器，将[S2]中指定的变频器参数编号的参数值读取到[D]中。图 3-27 所示是将变频器的参数 Pr.7 的值读取到 D150 中。

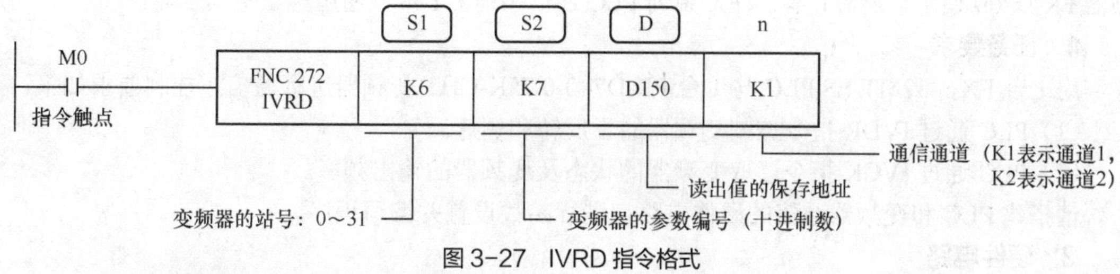

图3-27　IVRD指令格式

4．变频器参数写入指令IVWR

变频器参数写入指令IVWR的格式如图3-28所示，其功能是将变频器的参数值写入变频器中。当M0=1时，对连接在通信通道[n]上的站号[S1]的变频器，在[S2]中指定变频器参数编号后，将[S3]中的参数值写入变频器中。

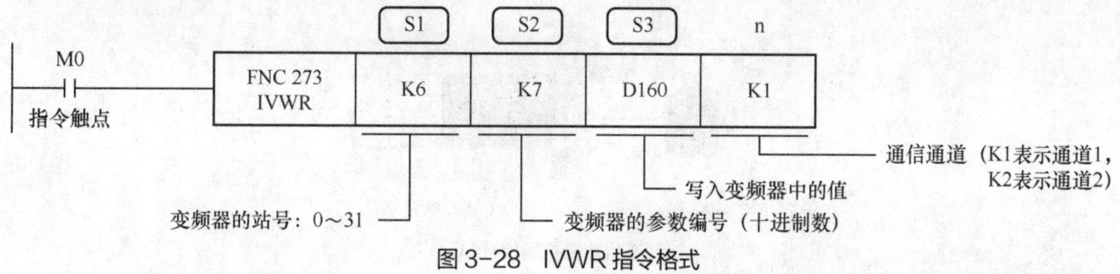

图3-28　IVWR指令格式

在使用变频器上述通信指令时，PLC中与通信功能相关的一些软元件会根据各个变频器通信指令的执行结果变化，如表3-12所示。我们在编程中经常用到指令执行结束标志位M8029，当PLC与变频器之间的通信结束后，M8029会闭合1个扫描周期。

注意：

对应各个变频器通信指令而得到结果时，请务必在这个变频器通信指令的正下方使用相关的软元件标志位编程。

表3-12　变频器通信相关的软元件

软元件编号		内　容	软元件编号		内　容
通道1	通道2		通道1	通道2	
M8029		指令执行结束	D8063	D8438	串行通信错误代码
M8063	M8438	串行通信错误	D8152	D8157	变频器通信错误代码
M8152	M8157	变频器通信错误	D8153	D8158	发生变频器通信错误的步
M8153	M8158	变频器通信错误锁存			

任务实施　三菱PLC与变频器的通信控制

【训练工具、材料和设备】

三菱FR-D740-0.75K-CHT变频器1台、三菱FX_{3U}-32MT/ES PLC 1台、三菱FX_{3U}-485-BD或FX_{3U}-485ADP-MB 1个、三相异步电机1台、安装有GX Developer或GX Works2（或GX Works3）软件的计算机1台、USB-SC09-FX编程电缆1根、按钮和指示灯若干、《三菱通用变

频器 FR-D700 使用手册》1 本、《FX 系列 PLC 通信手册》1 本、通用电工工具 1 套。

1. 任务要求

用 1 台 FX_{3U}-32MT/ES PLC 与 1 台 FR-D740-0.75K-CHT 变频器进行通信。控制要求如下。

（1）PLC 通过 IVDR 指令控制变频器的正反转和调速。

（2）PLC 通过 IVCK 指令读取变频器的状态及变频器的输出频率。

请搭建 PLC 和变频器通信的硬件电路，进行参数设置并编写程序。

2. 硬件电路

（1）通信布线

三菱 PLC 与变频器进行通信时，需要在 PLC 上安装通信功能扩展板 FX_{3U}-485-BD 或特殊适配器 FX_{3U}-485ADP-MB，如图 3-29 所示。在安装特殊适配器时，取下功能扩展板部位的空盖板，将连接器转换板 FX_{3U}-CNV-BD 连接到功能扩展板安装接口上并用螺栓固定，最后将特殊适配器 FX_{3U}-485ADP-MB 安装在 PLC 左侧。

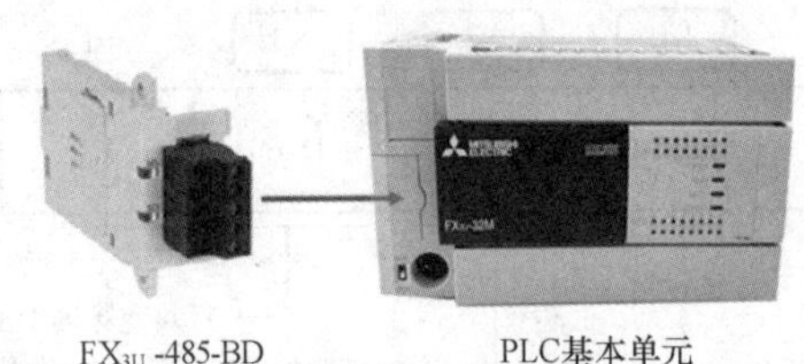

（a）通信功能扩展板+PLC

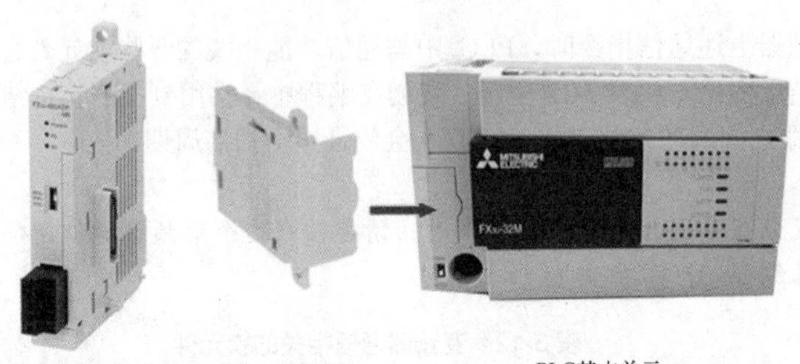

（b）特殊适配器+连接器转换板+PLC

图 3-29　变频器通信系统的设备组成

PLC 与变频器的通信接线按照图 3-23 所示的 4 线式或 2 线式连接，并按照图 3-24 所示将终端电阻 R1 拨到 110 Ω 的位置，R2 电阻处需要购买 100 Ω 的电阻进行安装。

（2）PLC 与变频器通信控制的 I/O 接线

根据控制要求，PLC 与变频器通信控制的 I/O 分配如表 3-13 所示，硬件接线如图 3-30 所示。

表 3-13　PLC 与变频器通信控制的 I/O 分配

输　入		输　出	
输 入 元 件	输入继电器	输 出 元 件	输出继电器
X000	SB1（正转按钮）	Y000	HL1（正转指示）
X001	SB2（反转按钮）	Y001	HL2（反转指示）
X002	SB3（停止按钮）	Y002	HL3（通信错误指示）

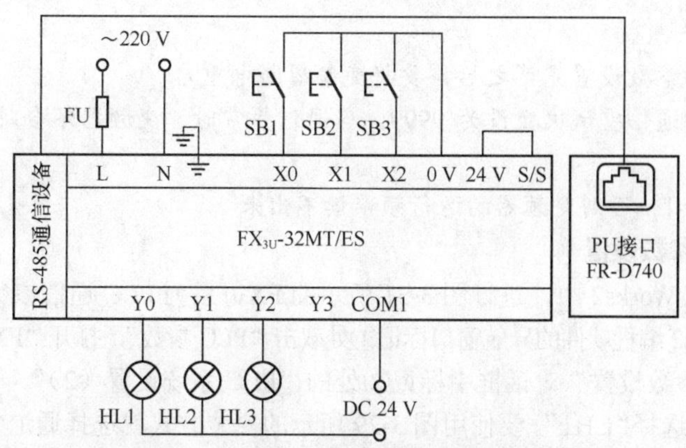

图 3-30　PLC 与变频器通信控制硬件接线

3. 变频器通信参数设置

为使变频器与 PLC 进行 RS-485 通信，必须在变频器上设置表 3-14 所示的参数。

表 3-14　变频器通信参数设置

参数号	名　　称	初始值	设定值	说　　明
Pr.160	扩展功能显示选择	9999	0	显示变频器所有参数
Pr.117	PU 通信站号	0	1	变频器站号为 1，最多可以连接 8 台
Pr.118	PU 通信速率	192	192	设定通信速率。 设定值×100 即通信速率。 此例设定为 192 时，通信速率为 19200 bit/s
Pr.119	PU 通信停止位长度	1	10	数据位长度是 7 bit，停止位长度是 1 bit。 设定范围 / 停止位长 / 数据位长 0 / 1 bit / 8 bit 1 / 2 bit / 8 bit 10 / 1 bit / 7 bit 11 / 2 bit / 7 bit
Pr.120	PU 通信奇偶校验	2	2	0：无奇偶校验。 1：奇校验。 2：偶校验
Pr.121	PU 通信重试次数	1	9999	即使发生通信错误，变频器也不会跳闸
Pr.122	PU 通信检查时间间隔	0	9999	不进行通信校验（断线检测）
Pr.123	设定 PU 通信等待时间	9999	9999	用通信数据进行设定
Pr.124	PU 通信有无 CR/LF 选择	1	1	有 CR，无 LF
Pr.338	通信运行指令权	0	0	启动指令权由通信控制
Pr.339	通信速率指令权	0	0	频率指令权由通信控制
Pr.340	选择通信启动模式	0	1	网络运行模式
Pr.79	选择运行模式	0	2	网络运行模式
Pr.549	选择协议	0	0	三菱变频器（计算机链接）协议

📖 注意：

① 表 3-14 中的参数设置完毕之后，要将变频器断电重启。

② 将 Pr.121 即通信重试次数设为 9999，当通信异常时，变频器不会跳闸；将 Pr.122 也设为 9999。

③ 设置 Pr.124=1，否则变频器的运行频率读不出来。

4. PLC 通信参数设置

在编程软件 GX Works2 中，进行图 3-31 所示的 FX_{3U} 系列 PLC 通信参数设置。

① 在 GX Works2 编程软件的导航窗口标记①处双击“PLC 参数”，打开“FX 参数设置”对话框。

② 选中“FX 参数设置”对话框中标记②处的“PLC 系统设置（2）”。

③ 在标记③处选择“CH1”。要使用图 3-29 所示的安装方式就选择通道“CH1”；如果在 PLC 本体功能扩展板部位安装 FX_{3U}-485-BD，接着在 PLC 本体右侧继续安装 FX_{3U}-485ADP-MB，此时如果通过 FX_{3U}-485ADP-MB 与变频器进行通信，就选择通道“CH2”。

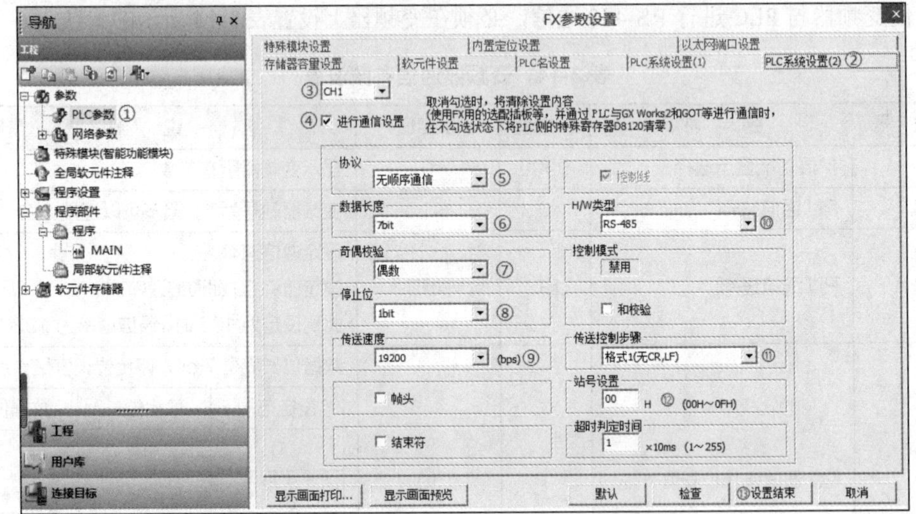

图 3-31　FX_{3U}系列 PLC 通信参数设置

④ 勾选“进行通信设置”复选框，才能进行 FX 参数设置。

⑤“协议”选择“无顺序通信”。

⑥“数据长度”选择“7 bit”。

⑦“奇偶校验”选择“偶数”。

⑧“停止位”选择“1 bit”。

⑨“传送速度”选择“19200”。

⑩“H/W 类型”选择“RS-485”。

⑪“传送控制步骤”选择“格式 1（无 CR，LF）。

⑫ PLC“站号设置”是 00H。

⑬ 单击“设置结束”按钮，完成 PLC 通信参数设置。

📖 注意：

图 3-31 中⑥、⑦、⑧、⑨的设置必须与表 3-14 的参数设置一致。

5. 程序设计

变频器通信控制程序如图 3-32 所示。

```
                                                    *<PLC上电，变频器复位          >
    M8002
0  ──┤├──────────────────[IVDR     K1      H0FD      H9696      K1 ]
                                                                K20
    M8000
10 ──┤├───────────────────────────────────────────────────────(T0   )
                                                    *<设定频率                   >
    T0
14 ──┤├──┬───────────────[IVDR     K1      H0ED      D2         K1 ]
         │                                          设定频率
         │                                          *<将实际频率读入D20          >
         ├───────────────[IVCK     K1      H6F       D20        K1 ]
         │                                          实际频率
         │                                          *<将变频器的运行状态读入K4M100 >
         ├───────────────[IVCK     K1      H7A       K4M100     K1 ]
         │  M101
         ├──┤├────────────────────────────────────────────(  Y000   )
         │  正转中                                          正转指示
         │  M102
         └──┤├────────────────────────────────────────────(  Y001   )
            反转中                                          反转指示
    M8152     M8013
48 ──┤├──────┤├───────────────────────────────────────────(  Y002   )
                                                            通信错误
                                                            指示
    X000
51 ──┤├──┬───────────────[IVDR     K1      H0FA      H2         K1 ]
   正转  │                                    *<将正转给定频率30 Hz传送到D2   >
         └───────────────────────────[MOV     K3000      D2      ]
                                                         设定频率
    X001
66 ──┤├──┬───────────────[IVDR     K1      H0FA      H4         K1 ]
   反转  │                                    *<将反转给定频率40 Hz传送到D2   >
         └───────────────────────────[MOV     K4000      D2      ]
                                                         设定频率
    X002
81 ──┤├──────────────────[IVDR     K1      H0FA      H0         K1 ]
   停止
91 ───────────────────────────────────────────────────────[END      ]
```

图 3-32　变频器通信控制程序

（1）步 0：得电初始化 M8002=1 时，对变频器进行复位操作。

（2）步 10～步 14：确保得电后复位操作完成后（这里是 2 s），才进行设定频率的写入、实际频率和变频器运行状态的读取，并用 M101 和 M102 控制正转指示灯 Y000 和反转指示灯 Y001。

（3）步 48：当变频器出现通信错误时，例如将通信电缆拔掉，则通信错误指示灯 Y002 闪烁。

（4）步 51：按下正转按钮 X000，控制变频器正转，同时将正转给定频率 30 Hz 传送到 D2。

（5）步 66：按下反转按钮 X001，控制变频器反转，同时将反转给定频率 40 Hz 传送到 D2。

（6）步 81：按下停止按钮 X002，控制变频器停止。

6. 运行操作

（1）按照图 3-30 所示进行硬件接线。

（2）按照表 3-14 设置变频器中的参数，设置完毕后要断电重启，此时变频器操作面板上的网络运行指示灯 NET 才会点亮，PLC 通信设备上的发送灯 SD 和接收灯 RD 会闪烁。

（3）将图 3-32 所示的程序下载到 PLC 中，并使程序处于监控状态。

（4）按下正转按钮 X000，变频器以 30 Hz 的频率正转，正转指示灯 Y000 点亮。观察图 3-32 中的 D20 的值是否为 3000。

（5）按下反转按钮 X001，变频器以 40 Hz 的频率反转，反转指示灯 Y001 点亮。观察图 3-32 中的 D20 的值是否为 4000。

（6）拔下 PLC 与变频器的通信电缆，则通信错误指示灯 Y002 会闪烁。

（7）按下停止按钮 X002，变频器停止运行。

任务拓展　西门子 PLC 与变频器的通信控制

S7-200 SMART PLC 本体集成的 RS-485 通信接口可以与 MM440 变频器的 RS-485 通信接口连接，进行 USS 通信。1 台 S7-200 SMART PLC 最多可以与 16 台变频器进行通信。

S7-200 SMART 与 MM440 变频器的 USS 通信控制

所有的西门子变频器都可以采用 USS 协议传递信息，西门子变频器提供了 USS 协议指令库，指令库中包括专门为 USS 协议与变频器通信而设计的子程序和中断程序。使用 USS 指令编程，使得 PLC 对变频器的控制非常方便。

S7-200 SMART PLC 如何与 MM440 变频器进行通信连接？怎样设置变频器的通信参数？如何使用 USS_CTRL 指令编写通信程序？请扫码学习“S7-200 SMART 与 MM440 变频器的 USS 通信控制”。

自我测评

一、填空题

1．三菱变频器都有一个________通信接口。

2．RS-485 通信方式有两种：一种是三菱自带的________通信，另一种是通用的________协议通信。

3．使用 RS-485 通信方式连接 FX 系列 PLC 与变频器，最多可以与________台变频器进行通信。

4．FX_{3U} 系列 PLC 与变频器进行通信时，PLC 必须配置________通信功能扩展板或________特殊适配器。

5．FX_{3U} 系列 PLC 的 RS-485 通信设备与变频器的通信接口之间的接线方式有________线式和________线式两种。

6．三菱变频器常用的专用通信指令有变频器运行控制指令________、变频器运行监视指令________。

7．变频器的运行指令代码是________。

8．用 IVDR 指令写入设定频率时，如果需要变频器以 30 Hz 运行，则需要写入的频率数值是________。

9．如果需要读出变频器的运行状态，其指令代码是________，指令代码 H6F 用于读取变频器的________。

二、分析题

用 1 台 FX_{3U}-32MR/ES PLC 与 1 台 FR-D740-0.75K-CHT 变频器进行通信，控制要求如下。

（1）按下启动按钮，变频器以 25 Hz 的频率正转 20 s，然后以 50 Hz 的频率反转运行；按停止按钮，变频器停止运行

（2）PLC 通过 IVCK 指令读取变频器的输出频率、输出电压和输出电流。

请搭建 PLC 和变频器通信的硬件电路，进行参数设置并编写程序。

项目4 步进电机的应用

导言

步进电机是将电脉冲信号转变为角位移或线位移的开环控制元件，通过控制步进电机的电脉冲频率和脉冲数，可以很方便地控制其速度和角位移，而且步进电机的误差不积累，可以达到精确定位的目的，因此它被广泛应用在办公设备（复印机、传真机、绘图仪等）、计算机外围设备（磁盘驱动器、打印机等），以及材料输送机、数控机床、工业机器人等各种自动仪器仪表设备上。

作为一种控制用特种电机，步进电机无法直接接到直流或交流电源上工作，必须使用一个专用的电子装置来驱动，这种装置就是步进驱动器。本项目采用三菱 FX_{3U} 系列 PLC 的脉冲输出指令 PLSY 和西门子 S7-200 SMART PLC 的运动控制功能发送高速脉冲给步进驱动器，从而控制步进电机的位置和旋转角度。

本项目根据《运动控制系统开发与应用职业技能等级标准》中的“步进电机及驱动器”（初级 1.2）和《可编程控制系统集成及应用职业技能等级标准》中的“驱动器控制”（中级 2.3）、“驱动控制程序调试”（中级 3.2）等工作岗位的职业技能要求，在相关知识和配套视频的帮助下，介绍步进电机正反转控制、剪切机的定长控制的系统组成，PLC 与步进驱动器的硬件接线，步进驱动器的细分设置，程序设计和安装调试等。

知识目标

① 了解步进电机的工作原理。

② 掌握步进驱动器的端子接线和功能。

③ 掌握 PLC 与步进驱动器的硬件接线。

④ 会使用 PLSY 指令编写步进电机控制程序。

技能目标

① 能设置步进驱动器的参数。

② 能搭建步进电机控制系统硬件电路并调试。

③ 能完成步进电机控制系统的程序编写并进行软件调试。

④ 学会步进电机控制系统软硬件联调。

素质目标

① 增强学生服务中国智能制造业的使命感和责任感。

② 提高学生正确认识问题、分析问题和解决问题的能力。

③ 强化学生工程伦理教育，培养学生精益求精的工匠精神。

任务4.1 步进电机的定角控制

04

任务导入

步进电机控制系统由控制器、步进驱动器和步进电机等组成，如图 4-1 所示。控制器发出控制信号，步进驱动器在控制信号作用下输出较大电流（1.5～6 A，不同型号有区别）驱动步进电机，按控制要求对机械装置准确实现位置控制或速度控制。

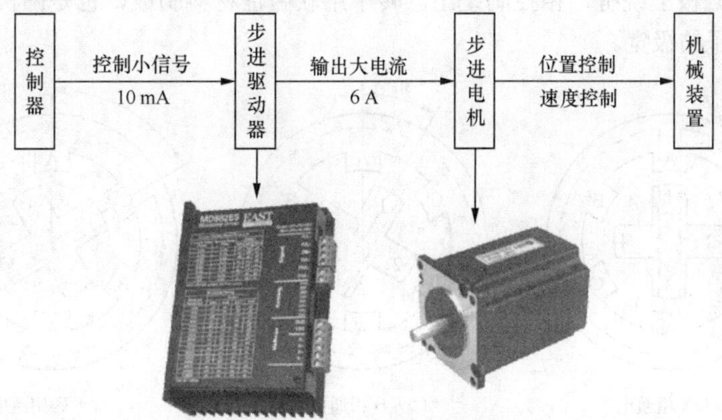

图 4-1　步进电机控制系统组成

控制器可以是内置运动卡的计算机、单片机和 PLC 等，本任务采用 PLC 控制步进电机。PLC 是如何控制步进电机正反转运行的？步进电机的旋转角度和方向是怎么控制的？步进驱动器是一个什么设备？PLC 与步进驱动器是怎么连接的？程序又是怎么编写的？请带着这些问题进入任务 4.1。

相关知识

4.1.1　步进电机

步进电机是将电脉冲信号转变为角位移或线位移的开环控制元件，是一种专门用于精确控制速度和位置的特种电机。由于步进电机的转动过程是每输入一个脉冲，步进电机就前进一步，因此叫作步进电机。一般电机是连续旋转的，而步进电机的转动是一步一步进行的。在非超载的情况下，步进电机的转速、停止的位置只取决于控制脉冲信号的频率和脉冲数，而不受负载

变化的影响，即给步进电机加一个脉冲信号，步进电机则转过一个角度。脉冲数越多，步进电机转动的角度越大。脉冲信号的频率越高，步进电机的转速越快，但不能超过最高频率，否则步进电机的力矩会迅速减小，电机不转。

在定位控制中，步进电机作为执行元件获得了广泛的应用。步进电机区别于其他电机主要的特点如下。

（1）可以用脉冲信号直接进行开环控制，系统简单、经济。

（2）位移（角位移）量与输入脉冲数严格成正比，且步距误差不会长期积累，精度较高。

（3）转速与输入脉冲频率成正比，而且可以在相当宽的范围内调节，多台步进电机同步性能较好。

（4）易于启动、停止和变速，而且停止时有自锁能力。

（5）无刷，电机本体部件少，可靠性高，易维护。

步进电机的缺点是：带惯性负载能力较差，存在失步和共振，不能使用交流或直流电源。

1. 步进电机的工作原理

下面以一台简单的三相反应式步进电机为例，介绍步进电机的工作原理。

图 4-2 所示是三相反应式步进电机的原理。定子铁芯为凸极式，共有 3 对（6 个）磁极，每两个空间相对的磁极上绕有一相控制绕组。转子用软磁性材料制成，也是凸极结构，只有 4 个齿，齿宽等于定子的极宽。

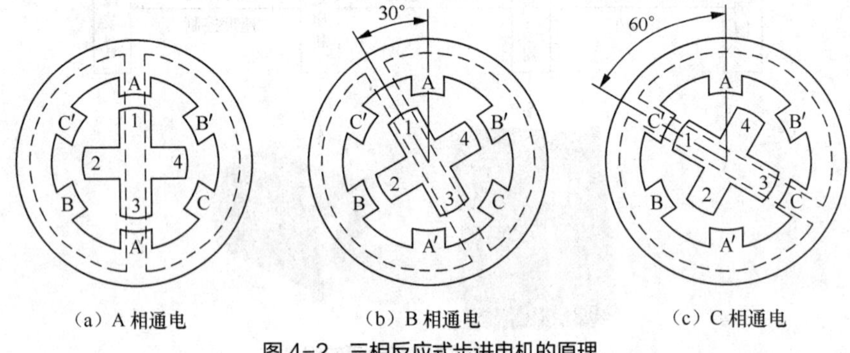

（a）A 相通电　（b）B 相通电　（c）C 相通电

图 4-2　三相反应式步进电机的原理

当 A 相定子绕组通电，其余两相均不通电时，电机内建立以定子 A 相极为轴线的磁场。磁通具有力图走磁阻最小路径的特点，使转子齿 1、3 的轴线与定子 A 相极轴线对齐，如图 4-2（a）所示。A 相定子绕组断电、B 相定子绕组通电时，转子在反应转矩的作用下，按逆时针方向转过 30°，使转子齿 2、4 的轴线与定子 B 相极轴线对齐，即转子走了一步，如图 4-2（b）所示。若断开 B 相，使 C 相定子绕组通电，则转子按逆时针方向又转过 30°，使转子齿 1、3 的轴线与定子 C 相极轴线对齐，如图 4-2（c）所示。如此按 A→B→C→A 的顺序轮流通电，转子就会一步一步地按逆时针方向转动。

步进电机的转速取决于各相定子绕组通电与断电的频率，旋转方向取决于定子绕组轮流通电的顺序。若按 A→C→B→A 的顺序通电，则电机按顺时针方向转动。

（1）三相单三拍工作方式。“三相”是指定子绕组有 3 组；“单”是指每次只能有一相定子绕组通电；“三拍”是指通电 3 次完成一个通电循环。每一拍转子转过的角度称为步距角。三相单三拍运行时，步距角为 30°。

正转：A→B→C→A。

反转：A→C→B→A。

（2）三相单双六拍工作方式。“双”是指每次有两相定子绕组通电，即一相通电接着二相通电间隔地轮流进行，完成一个循环需要经过 6 次通电状态改变，其步距角为 15°。

正转：A→AB→B→BC→C→CA→A。

反转：A→AC→C→CB→B→BA→A。

（3）三相双三拍工作方式。每通入一个电脉冲，转子也转 30°，即步距角为 30°。

正转：AB→BC→CA→AB。

反转：AC→CB→BA→AC。

2．步进电机的结构

步进电机的外形如图 4-3（a）所示，步进电机由转子（永磁体、转轴、滚珠轴承）、定子（定子绕组、定子铁芯）、端盖等组成，如图 4-3（c）所示。

（a）步进电机的外形

（b）实际步进电机结构

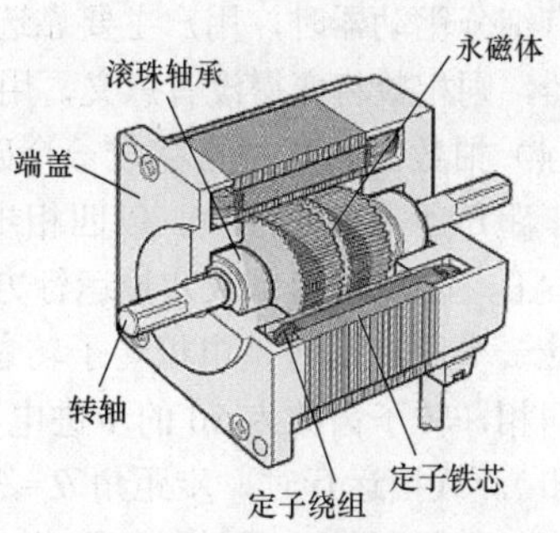

（c）步进电机结构剖面图

图 4-3　步进电机的结构示意

无论是三相单三拍步进电机，还是三相单双六拍步进电机，它们的步距角都比较大，用它们作为传动设备的动力源时往往不能满足精度要求。为了减小步距角，实际的步进电机通常在定子凸极和转子上开很多小齿，如图 4-3（b）和图 4-3（c）所示，这样可以大大减小步距角，提高步进电机的控制精度。典型的两相混合式步进电机的定子有 8 个大齿、40 个小齿，转子有 50 个小齿；三相步进电机的定子有 9 个大齿、45 个小齿，转子有 50 个小齿。

步进电机的步距角一般为 1.8°、0.9°、0.72°、0.36°等。步距角越小，步进电机的控制精度越高，根据步距角可以控制步进电机行走的精确距离。例如，步距角为 0.72°的步进电机，每旋转一周需要的脉冲数为 360/0.72=500，也就是对步进驱动器发出 500 个脉冲信号，步进电机才旋转一周。

步进电机的机座号（即电机转轴中心孔到电机底座的垂直尺寸，单位为 mm）主要有 35、39、42、57、86 和 110 等。

3．步进电机的分类

按励磁方式的不同，步进电机可分为反应式步进电机、永磁式步进电机和混合式步进电机 3 类。

按定子上的绕组不同，步进电机可分为两相步进电机、三相步进电机和五相步进电机等系列。较受欢迎的是两相混合式步进电机，约占 97%以上的市场份额，原因是其性价比高，配上细分驱动器后效果良好。这种电机的基本步距角为 1.8°，配上半步驱动器后，其步距角减小为 0.9°，配上细分驱动器后，其步距角可细分到每步 0.007°，是基本步距角的 1/257。由于摩擦力和制造精度等因素，实际控制精度略低。同一步进电机可配不同细分驱动器以改变精度和效果。

4．步进电机的重要参数

（1）步距角。步进电机每接收一个步进脉冲信号，电机就旋转一定的角度，该角度称为步距角。电机出厂时给出了步距角的值，如 57BYG46403 型电机给出的值为 0.9°/1.8°（表示半步工作时步距角为 0.9°、整步工作时步距角为 1.8°），这个步距角可以称为“电机固有步距角”，它不一定是电机实际工作时的真正步距角，真正的步距角和驱动器有关。步距角满足如下公式。

$$\theta = 360°/ZKm$$

式中，Z 为转子齿数；K 为通电系数，当前后通电相数一致时，K=1，否则，K=2；m 为相数。

（2）速度。步进电机的速度取决于各相定子绕组通入电脉冲的频率，其速度为

$$n = 60f/KmZ = \theta f/6$$

式中，f 为电脉冲的频率，即每秒脉冲数（PPS）；K 为通电系数；m 为相数；Z 为转子齿数。

（3）相数。步进电机的相数是指电机内部的线圈组数，常用 m 表示。目前常用的有两相、三相、四相、五相、六相、八相步进电机。步进电机相数不同，其步距角也不同，一般两相步进电机的步距角为 0.9°/1.8°，三相步进电机的步距角为 0.75°/1.5°，五相步进电机的步距角为 0.36°/0.72°。在没有细分驱动器时，用户主要靠选择不同相数的步进电机来满足步距角的要求。如果使用细分驱动器，则相数将变得没有意义，用户只需在驱动器上改变细分步数，就可以改变步距角。

（4）拍数。拍数是指完成一个磁场周期性变化所需的脉冲数或导电状态数，或指电机转过一个步距角所需的脉冲数。以四相步进电机为例，有四相双四拍运行方式，即 AB→BC→CD→DA→AB，以及四相单双八拍运行方式，即 A→AB→B→BC→C→CD→D→DA→A。一个步距角对应一个脉冲信号，电机转子转过的角位移用 θ 表示，θ = 360°/(转子齿数×拍数)。以常规两相、四相，转子齿数为 50 的步进电机为例，其四拍运行时，步距角 θ = 360°/（50×4）=1.8°（俗称整步），八拍运行时，步距角 θ = 360°/（50×8）=0.9°（俗称半步）。

（5）保持转矩。保持转矩是指步进电机通电但没有转动时，定子锁住转子的力矩。它是步进电机最重要的参数之一，通常步进电机在低速运行时的力矩接近保持转矩。由于步进电机的输出力矩随速度的增大而不断衰减，输出功率也随速度的增大而变化，因此保持转矩就成为衡量步进电机最重要的参数之一。比如，人们所说的 2 N·m 的步进电机，在没有特殊说明的情况下是指保持转矩为 2 N·m 的步进电机。

4.1.2 步进驱动器

步进电机的运行要由电子装置来驱动，这种装置就是步进驱动器，它通过把控制系统发出的脉冲信号加以放大来驱动步进电机。步进电机的转速与脉冲信号的频率成正比，控制步进电机脉冲信号的频率，可以对步进电机进行精确调速；控制步进脉冲数，可以对步进电机进行精确定位。

步进驱动器

1. 步进驱动器的外部端子

从步进电机的转动原理可以看出，要使步进电机正常运行，就必须按规律控制步进电机的每一相绕组得电。步进驱动器有 3 种输入信号，分别是脉冲信号（PUL）、方向信号（DIR）和使能信号（ENA）。因为步进电机在停止时，通常有一相绕组得电，电机的转子被锁住，所以当需要转子松开时，可以使用使能信号。

3ND583 是一款采用精密电流控制技术设计的高细分三相步进驱动器，适合驱动 57～86 机座号的各种品牌的三相步进电机。3ND583 步进驱动器的外形如图 4-4 所示，3ND583 步进驱动器的外部接线端如图 4-5 所示。其外部接线端的功能说明如表 4-1 所示。

步进驱动器的指示灯有两种，即电源指示灯（绿色）和保护指示灯（红色）。当任一保护发生时，保护指示灯亮。

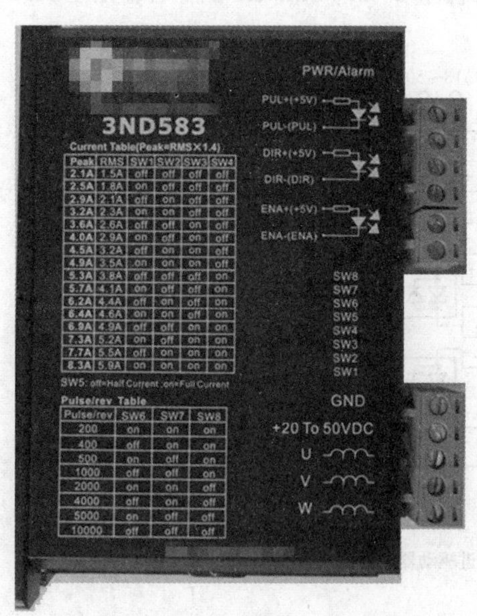

图 4-4　3ND583 步进驱动器的外形

3ND583
脉冲信号 +　PUL+
脉冲信号 -　PUL-
方向信号 +　DIR+
方向信号 -　DIR-
使能信号 +　ENA+
使能信号 -　ENA-
R
DC 18～50 V
GND
+Vdc
三相步进电机
U
V
W

图 4-5　3ND583 步进驱动器的外部接线端

表 4-1　3ND583 步进驱动器外部接线端的功能说明

接　线　端	功 能 说 明
PUL+（+5 V） PUL -	脉冲信号输入端：脉冲上升沿有效；PUL-高电平时为 4～5 V，低电平时为 0～0.5 V。为了可靠响应脉冲信号，脉冲宽度应大于 1.2 μs。采用+12 V 或+24 V 时，需串电阻
DIR+（+5 V） DIR -	方向信号输入端：高/低电平信号，为保证电机可靠换向，方向信号应先于脉冲信号至少 5 μs 建立。电机的初始运行方向与电机的接线有关，互换三相绕组 U、V、W 的任何两根线可以改变电机的初始运行方向，DIR-高电平时为 4～5 V，低电平时为 0～0.5 V
ENA+（+5 V） ENA -	使能信号输入端：此输入信号用于使能或禁止。ENA+接+5 V，ENA-接低电平（或内部光电耦合器导通）时，驱动器将切断电机各相的电流使电机处于自由状态，此时步进脉冲不被响应。当不需要使用此功能时，将使能信号端悬空即可
U、V、W	三相步进电机的接线端
+Vdc	驱动器直流电源输入端正极，为+18～+50 V 任何值均可，但推荐值为 DC+36 V 左右
GND	驱动器直流电源输入端负极

步进驱动器的保护功能如下。

（1）过电压保护。当直流电源电压为 DC50 V 时，保护电路动作，电源指示灯变红，保护功能启动。

（2）过电流保护。电机接线绕组短路或电机自身损坏时，保护电路动作，电源指示灯变红，保护功能启动。

2．步进驱动器的外部典型接线

3ND583 步进驱动器采用差分式接口电路可适用差分信号、单端共阴极及共阳极等接口，内置高速光电耦合器，允许接收差分信号、NPN 输出电路信号和 PNP 输出电路信号等。当步进驱动器与 PLC 相连时，首先要了解 PLC 的输出信号类型（是集电极开路 NPN 还是 PNP）、PLC 的脉冲输出控制类型（脉冲+方向还是正/反转脉冲），然后才能决定连接方式。三菱 FX_{3U} 系列晶体管输出型 PLC 有漏型输出（NPN 集电极开路输出）和源型输出（PNP 集电极开路输出）两种输出方式，其接线如图 4-6（a）和图 4-6（b）所示。西门子 S7-200 SMART 晶体管输出型 PLC 采用 PNP 集电极开路输出，其接线如图 4-6（c）所示。

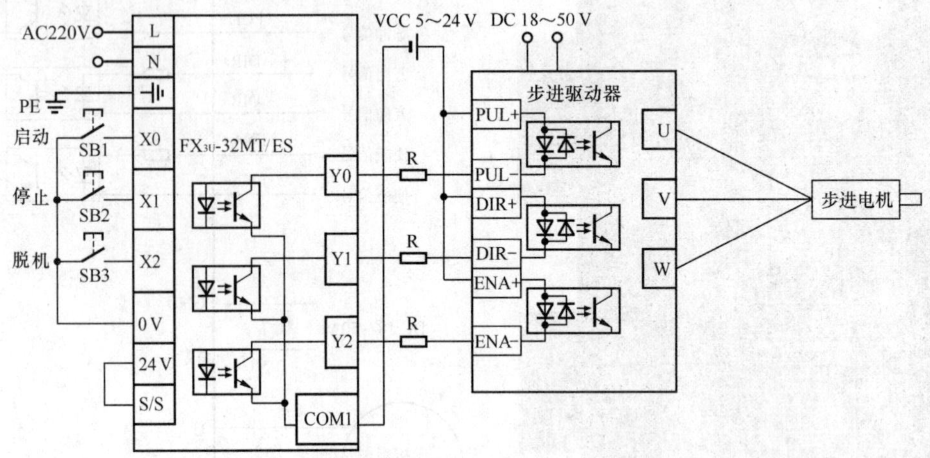

（a）三菱漏型输出 PLC 与步进驱动器的接线

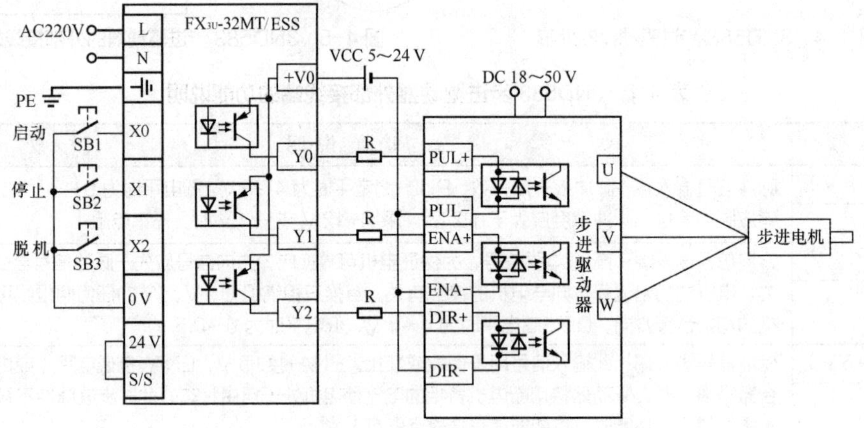

（b）三菱源型输出 PLC 与步进驱动器的接线

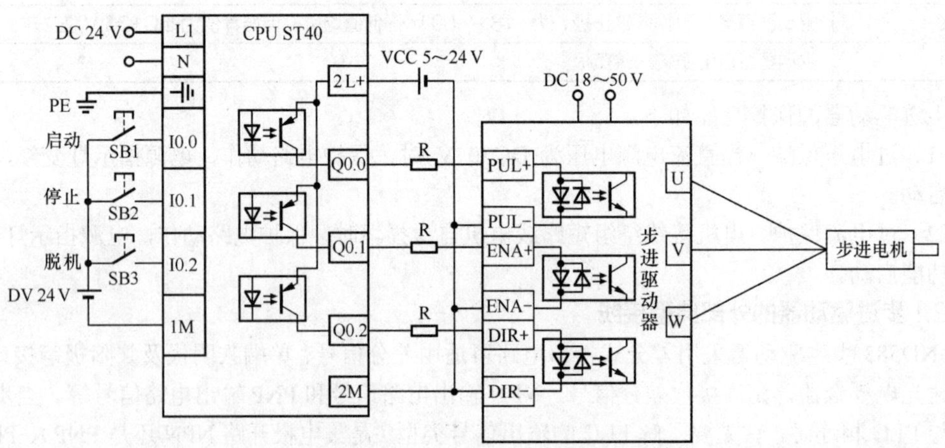

（c）西门子 S7-200 SMART PLC 与步进驱动器的接线

图 4-6　PLC 与步进驱动器的典型接线

📖 **注意：**

① 在图 4-6 中，如果 VCC 是 5 V，则不串联电阻，VCC 是 12 V 时，串联 R 的阻值大小为 1 kΩ，大于 1/8 W 电阻；VCC 是 24 V 时，R 的阻值大小为 2 kΩ，大于 1/8 W 电阻；R 必须接在控制器信号端。

② 步进驱动器的 PUL 端需要接收脉冲信号，因此，PLC 必须采用晶体管输出型 PLC。

步进电机的使能信号又称为脱机信号，即 ENA 信号。步进电机通电后如果没有脉冲信号输入，定子不运转，其转子处于锁定状态，用手不能转动，但在实际控制中常常希望能够用手转动进行一些调整工作，这时，只要使脱机信号有效（高电平），就能关断定子线圈的电流，使转子处于自由转动（脱机）状态。当与 PLC 连接时，脱机信号（ENA）可以像方向信号（DIR）一样连接一个 PLC 的非脉冲输出端，用程序进行控制。

3. 步进驱动器的细分设置

细分是步进驱动器的一个重要性能。步进驱动器都存在一定程度的低频振荡特点，而细分能有效改善甚至消除这种低频振荡现象。细分同时提高了电机的运行分辨率，在定位控制中，细分步数适当，实际上也提高了定位的精度。

步进驱动器除了给步进电机提供较大的驱动电流外，更重要的作用是“细分”。在没有步进驱动器时，由于步进电机的步距角为 1°左右，角位移较大，因此不能进行精细控制。使用步进驱动器，只需在驱动器上设置细分步数，就可以改变步距角的大小。例如，若设置细分步数为 10000 步/转，则步距角只有 0.036°，可以实现高精度控制。

3ND583 步进驱动器的侧面连接端子中间有 8 个 SW 拨码开关，用来设置工作电流、静态电流、细分精度等。图 4-7 所示为拨码开关。其中 SW1～SW4 用于设置步进驱动器输出电流（根据步进电机的工作电流调节驱动器输出电流，电流越大，力矩越大）；SW5 用于设置静态电流；SW6～SW8 用于设置细分精度。

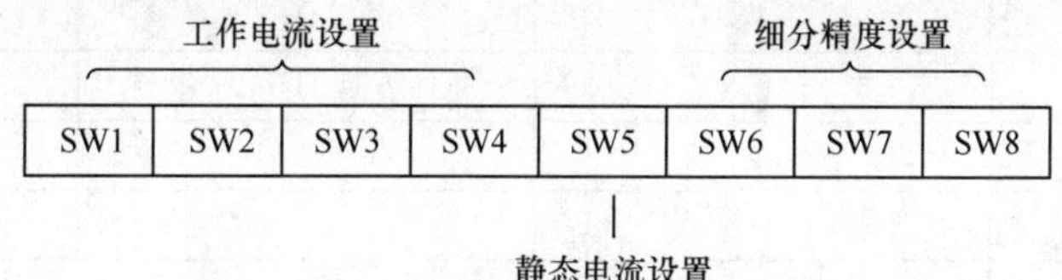

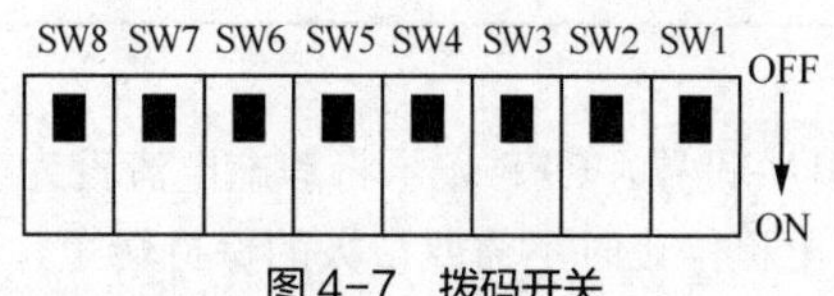

图 4-7 拨码开关

（1）工作电流设置。用 SW1～SW4 这 4 个拨码开关设置工作电流，一共可设置 16 个电流级别，如表 4-2 所示。1 表示 ON，0 表示 OFF。

表 4-2 工作电流设置

输出峰值电流/A	输出有效值电流/A	SW1	SW2	SW3	SW4
2.1	1.5	0	0	0	0
2.5	1.8	1	0	0	0
2.9	2.1	0	1	0	0
3.2	2.3	1	1	0	0

续表

输出峰值电流/A	输出有效值电流/A	SW1	SW2	SW3	SW4
3.6	2.6	0	0	1	0
4.0	2.9	1	0	1	0
4.5	3.2	0	1	1	0
4.9	3.5	1	1	1	0
5.3	3.8	0	0	0	1
5.7	4.1	1	0	0	1
6.2	4.4	0	1	0	1
6.4	4.6	1	1	0	1
6.9	4.9	0	0	1	1
7.3	5.2	1	0	1	1
7.7	5.5	0	1	1	1
8.3	5.9	1	1	1	1

（2）细分精度设置。细分精度由 SW6～SW8 这 3 个拨码开关设置，如表 4-3 所示。1 表示 ON，0 表示 OFF。

表 4-3 细分精度设置

步/转	SW6	SW7	SW8
200	1	1	1
400	0	1	1
500	1	0	1
1000	0	0	1
2000	1	1	0
4000	0	1	0
5000	1	0	0
10000	0	0	0

（3）静态电流设置。

静态电流可用 SW5 拨码开关设置，OFF 表示将静态电流设为工作电流的一半，ON 表示静态电流与工作电流相同。如果电机停止时不需要很大的保持转矩，建议把 SW5 设成 OFF，使步进电机和步进驱动器的发热减少，可靠性提高。脉冲串停止后约 0.4 s，电流自动减至一半左右（约为实际值的 60%），发热量理论上减至 36%。

4.1.3 三菱 FX_{3U} 系列 PLC 的定位功能

FX_{3U} 系列 PLC 可以向步进驱动器或伺服驱动器等驱动装置输出脉冲信号和方向信号，再由驱动器控制步进电机或伺服电机进行定位，从而控制定位对象加速、减速和移动到指定位置，如图 4-8 所示。

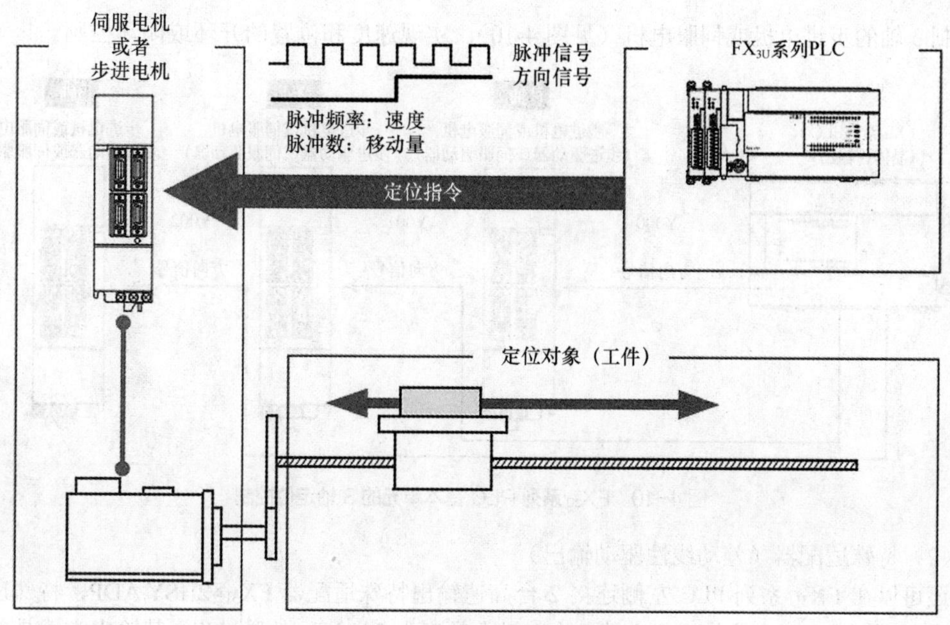

图 4-8　PLC 控制驱动装置示意

FX3U 系列 PLC 的基本单元集成了 3 个高速脉冲输出接口，基本单元或基本单元与特殊适配器 FX3U-2HSY-ADP 以及特殊功能模块/单元组合可以实现 3 种定位方式，如图 4-9 所示。

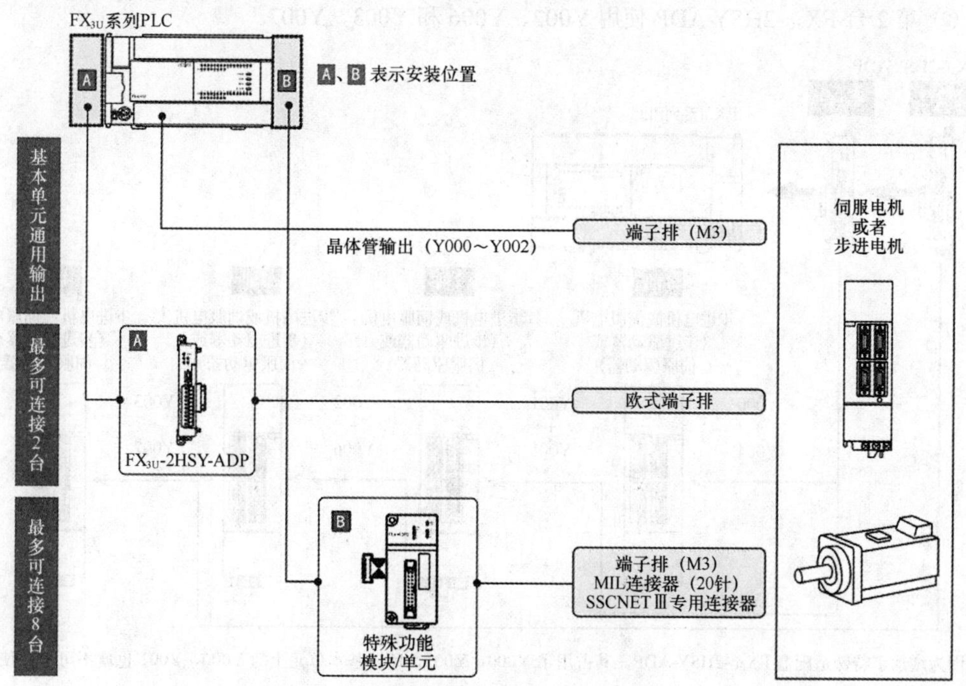

图 4-9　FX3U 系列 PLC 实现定位的 3 种方式

（1）基本单元（晶体管输出）

三菱 FX3U 晶体管输出型 PLC 的基本单元内置定位功能，它能提供 3 个高速脉冲输出接口（Y000、Y001 和 Y002），输出最大频率为 100 kHz 的脉冲串，脉冲输出形式是脉冲+方向，可同时控制 3 轴的步进电机或伺服电机（见图 4-10），实现速度和位置的开环或闭环控制。

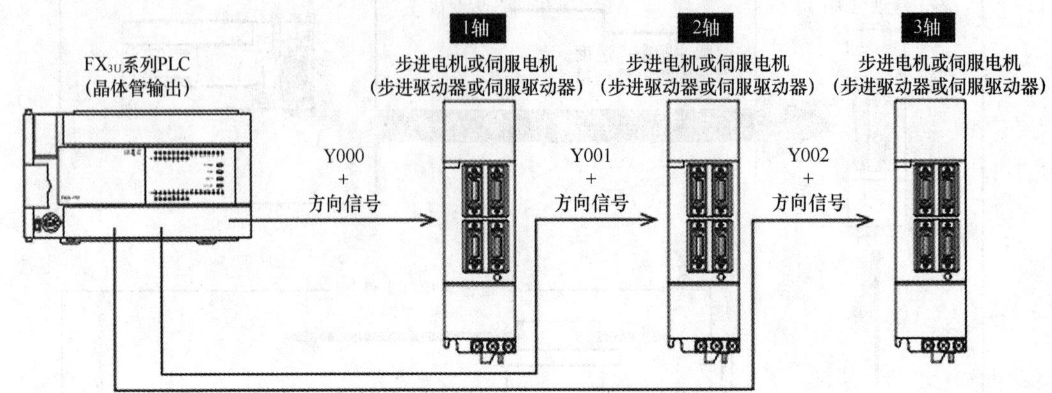

图 4-10　FX_{3U}系列 PLC 基本单元的 3 轴定位控制

（2）特殊适配器（差动线性驱动输出）

还可以在 FX_{3U} 系列 PLC 左侧连接 2 台高速输出特殊适配器 FX_{3U}-2HSY-ADP，特殊适配器使用 FX_{3U} 系列 PLC 内置的定位功能，输出最大频率为 200 kHz 的脉冲串，其输出方式是差动线性驱动输出，输出形式是脉冲+方向或正/反转脉冲。每一台 FX_{3U}-2HSY-ADP 可以独立控制 2 轴，2 台 FX_{3U}-2HSY-ADP 可同时控制 4 轴的步进电机或伺服电机，如图 4-11 所示。

① 第 1 台 FX_{3U}-2HSY-ADP 使用 Y000、Y004 和 Y001、Y005。

② 第 2 台 FX_{3U}-2HSY-ADP 使用 Y002、Y006 和 Y003、Y007。

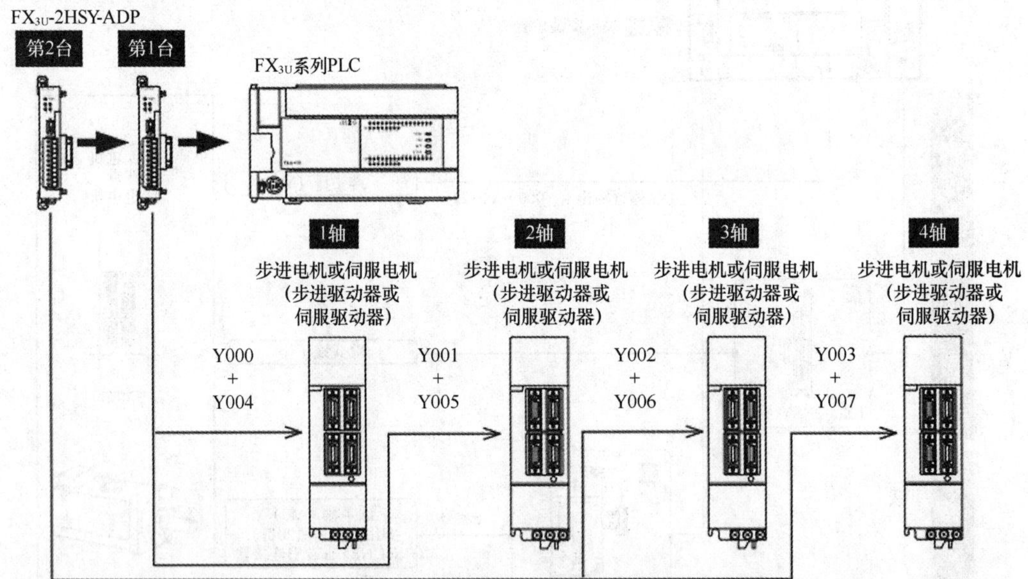

注：因为增加了特殊适配器 FX_{3U}-2HSY-ADP，其占用了 Y000、Y001，所以基本单元上的 Y000、Y001 也就不可再被使用。

图 4-11　特殊适配器使用 FX_{3U}系列 PLC 的内置定位功能

（3）特殊功能模块/单元

可以在 FX_{3U} 系列 PLC 右侧连接特殊功能模块/单元，控制 1 轴或 2 轴进行定位。此外，特殊功能模块/单元也可以不连接 PLC 而独立进行定位。

FX_{3U}系列 PLC 最多可以连接 8 台特殊功能模块/单元，如图 4-12 所示。

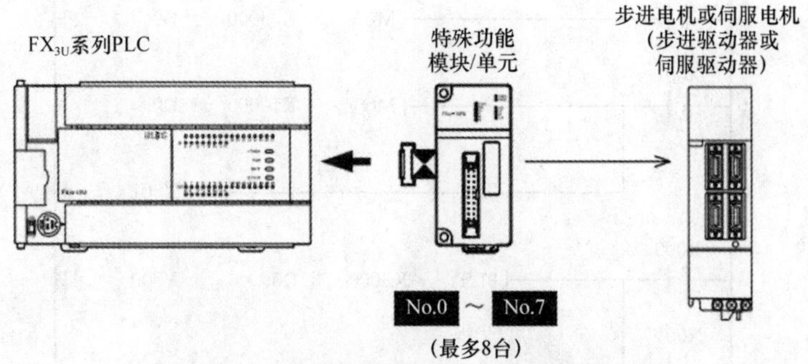

图 4-12 特殊功能模块/单元组成的定位控制

4.1.4 三菱 PLC 的脉冲输出指令 PLSY 和 PLSR

1. 脉冲输出指令 PLSY

在定位控制中，不论是步进电机还是伺服电机，在通过输出高速脉冲进行定位控制时，电机的转速都是由脉冲频率决定的，电机的旋转角度由输出脉冲的个数决定。PLSY 指令是一个能发出指定脉冲频率下指定个数脉冲的脉冲输出指令，因此在步进电机和伺服电机中常用该指令进行定位控制。

脉冲输出
指令 PLSY

如图 4-13 所示，当驱动条件 X000=1 时，执行 PLSY 指令，从输出接口 Y000 输出一个频率为 3000 Hz、脉冲数为 10000、占空比为 50%的脉冲串。PLSY 指令没有加减速控制，X000 闭合后立即以[S1]指定的脉冲频率输出脉冲。

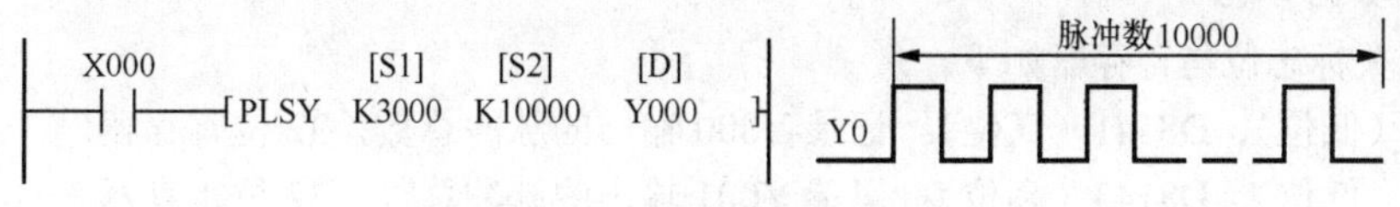

图 4-13 PLSY 指令格式

[S1]：指定脉冲频率。允许设定范围：1～32767Hz。

[S2]：指定脉冲数。16 位指令可设 1～32767 个脉冲，32 位指令可设 1～2147483647 个脉冲。若指定脉冲数为 0，则持续产生脉冲。

[D]：指定脉冲输出端子。三菱 FX_{3U}系列 PLC 只能用晶体管输出型 PLC 的 Y000、Y001 和 Y002 口。

如图 4-14 所示，X000 是正转按钮，X001 是反转按钮，当按下正转按钮 X000 时，通过 MOV 指令将 15000 传送到 D0 中，步进电机以 3000 Hz 的频率旋转 3 圈（每圈需要 5000 个脉冲）；当按下反转按钮 X001 时，通过 MOV 指令将 10000 传送到 D0 中，步进电机以 3000 Hz 的频率反向旋转 2 圈。

使用 PLSY 指令时，需要注意如下几点。

（1）脉冲的占空比为 50%，输出控制不受扫描周期的影响，采用中断方式处理。

（2）在指令执行过程中，若[S1]中的数据被更改，输出频率也随之改变（调速很方便）；若[S2]中的数据被更改，其输出脉冲数并不改变，只有驱动断开再一次闭合后才按新的脉冲数输出。

（3）若 X000 变为 OFF，则脉冲输出停止，将 X000 再次置为 ON 时，脉冲再次输出，但脉冲数从头开始计算。

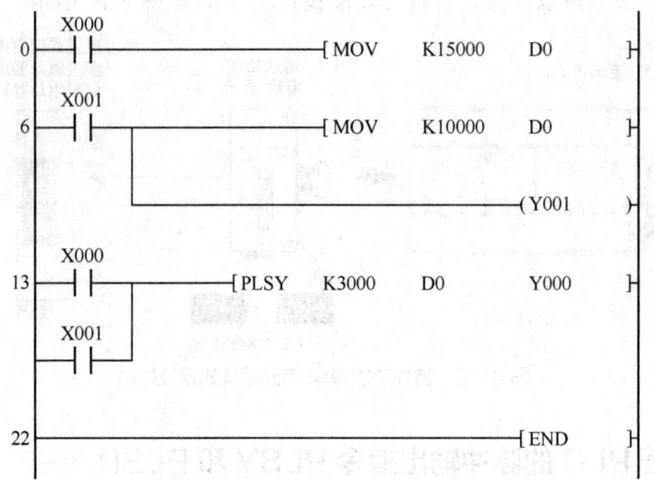

图 4-14　步进电机正反转控制程序

将下面的特殊辅助继电器置为 ON 后输出会停止。

M8349：停止 Y000 脉冲输出（即刻停止）。

M8359：停止 Y001 脉冲输出（即刻停止）。

（4）设定的脉冲数输出完成后，将指令执行结束标志位 M8029 置为 1，当执行条件 X000 断开后，M8029 复位。

注意：

使用了使标志位变化的其他指令和多个 PLSY 指令时，请务必在要监视的指令的正下方使用 M8029，如图 4-15 所示。

其他相关标志位与寄存器如下。

D8140（低位）、D8141（高位）：记录 Y000 输出的脉冲总数，32 位寄存器。

D8142（低位）、D8143（高位）：记录 Y001 输出的脉冲总数，32 位寄存器。

D8136（低位）、D8137（高位）：记录 Y000 和 Y001 输出的脉冲总数，32 位寄存器。

（5）连续脉冲串的输出。把指令中的脉冲数设置为 K0，指令的功能变为输出无数个脉冲串，如图 4-16 所示。如要停止脉冲输出，则只要断开 X000 即可。

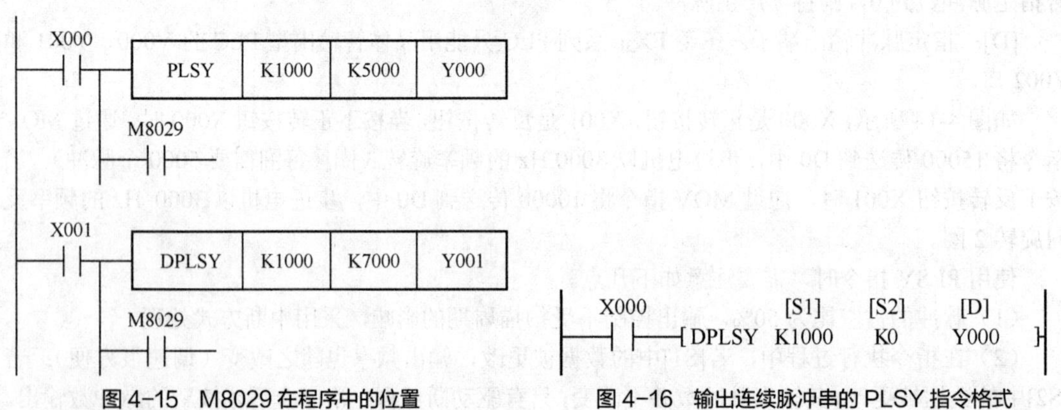

图 4-15　M8029 在程序中的位置　　图 4-16　输出连续脉冲串的 PLSY 指令格式

图 4-16 所示的这条指令在定位控制中常被用来调试，按住图 4-16 中的按钮 X000，指令输

出脉冲，电机运行；松开按钮 X000，输出停止，电机停止。调节输出频率[S1]中的值可以调节电机运行的快慢。

2. 带加减速的脉冲输出指令 PLSR

如图 4-17（a）所示，当 X000=1 时，执行 PLSR 指令，从输出接口 Y000 输出一个最高频率为 2000 Hz、脉冲数为 1000、加减速时间为 500 ms、占空比为 50%的脉冲串。各操作数的含义和取值范围如图 4-17（b）所示。

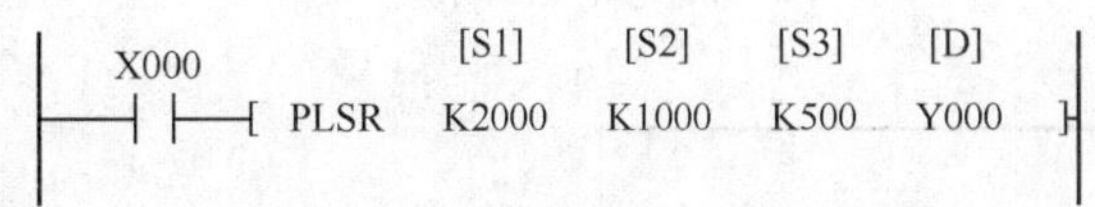

（a）PLSR 指令的格式

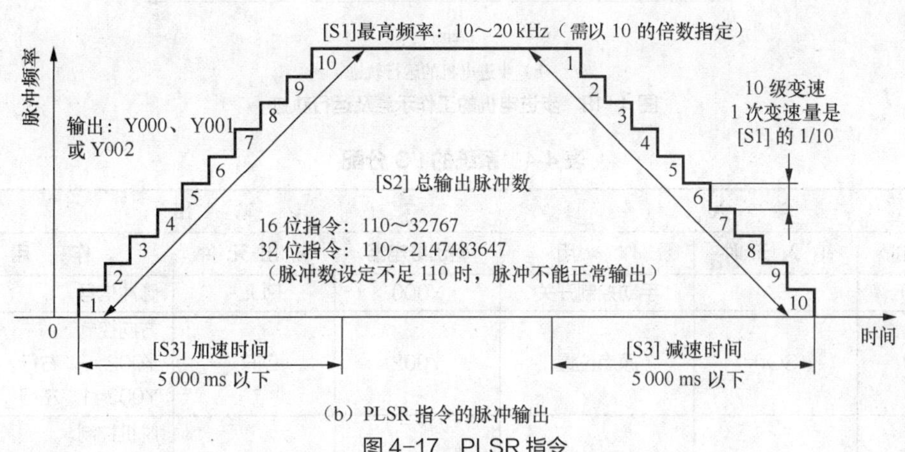

（b）PLSR 指令的脉冲输出

图 4-17 PLSR 指令

注意：

PLSR 指令与 PLSY 指令的区别在于，PLSR 指令在脉冲输出的开始和结束阶段可以实现加速和减速过程，其加速时间和减速时间一样，由[S3]指定。通过 GX Works2 编程软件可以设置 PLSY 指令的加速时间和减速时间，请参考项目 5 中的图 5-47，此时 PLSY 指令的功能和 PLSR 指令的功能相同。

图 4-17 中的 X000 为 0 时，输出中断，又变为 1 时，从初始值开始输出。输出频率范围为 2～20 kHz，最高速度、加减速时的频率超过此范围时，将其自动调到允许范围内。

使用 PLSR 指令时要注意的问题与使用 PLSY 指令时类似，但在执行中修改任一操作数，运转都不会反映出来，变更内容从下一个指令开始才有效。

【例 4-1】现有一台三相步进电机（其驱动器的细分设置如表 4-3 所示），步距角是 1.5°，假设步进电机的运行频率为 3000 Hz，旋转一周需要 5000 个脉冲。它拖动机械手运动，如图 4-18（a）所示，其旋转一周行走 0.5 cm。当闭合控制开关 SA 时，机械手从原点位置 SQ0 沿 x 轴右行 10 cm 至 SQ1 停止；当断开控制开关 SA 时，步进电机回到原点位置，其运行轨迹如图 4-18（b）所示。

机械手控制案例

解：（1）硬件电路。根据控制要求，采用 FX_{3U}-32MT/ES 作为系统控制器，步进驱动器选用 3ND583，系统的 I/O 分配如表 4-4 所示。

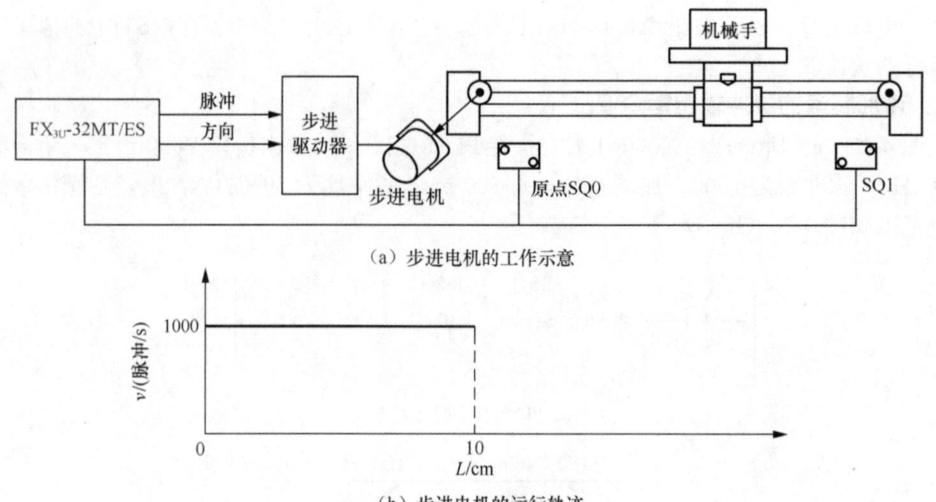

（a）步进电机的工作示意

（b）步进电机的运行轨迹

图 4-18 步进电机的工作示意及运行轨迹

表 4-4 系统的 I/O 分配

输入			输出		
输入继电器	输入元件	作用	输出继电器	输出元件	作用
X000	SA	手动控制开关	Y000	PUL−	脉冲信号
X001	SQ0	原点位置	Y002	DIR−	方向控制。 Y002=0，右行。 Y002=1，左行
X002	SQ1	右限位	Y003	ENA−	脱机控制。 Y003=0，步进电机的轴抱死。Y003=1，步进电机的轴松开
X003	SB	脱机按钮			

系统的接线如图 4-19 所示。步进驱动器的控制信号是 5 V，而三菱晶体管输出型 PLC 的输出信号接 24 V，因此在 PLC 与步进驱动器之间串联一个 2 kΩ 的电阻，起分压作用。

步进电机旋转一周需要 5000 个脉冲。因此按照表 4-3，将步进驱动器 3ND583 的细分选择开关 SW6、SW7、SW8 分别置为 1、0、0。

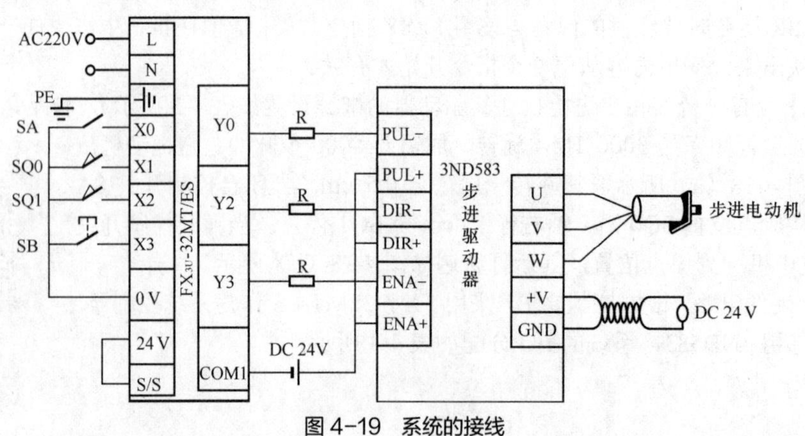

图 4-19 系统的接线

（2）程序设计。由于步进电机旋转一周需要 5000 个脉冲，其旋转一周行走 0.5 cm，那么机械手行走 10 cm 需要 100000 个脉冲，将其送入 PLSY 指令中的[S2]中，就可以控制步进电机的定位；步进电机的运行频率为 3000 Hz，将其送入 PLSY 指令中的[S1]中，从而控制步进电机的速度。系统控制程序如图 4-20 所示。

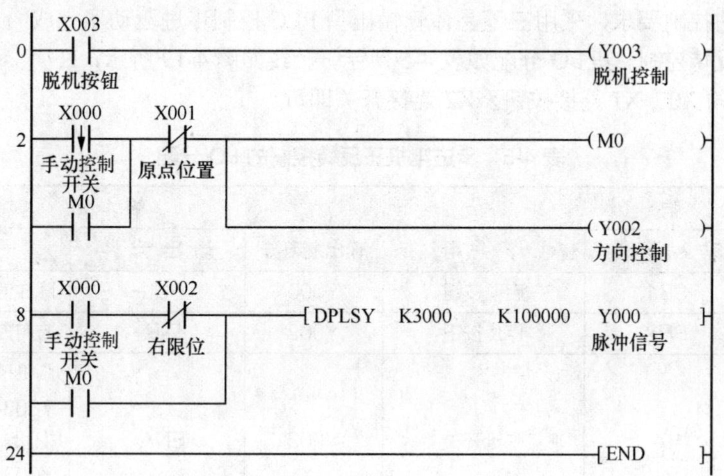

注：DPLSY 表示 32 位连续执行型脉冲输出指令。

图 4-20　系统控制程序

步 0：控制脱机信号 Y003，当 Y003 的值为 1 时，步进电机的轴松开。

注意：

Y003=1 时，步进脉冲不被响应，此时即使使用 PLSY 指令开始发送脉冲，步进电机也不运行，因此当步进电机需要旋转时，Y003=0。

步 2：控制步进电机方向信号 Y002，在手动开关断开的下降沿使 Y002=1，控制步进电机左行，返回原点。

步 8：控制机械手右行或返回原点，由于脉冲数为 100000，因此采用 32 位指令 DPLSY，控制机械手右行 10 cm 或返回原点。

任务实施

【训练工具、材料和设备】

三菱 FX_{3U}-32MT/ES PLC 1 台、雷赛科技 3ND583 步进驱动器 1 台、三相 573s15 步进电机 1 台、安装有 GX Developer 或 GX Works2（或 GX Works3）软件的计算机 1 台、USB-SC09-FX 编程电缆 1 根、开关和按钮若干、2 kΩ 电阻 3 个、通用电工工具 1 套。

子任务 1　三菱 PLC 实现步进电机的正反转控制

1. 任务要求

现有一台三相步进电机，步距角是 1.5°，假设步进电机的运行频率为 3000 Hz，旋转一周需要 5000 个脉冲，电机的额定电流是 2.1 A。控制要求如下。

（1）利用 PLC 控制步进电机按顺时针转 2 周，停 5 s，按逆时针转 1 周，停 2 s，如此循环进行，按下停止按钮，电机马上停止。

（2）按下脱机开关，电机的轴松开。

请设计步进电机正反转控制的电路图并编写程序。

步进电机的正反转控制（三菱）

2. 硬件电路

（1）I/O 接线。

根据系统的控制要求，采用三菱晶体管输出型 PLC 控制步进驱动器完成步进电机的正反转控制。其 I/O 分配如表 4-5 所示，接线如图 4-19 所示，只需要将图 4-19 中的 X0、X1 连接按钮，X2 连接开关即可。

表 4-5 步进电机正反转控制的 I/O 分配

输入			输出		
输入继电器	输入元件	作用	输出继电器	输出元件	作用
X000	SB1	启动按钮	Y000	PUL−	脉冲信号
X001	SB2	停止按钮	Y002	DIR−	方向控制
X002	SA	脱机开关	Y003	ENA−	脱机控制。 Y003=0，步进电机的轴抱死。 Y003=1，步进电机的轴松开

（2）设置步进驱动器的细分和电流。参照表 4-3 所示的细分设置，设置 5000 步/转，需将控制细分的拨码开关 SW6～SW8 设置为 ON、OFF、OFF；设置工作电流为 2.1 A 时，需将控制工作电流的拨码开关 SW1～SW4 设置为 OFF、ON、OFF、OFF；将 SW5 设置为 OFF，选择半流。8 个拨码开关的位置如图 4-21 所示。

（3）三相步进电机的接线。

三相步进电机有 6 根线，应该按照图 4-22 所示接线。

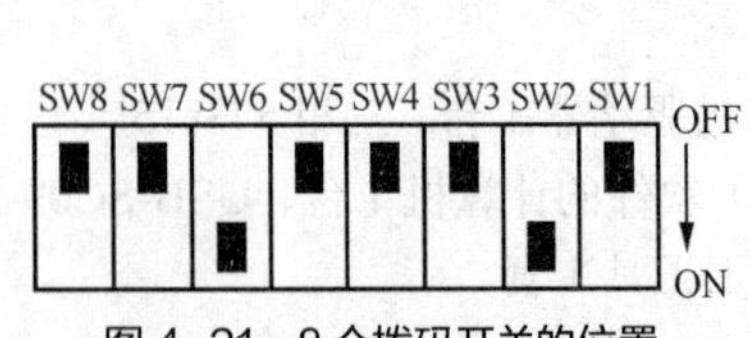

图 4-21 8 个拨码开关的位置

图 4-22 三相步进电机的接线

3. 程序设计

由控制要求知，步进电机需要按顺时针转 2 周，再按逆时针转 1 周，每旋转一周需要 5000 个脉冲，因此步进电机旋转 2 周需要 10000 个脉冲，步进电机正转时需要把 10000 送到 D0 中，反转时需要把 5000 送到 D0 中。步进电机的频率为 3000 Hz。用 PLSY 指令产生脉冲，脉冲用 Y000 输出，用 Y002 控制方向。

由于本任务采用典型的顺序控制，因此采用步进指令 SFC 设计，其顺序功能图如图 4-23（a）

所示，将图 4-23（a）所示的顺序功能图转换成图 4-23（b）所示的梯形图。

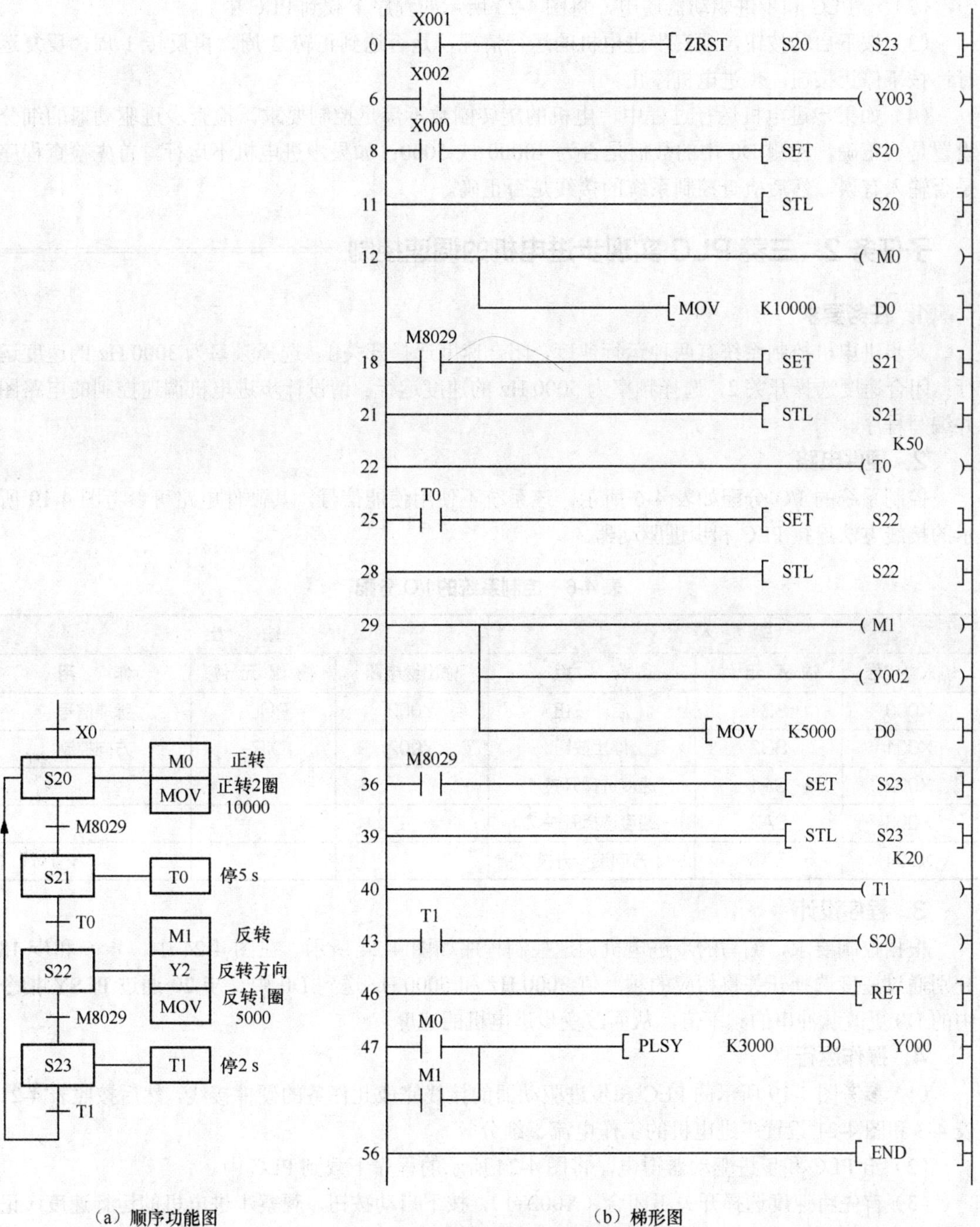

（a）顺序功能图　　（b）梯形图

图 4-23　步进电机正反转控制程序

为了减少步进电机的失步和过冲，图 4-23 所示程序中的 PLSY 指令可以用 PLSR 指令取代，再加上加减速时间即可。

4. 操作运行

（1）完成图 4-19 所示的 PLC 和步进驱动器的接线，然后按照表 4-2、表 4-3 和图 4-21 设置步进电机的工作电流、细分等。

（2）给 PLC 和步进驱动器通电，将图 4-23 所示的程序下载到 PLC 中。

（3）按下启动按钮，观察步进电机的运行情况，是否达到正转 2 周，再反转 1 周，反复运行；按下停止按钮，步进电机停止。

（4）如果步进电机运行过程中，电机的旋转圈数不满足控制要求，检查步进驱动器的细分设置是否正确，检测 D0 中的数值是否为 10000 或 5000；如果步进电机不运行，首先检查程序是否输入有误，然后检查控制系统的接线是否正确。

子任务 2　三菱 PLC 实现步进电机的调速控制

1. 任务要求

某步进电机控制系统有两种运行速度，闭合速度选择开关 1，选择频率为 3000 Hz 的速度运行；闭合速度选择开关 2，选择频率为 5000 Hz 的速度运行。请设计步进电机调速控制的电路图并编写程序。

2. 硬件电路

控制系统的 I/O 分配如表 4-6 所示，该系统不使用使能信号，其硬件电路可参考图 4-19 所示的接线方法连接 PLC 和步进驱动器。

表 4-6　控制系统的 I/O 分配

输　入			输　出		
输入继电器	输 入 元 件	作　用	输出继电器	输 出 元 件	作　用
X000	SB1	启动按钮	Y000	PUL-	脉冲信号
X001	SB2	停止按钮	Y002	DIR-	方向控制
X002	SA1	速度选择开关 1			
X003	SA2	速度选择开关 2			
X004	SA3	方向选择开关			

3. 程序设计

根据控制要求，编写的步进电机调速控制程序如图 4-24 所示。在图 4-24 中，步 6 和步 13 分别通过速度选择开关将相应的频率值 3000 Hz 和 5000 Hz 送到 D0 中。步 20 通过 PLSY 指令中的 D0 更改脉冲串的频率值，从而改变步进电机的速度。

4. 操作运行

（1）参考图 4-19 所示的 PLC 和步进驱动器的接线完成此任务的硬件接线，然后按照表 4-2、表 4-3 和图 4-21 设置步进电机的工作电流、细分等。

（2）给 PLC 和步进驱动器得电，将图 4-24 所示的程序下载到 PLC 中。

（3）首先将速度选择开关 1 闭合（X002=1），按下启动按钮，观察步进电机的运行速度（记为速度 1）；断开速度选择开关 1，再将速度选择开关 2 闭合（X003=1），观察步进电机的运行速度，比速度 1 要快；此时使方向选择开关闭合（X004=1），观察步进电机是否反转。

（4）按下停止按钮，步进电机停止。

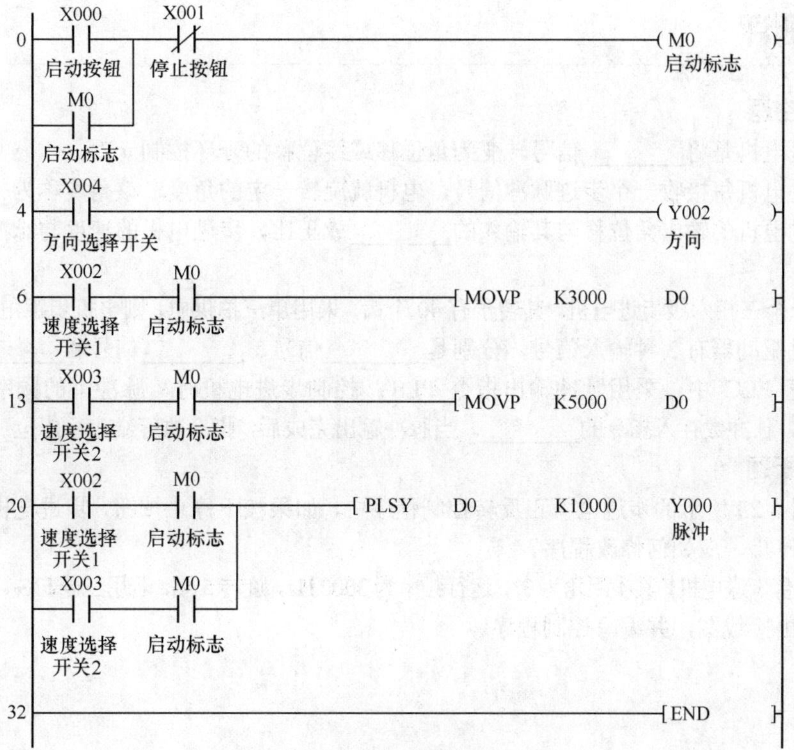

图 4-24　步进电机调速控制程序

任务拓展　西门子 PLC 实现步进电机的正反转控制

S7-200 SMART PLC 内置运动轴（Axis of Motion），可以实现步进电机和伺服电机的速度及位置控制。标准晶体管输出型 CPU 模块最多提供 3 路高速脉冲输出，支持绝对位置、相对位置和寻找参考点的运动。

S7-200 SMART PLC 提供运动控制向导对运动轴进行组态，运动控制向导根据所选组态创建运动控制子程序，从而使运动轴的控制更容易。如果使用 S7-200 SMART PLC 实现步进电机的正反转控制，PLC 与步进驱动器怎么接线？如何通过运动控制向导对运动轴进行组态？怎么编写运动控制程序？请扫码学习西门子 PLC 的步进电机正反转控制系列资源。

使用运动控制向导组态运动轴

使用运动控制面板进行调试

运动控制子程序介绍

步进电机的正反转控制（西门子）

自我测评

一、填空题

1．步进电机是将________信号转变为角位移或线位移的开环控制元件。

2．步进电机每接收一个步进脉冲信号，电机就旋转一定的角度，该角度称为________。

3．步进电机的输出角位移与其输入的________成正比，步进电机的速度与脉冲的________成正比。

4．有一个三相六极步进电机，其转子有40个齿，采用单三拍供电，则电机步距角为________。

5．步进驱动器有3种输入信号，分别是________信号、________信号和________信号。

6．三菱PLC中，采用脉冲输出指令PLSY控制步进电机时，脉冲串的频率值存入指令的________，脉冲数存入指令的________，当脉冲输出完成后，指令执行结束标志位________为1。

二、分析题

1．在图4-23所示的步进电机正反转控制程序中，如果按下停止按钮，步进电机必须运行完该周期才能停止，应如何修改程序？

2．有一台步进电机，其步距角为3°，运行频率为3000 Hz，旋转5圈，若用三菱FX_{3U}-32MT/ES PLC控制，请画出接线图，并编写控制程序。

任务4.2
步进电机的定长控制

04

任务导入

步进电机不仅能进行正反转的定角控制，还可以对机械设备进行定长控制，例如剪切机将成卷的板料通过步进电机拉伸固定的长度后，用切刀将其切断。任务 4.1 介绍的是控制单轴步进电机的运动，如果需要机械设备的运动轨迹是一个长方形，这就需要用到两个轴控制两台步进电机。剪切机如何控制？双轴步进电机如何走出长方形轨迹？请带着这些问题进入任务 4.2。

相关知识　数据变换指令 BCD 和 BIN

1. BCD 指令

PLC 内部的运算为二进制数运算，BCD 指令可用于将 PLC 中的二进制数变成 BCD 码输出。BCD 码就是用二进制形式反映十进制进位关系的代码。在这种编码方式中，每位 BCD 码用 4 个二进制数来表示 1 位十进制数。例如，二进制数 0101 就表示 1 位十进制数 5。

BCD 码从低位起每 4 位为一组，高位不足 4 位补 0，每组表示 1 位十进制数。

如图 4-25 所示，当指令的执行条件 X000=1 时，将源操作数 D10 中的二进制数（BIN 码）转换成 BCD 码并传送到指定的目标操作数 K2Y000 中。例如，在带 BCD 译码的 7 段码显示器中显示十进制数 21 时，就要先将 D10 中的十进制数 21 的二进制形式 00010101 转换成反映十进制进位关系的 BCD 码 00100001，然后对高 4 位的“2”和低 4 位的“1”分别用 SEGD 指令编出 7 段显示码进行显示。

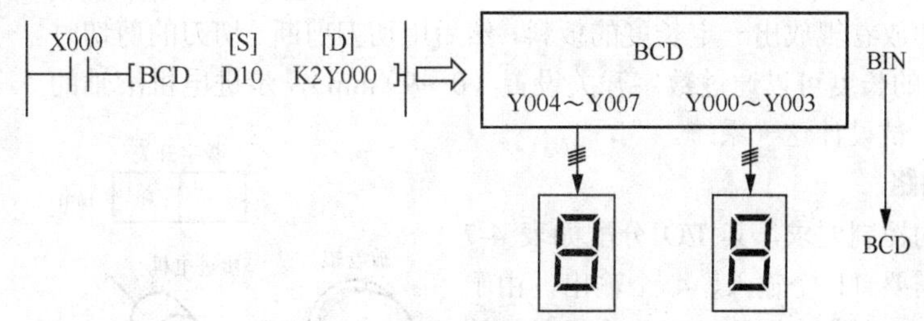

图 4-25　BCD 指令的使用说明

注意事项如下。

（1）BCD 指令用于将源操作数的数据转换成 BCD 码并存入目标操作数中。在目标操作数中每 4 位表示 1 位十进制数，从低到高分别表示个位、十位、百位、千位……16 位数表示的十进制数范围为 0～9999，32 位数表示的十进制数范围为 0～99999999。

（2）将 BCD 指令转换成 32 位数字时，前面要加 D，采用脉冲执行方式时，指令后面要加 P。

2. BIN 指令

BIN 指令用于将源操作数[S]中的十进制数（BCD 码）转换为二进制数并送到目标操作数[D]中，如图 4-26 所示。它常用于将 BCD 数字开关的设定值输入 PLC 中。当 M0=1 时，4 个数字开关通过 BIN 指令将 K4X000 的 BCD 码“6789”转换为二进制数并保存在 D12 中，此时 D12 中的值就是十进制数 6789。

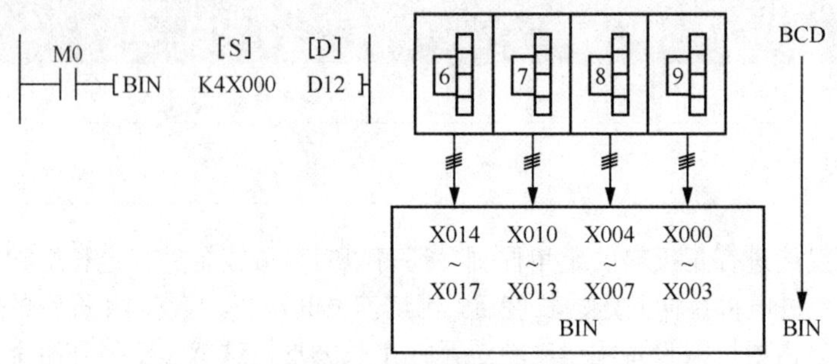

图 4-26　BIN 指令的使用说明

📖 **注意：**

常数 K 不能作为本指令的操作元件，因为在进行任何处理之前它都会被转换成二进制数。

任务实施

【训练工具、材料和设备】

三菱 FX_{3U}-32MT/ES PLC 1 台、3ND583 步进驱动器 2 台、三相步进电机 2 台、按钮和数字开关若干、中间继电器 1 个、2 kΩ 电阻 3 个、安装有 GX Works2（或 GX Works3）软件的计算机 1 台、USB-SC09-FX 编程电缆 1 根、通用电工工具 1 套。

子任务 1　三菱 PLC 实现剪切机的定长控制

1. 任务要求

三菱 PLC 实现剪切机的定长控制

图 4-27 所示的剪切机，可以将某种成卷的板料按固定长度裁开。该系统由步进电机拖动放卷辊放出一定长度的板料，然后用切刀剪断。切刀的剪切时间是 1 s，剪切的长度可以通过数字开关设置（0～99 mm），步进电机滚轴的周长是 50 mm。试设计这一系统。

2. 硬件电路

根据系统的控制要求，其 I/O 分配如表 4-7 所示。该系统需要 11 个输入、4 个输出，由于 Y000 接口输出高速脉冲信号，因此选择晶体管输出型的 FX_{3U}-32MT/ES PLC。

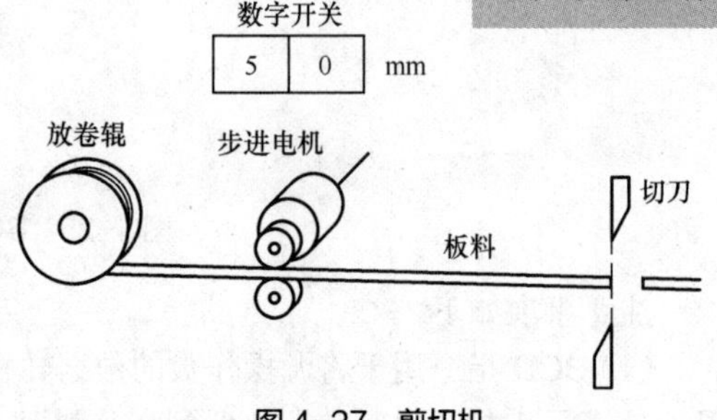

图 4-27　剪切机

表 4-7　剪切机定长控制的 I/O 分配

输　入		输　出		其他软元件	
输入继电器	作　用	输出继电器	作　用	名　称	作　用
X000~X007	数字开关	Y000	脉冲输出	D0	拨码开关设定长度
X010	启动按钮	Y001	方向控制	D2	剪切次数
X011	停止按钮	Y002	脱机控制	D4	总的加工数量
X012	脱机按钮	Y004	切　刀	D10	脉冲数

根据表 4-7，画出其 I/O 接线图，如图 4-28 所示。

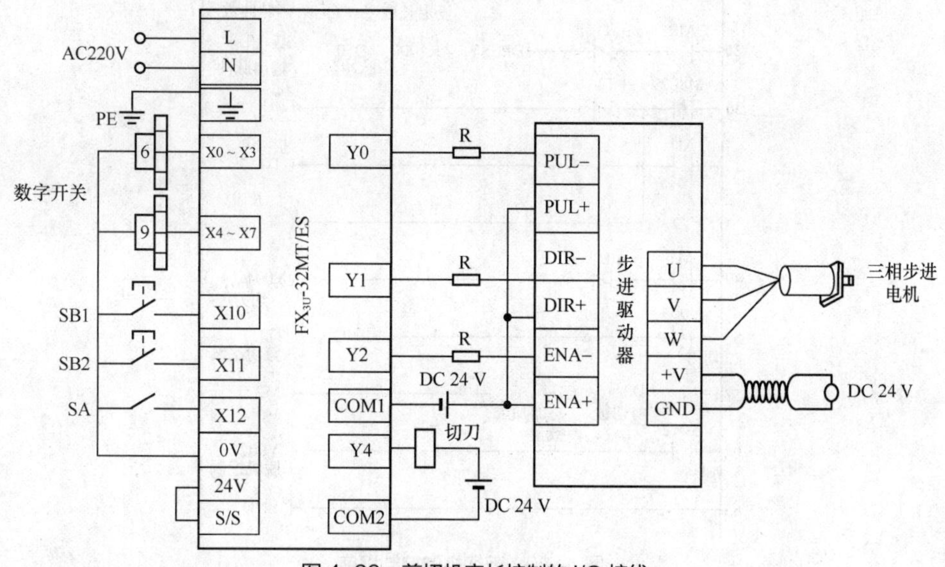

图 4-28　剪切机定长控制的 I/O 接线

3. 步进电机的选择

步进电机的选择主要考虑电机的功率和步距角。电机的功率要求能拖动负载，在本系统中，拖动成卷板料的功率取决于电机的工作电流，工作电流越大，功率就越大。本系统中选择三相电机的步进驱动器，设置为 5 细分，因此电机旋转一周需要 1000 个脉冲。步进电机的滚轴周长是 50 mm，因此每个脉冲行走 0.05 mm。假定通过数字开关设定的剪切长度为 D0，则步进电机将板料拖动设定长度需要的脉冲数 D10 为

$$D10=（D0/50）\times 1000=20\times D0$$

4. 程序设计

该程序的设计思路为：数字开关设定长度（D0）→转化成脉冲数（20×D0）→通过 PLSY 指令产生脉冲，送给驱动器，驱使步进电机将板料拖动设定的长度→完成移动距离，M8029 接通，切刀动作，将板料剪断→1 s 后，步进电机继续转动进行剪切→完成加工的数量或按停止按钮，步进电机停止。

剪切机的控制程序如图 4-29 所示。步 21 中，PLSY 用 32 位指令，主要是因为步 8 中有乘法指令，这样 D10 的值有可能超过 16 位；定时器 T1 用于控制切刀剪切过板料 1 s 后，PLSY 指令继续输出脉冲，让步进电机继续进行下一次的拖动；步 57 中的 D4 可以通过上位机触摸屏设定总的加工数量，如果剪切数和总的加工数量相等，则 M2 得电，步 0 中 M2 的常闭触点断开，步进电机停止运行。

5. 运行操作

（1）按图 4-28 所示将 PLC 与输入/输出设备连接起来。

（2）将图 4-29 所示的程序下载到 PLC 中，并将模式选择开关拨至 RUN 状态。

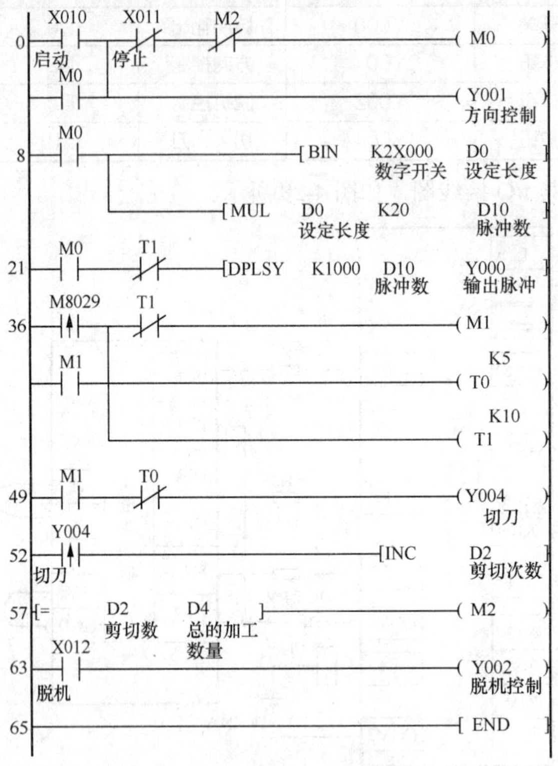

图 4-29 剪切机的控制程序

（3）调试运行。该系统步进电机只能单向运转，接好线后，按启动按钮，如果电机的转动方向与拖动板料的方向一致，则保留程序中的 Y001；步 36 中的定时器 T0 用于控制切刀的剪切时间，只有 0.5 s，在调试时，如果这个时间不合适，可以调整。

请按照 6S 管理的要求摆放实训所需要的设备、工具，注意操作规范和安全要求。

子任务 2 三菱 PLC 实现双轴步进电机的定位控制

1. 任务要求

某行走机械手可以沿 x 轴和 y 轴方向行走，分别由 2 台步进电机拖动。按下启动按钮，行走机械手从位置 A 沿 x 轴正方向以 1500 脉冲/s 的速度向右行走 10000 个脉冲，到达 B 位置后机械手开始沿 y 轴正方向以 1500 脉冲/s 的速度向上行走 15000 个脉冲，到达 C 位置后机械手沿 x 轴负方向以 1500 脉冲/s 的速度向左行走 10000 个脉冲，到达 D 位置后机械手沿 y 轴负方向以 1500 脉冲/s 的速度向下行走 15000 个脉冲，到达 A 位置后停止，行走机械手运动曲线如图 4-30 所示。试编写双轴步进电机的定位控制程序。

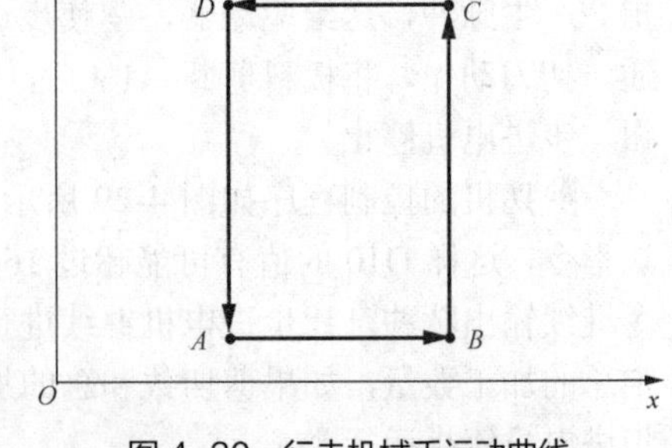

图 4-30 行走机械手运动曲线

2. 硬件电路

根据系统控制要求，系统的 I/O 分配如表 4-8 所示。

表 4-8　系统的 I/O 分配

输　入			输　出		
输入继电器	输入元件	作　用	输出继电器	输出元件	作　用
X000	SB1	启动按钮	Y000	x 轴 PUL−	x 轴脉冲信号
X001	SB2	停止按钮	Y002	x 轴 DIR−	x 轴方向控制
			Y001	y 轴 PUL−	y 轴脉冲信号
			Y003	y 轴 DIR−	y 轴方向控制

系统的接线如图 4-31 所示。其中脱机信号 ENA 悬空。

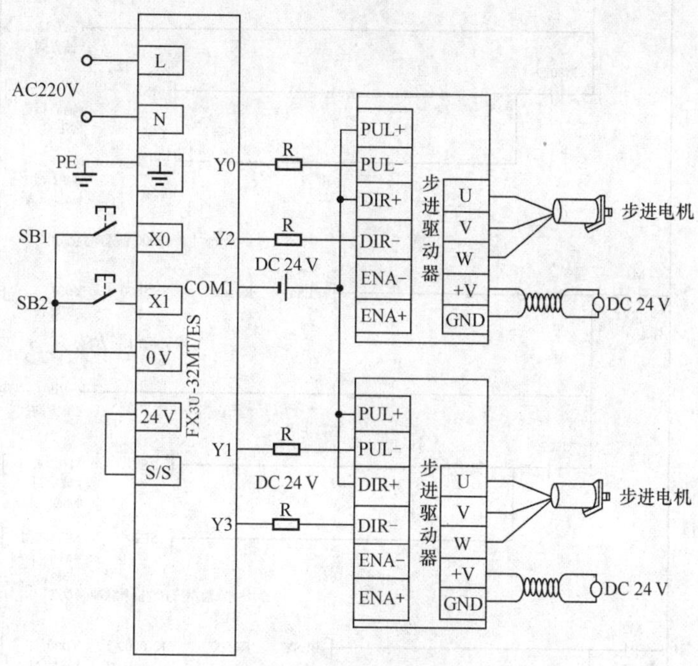

图 4-31　系统的接线

3. 程序设计

（1）通过 PLSY 指令给 x 轴和 y 轴的步进驱动器分配脉冲，用 Y000 控制 x 轴的步进电机，Y002 控制 x 轴的方向，用 Y001 控制 y 轴的步进电机，Y003 控制 y 轴的方向。

（2）编写程序。行走机械手的控制程序如图 4-32 所示。步 17 中，控制机械手沿 x 轴右行 10000 个脉冲，右行完成后，完成标志 M8029=1，用 M8029 复位 x 轴右行标志 M0，同时置位 y 轴上行标志 M1。步 29 中，机械手开始沿 y 轴上行，完成标志 M8029=1，用 M8029 复位 y 轴上行标志 M1，同时置位 x 轴左行标志 M2。步 41 和步 52 中，控制机械手左行和下行，这两步中不驱动方向控制信号 Y002 和 Y003。下行完毕，机械手停止运行。

4. 运行操作

（1）按图 4-31 所示将 PLC 与输入/输出设备连接起来。

（2）将图 4-32 所示的程序下载到 PLC 中，并将模式选择开关拨至 RUN 状态。

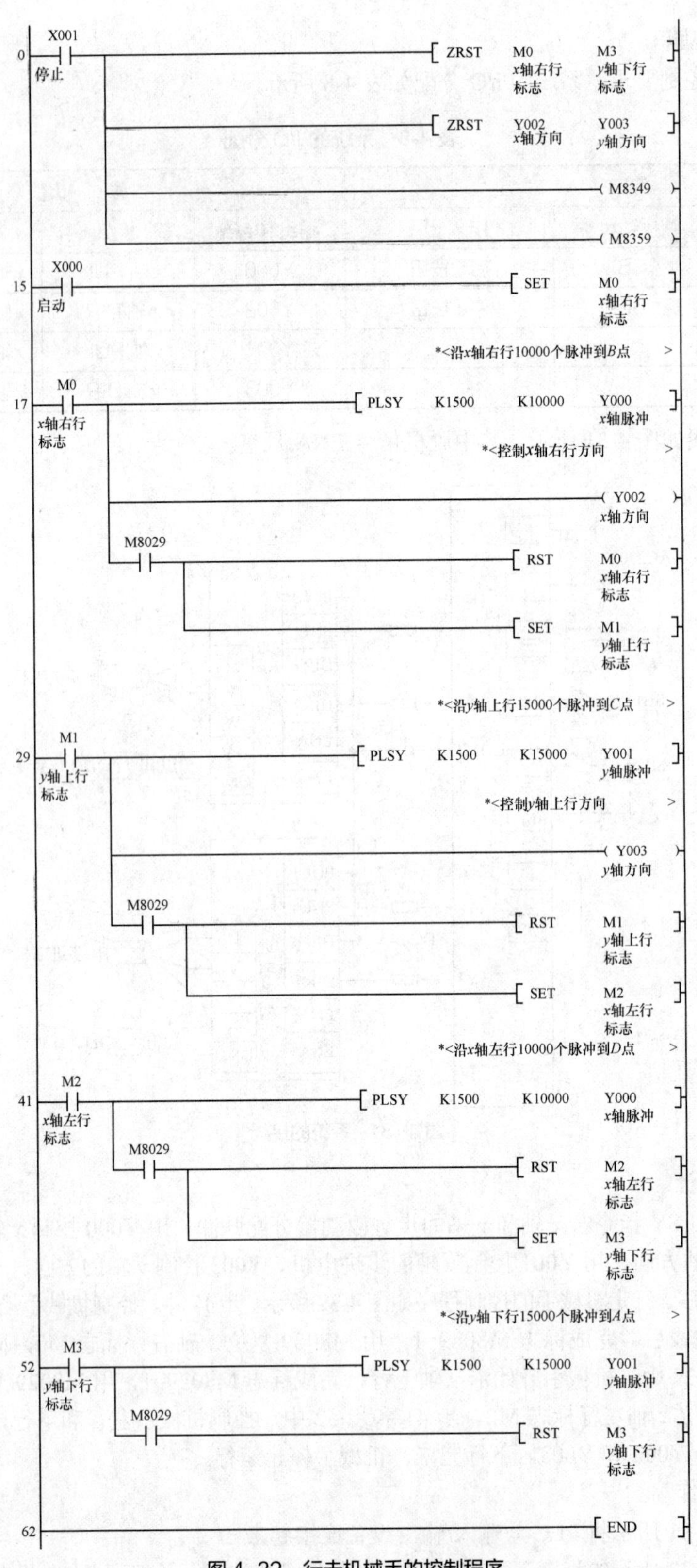

图4-32 行走机械手的控制程序

（3）按下启动按钮 X000，PLC 上的 Y000 和 Y002（*x* 轴方向）灯点亮，机械手沿 *x* 轴右行；到达 *B* 点后，PLC 上的 Y001 和 Y003（*y* 轴方向）灯点亮，机械手沿 *y* 轴上行；到达 *C* 点后，PLC 上的 Y000 灯点亮，机械手沿 *x* 轴左行；到达 *D* 点后，PLC 上的 Y001 灯点亮，机械手沿 *y* 轴下行；到达 *A* 点后，机械手停止运行。

（4）机械手运行过程中，如果按下停止按钮 X001，机械手停止运行。

任务拓展　西门子 PLC 实现剪切机的定长控制

如果使用 S7-200 SMART PLC 实现剪切机定长控制，PLC 如何与步进驱动器接线？如何通过运动控制向导对运动轴进行组态？怎么编写剪切机运动控制程序？请扫码学习“西门子 PLC 实现剪切机的定长控制”。

西门子 PLC 实现剪切机的定长控制

自我测评

分析题

步进电机拖动工作台的位置控制示意如图 4-33 所示，当工作台位于原点位置时，按下启动按钮，工作台以 20000 脉冲/s 的速度向右运行，运行到右限位时（需要 500000 个脉冲），工作台停止。如果工作台不在原点位置，闭合寻零模式开关，工作台将以 8000 脉冲/s 的速度向原点位置移动，碰到原点开关后立即停止。请设计 PLC 与步进驱动器的硬件电路并编写控制程序。

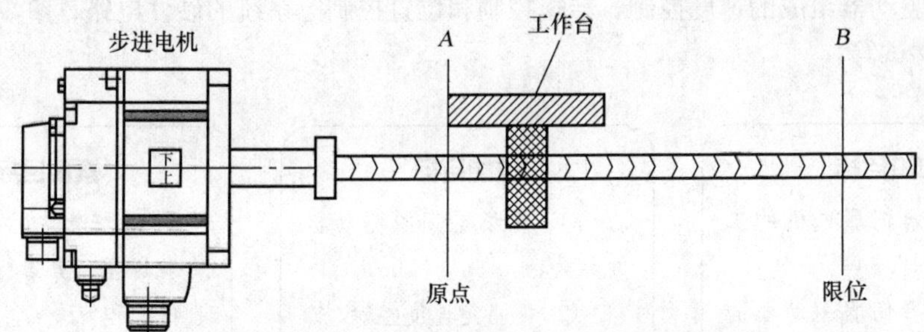

图 4-33　步进电机拖动工作台的位置控制示意

项目5 伺服电机的应用

导言

伺服电机可以将电压信号转换成电机轴上的角位移或角速度输出，使生产机械按照预期的运动轨迹和规定的运动参数进行运动。伺服电机与步进电机一样，必须和驱动装置配合才能实现控制目标，这个驱动装置就是伺服驱动器。我们通常把步进电机或伺服电机与驱动装置组成的系统统称为伺服控制系统。它可以是没有反馈信号的开环控制系统，如项目 4 中的步进电机控制系统，也可以是带有反馈信号的闭环控制系统，如本项目中的伺服控制系统。伺服控制系统主要用于需要精确定位的数控机床、机器人、贴片机、需要大范围调速的涂覆机、需要进行转矩控制的卷取设备、分切机等机械设备。

本项目对接《运动控制系统开发与应用职业技能等级标准》中的“伺服电机及驱动器”（初级 1.3）、“运动状态检测”（中级 3.1）、“运动模式开发”（中级 3.2）和《可编程控制系统集成及应用职业技能等级标准》中的“驱动器控制”（中级 2.3）、“驱动控制程序调试”（中级 3.2）、“工艺参数设置”（高级 3.2）等工作岗位的职业技能要求，在相关知识和配套视频的帮助下，介绍 PLC 与伺服驱动器组成的速度控制、转矩控制和位置控制等系统的硬件电路、参数设置、程序设计和安装调试等。

知识目标

① 了解伺服电机的工作原理。

② 掌握伺服驱动器的引脚功能、接线和参数设置。

③ 掌握 PLC 与伺服驱动器的速度控制、转矩控制和位置控制的接线。

④ 会使用运动控制指令编写伺服控制程序。

技能目标

① 能设置伺服驱动器的参数。

② 能搭建速度控制、转矩控制、位置控制的硬件电路并调试。

③ 能完成伺服控制系统的程序调试。

④ 学会伺服控制系统软硬件联调。

素质目标

① 培养学生探索未知、追求真理、勇攀科学高峰的责任感和使命感。

② 通过我国在伺服制造业取得的成就，激发学生的民族自豪感。

③ 强化学生的 6S 管理教育，培养学生的职业素养。

任务5.1 认识伺服电机和伺服驱动器

05

任务导入

以物体的位置、速度、转矩等作为控制量，以跟踪输入给定信号的任意变化为目的而构建的自动闭环负反馈控制系统，称为伺服控制系统（Servo Control System），它主要由控制器、伺服驱动器、伺服电机、被控对象（工作台）、位置检测元件（反馈装置）等5部分组成，如图5-1所示。

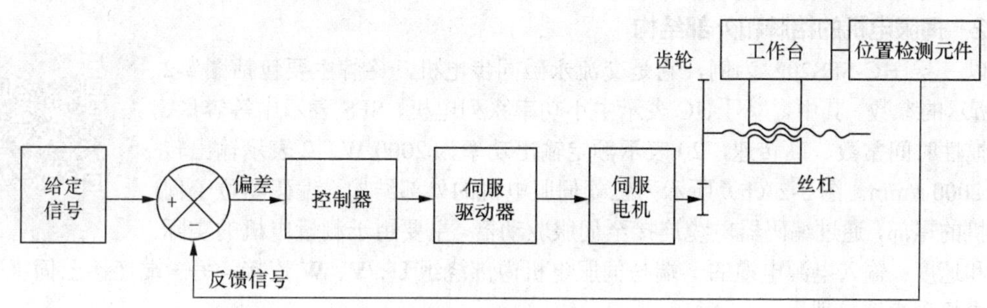

图5-1 伺服控制系统组成

控制器按照系统的给定信号（即目标信号，例如位置、速度等）和反馈信号的偏差调节控制量，使步进电机或伺服电机按照给定信号的要求完成位移或定位。

位置检测元件通常是伺服电机上的光电编码器或旋转编码器，它能够将工作台运动的速度、位置等信息反馈至控制器的输入端，从而形成一个闭合的环，因此伺服控制系统也称为具有负反馈的闭环控制系统；反之，无反馈的系统，则称为开环控制系统，前面讲的步进电机控制系统就是开环控制系统。

学海领航：伺服电机和伺服驱动器是工业自动化的重要组成部分，是自动化行业中实现精确定位、精准运动的核心器件。伺服电机和伺服驱动器关键技术的突破，将极大地提升中国智能制造的技术水平和市场竞争力。请扫码学习“我国大功率机电伺服系统助力航天发展”。

我国大功率机电伺服系统助力航天发展

伺服电机和伺服驱动器有什么作用？它们是如何工作的？伺服驱动器的输入/输出引脚有什么功能？如何设置伺服驱动器的参数才能实现速度控制、转矩控制和位置控制？请带着这些问题进入任务5.1。

相关知识

5.1.1 伺服电机

伺服电机可将输入的电压信号转换成电机轴上的角位移或角速度输出，以驱动控制对象，改变控制电压可以改变伺服电机的转向和转速。在自动控制系统中，伺服电机用作执行元件，其主要特点是当信号电压为零时无自转现象，转速随着转矩的增大而匀速下降，其控制速度、位置非常准确。

1. 伺服电机的分类

伺服电机按其使用的电源性质不同可分为直流伺服电机和交流伺服电机两大类。直流伺服电机分为有刷直流电机和由方波驱动的无刷直流电机两种。由于直流伺服电机存在因电刷、换向器等机械部件带来的各种缺陷，其进一步发展受到限制。

交流伺服电机也是无刷电机，按其工作原理可分为交流永磁同步电机和交流感应异步电机，目前运动控制中一般都采用交流永磁同步电机。它的功率范围大，加之其具有过载能力强和转动惯量小等优点，使其成为运动控制中的主流产品。

2. 伺服电机的铭牌和外部结构

以三菱 HC-SFS202 为例，它是交流永磁同步电机，铭牌主要包括图 5-2（a）所示的参数。其中，型号 HC 表示中小功率系列电机，SFS 表示中等容量、中等惯性时间常数、高转速，20 表示额定输出功率为 2000 W，2 表示输出转速为 2000 r/min。图 5-2（b）所示为三菱伺服电机的外部结构，编码器位于伺服电机的尾部，通过编码器电缆连接至伺服驱动器，主要用于测量电机的实际位置和速度；输入电源电缆的一端与伺服电机内部绕组 U、V、W 连接，另一端连接至伺服驱动器的电机动力连接器上。

伺服电机

（a）伺服电机的铭牌

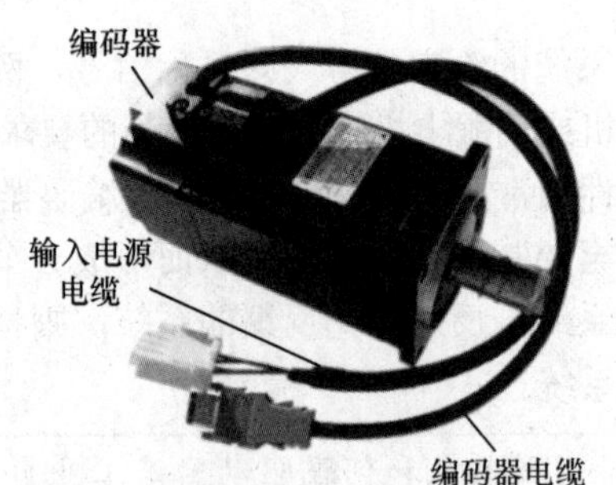

（b）伺服电机的外部结构

图 5-2 三菱伺服电机

3. 伺服电机的内部结构及工作原理

交流永磁同步电机由定子、转子和测量转子位置的编码器等组成，如图 5-3 所示。定子主要包括定子铁芯和三相对称定子绕组，三相对称定子绕组在空间相差 120°；转子上装有由高矫顽力稀土磁性材料（例如铷铁硼）制成的永磁体磁极。为了检测转子永磁体磁极的位置，在电机非负载端的后端盖安装有光电编码器。伺服电机的精度取决于编码器的精度。为了使伺服电机无自转现象，必须减小伺服电机的转动惯量，因此伺服电机的转子一般做成细长形。根据永磁体磁极在转轴中的位置不同，其可以分为表贴式和内置式两种结构形式。

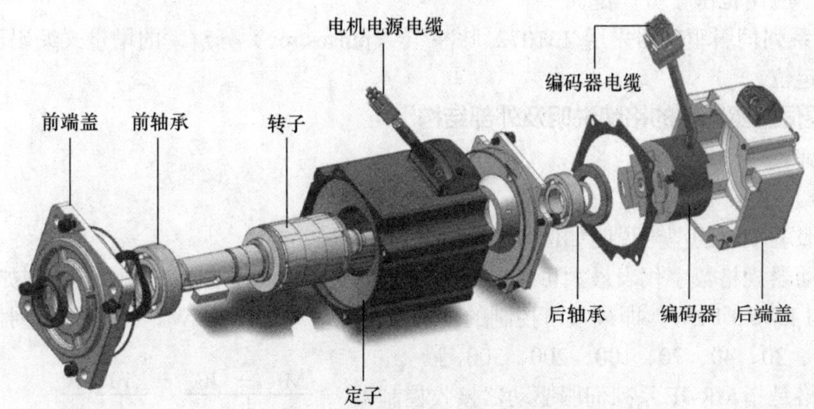

图 5-3 交流永磁同步电机的结构

图 5-4 所示为两极的交流永磁同步电机的工作原理示意，当定子绕组中通过对称的三相交流电压时，定子将产生一个转速为 n_1（称为同步转速）的旋转磁场，由于在转子上安装了永磁体，即一对旋转磁极 N、S，根据磁极同性相斥、异性相吸的原理，定子的旋转磁场就吸引转子磁极，带动转子一起旋转，转子的转速 n 与定子旋转磁场的同步转速 n_1 相等，因此这种电机称为交流永磁同步电机（Permanent Magnet Synchronous Motor，PMSM）。交流永磁同步电机的转速为

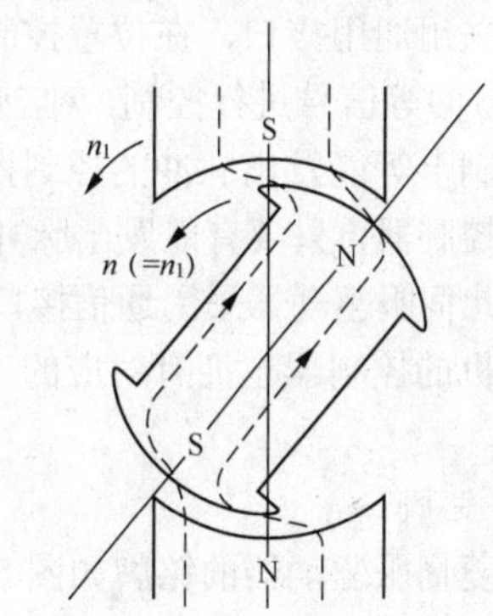

图 5-4 两极的交流永磁同步电机的工作原理示意

$$n = \frac{60f_1}{p} \tag{5-1}$$

由式（5-1）可知，通过控制定子绕组三相输入电压的幅值和频率同时变化，即 V/f=常数来调节交流永磁同步电机的速度，其调速原理与变频器的调速原理相同。

学海领航：作为工业母机，数控机床是制造工业产品时最重要的高端加工装备之一，而伺服电机则是数控机床的动力“心脏”。高档数控机床加工精度越来越高，要求伺服电机体积更小、功率更大，如何攻克这一难题，制造出功率密度世界领先的数控机床伺服电机？请在网上搜索《大国重器》第三季《动力澎湃》第 5 集《聚力天地间》，并扫码学习“大国重器之动力澎湃”，了解世界领先的伺服电机制造背后的工业智慧。

大国重器之动力澎湃

5.1.2 伺服驱动器

三菱 MR-JE 系列伺服驱动器是在 MR-J4 系列基础上升级而来的伺服产品。其控制模式有位置控制、速度控制和转矩控制 3 种。在位置控制模式下，其最高可以支持 4×10^6 脉冲/s 的高速脉

冲串，还可以选择位置/速度切换控制、速度/转矩切换控制和转矩/位置切换控制。所以此伺服驱动器不但可以用于机床和普通工业机械的高精度定位和平滑的速度控制，还可以用于线控制和张力控制等，应用范围十分广泛。

MR-JE 系列伺服驱动器采用 131072 脉冲/转（pulses/rev）分辨率的增量式编码器，能够进行高精度的定位。

1. 三菱伺服驱动器的铭牌说明及外部结构

（1）铭牌说明

① 型号。

三菱伺服驱动器的型号说明如图 5-5 所示。

伺服驱动器规格数字代表最大可控制的伺服电机的功率，单位为 0.01 kW。例如，数字 10 表示 10×0.01 kW=0.1 kW，即最大可控制的伺服电机的功率为 0.1 kW。MR-JE 系列伺服驱动器的规格有 10、20、40、70、100、200、300 等。

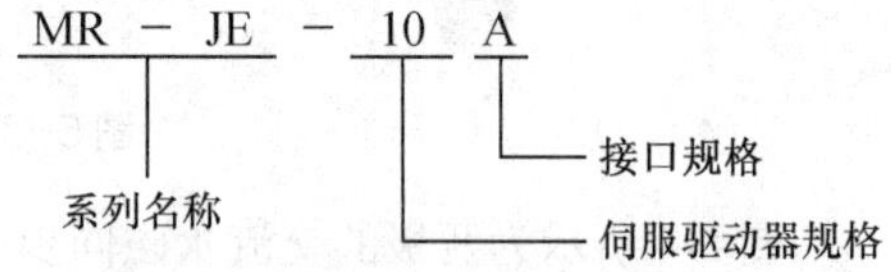

图 5-5　三菱伺服驱动器的型号说明

接口规格是指 MR-JE 系列伺服驱动器接收控制器的控制信号方式，有 A、B 两种规格。A 表示此伺服驱动器采用通用接口，在位置控制模式下，通过外部脉冲、方向等信号进行控制，对应上位机可以是 PLC、运动控制卡等能发出脉冲的控制器，品牌也不局限于三菱的控制器，只要有能发出脉冲的功能并且控制器的输出接口与驱动器的输入接口匹配即可。B 表示此伺服驱动器采用通信接口，支持伺服系统网络 SSCNET Ⅲ/H，此型号的伺服驱动器要求上位机的控制器也拥有对应的通用接口，所以此型号的伺服驱动器要用带有此接口功能的控制器。

② 铭牌。

三菱伺服驱动器的铭牌如图 5-6 所示。

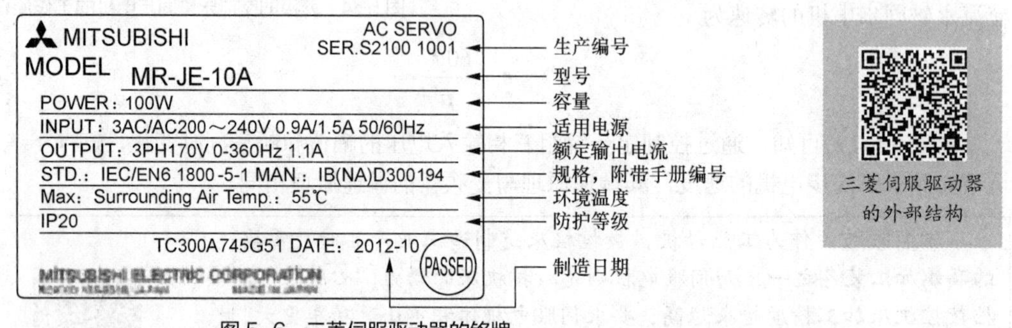

图 5-6　三菱伺服驱动器的铭牌

三菱伺服驱动器的外部结构

（2）外部结构

三菱 MR-JE-100A 以下规格的伺服驱动器的外部结构如图 5-7 所示，它有 CNP1、CN1、CN2 和 CN3 共 4 个接口与外围设备连接，其中 CNP1 是主电路接口，该接口用来连接伺服驱动器的工作电源以及伺服电机；CN1 是伺服驱动器输入/输出信号用接口，主要用来连接数字输入/输出信号、模拟输入信号及模拟监视器输出信号；CN2 是编码器接口，主要用来连接伺服电机编码器；CN3 是 USB 通信用接口，主要用来和个人计算机连接。

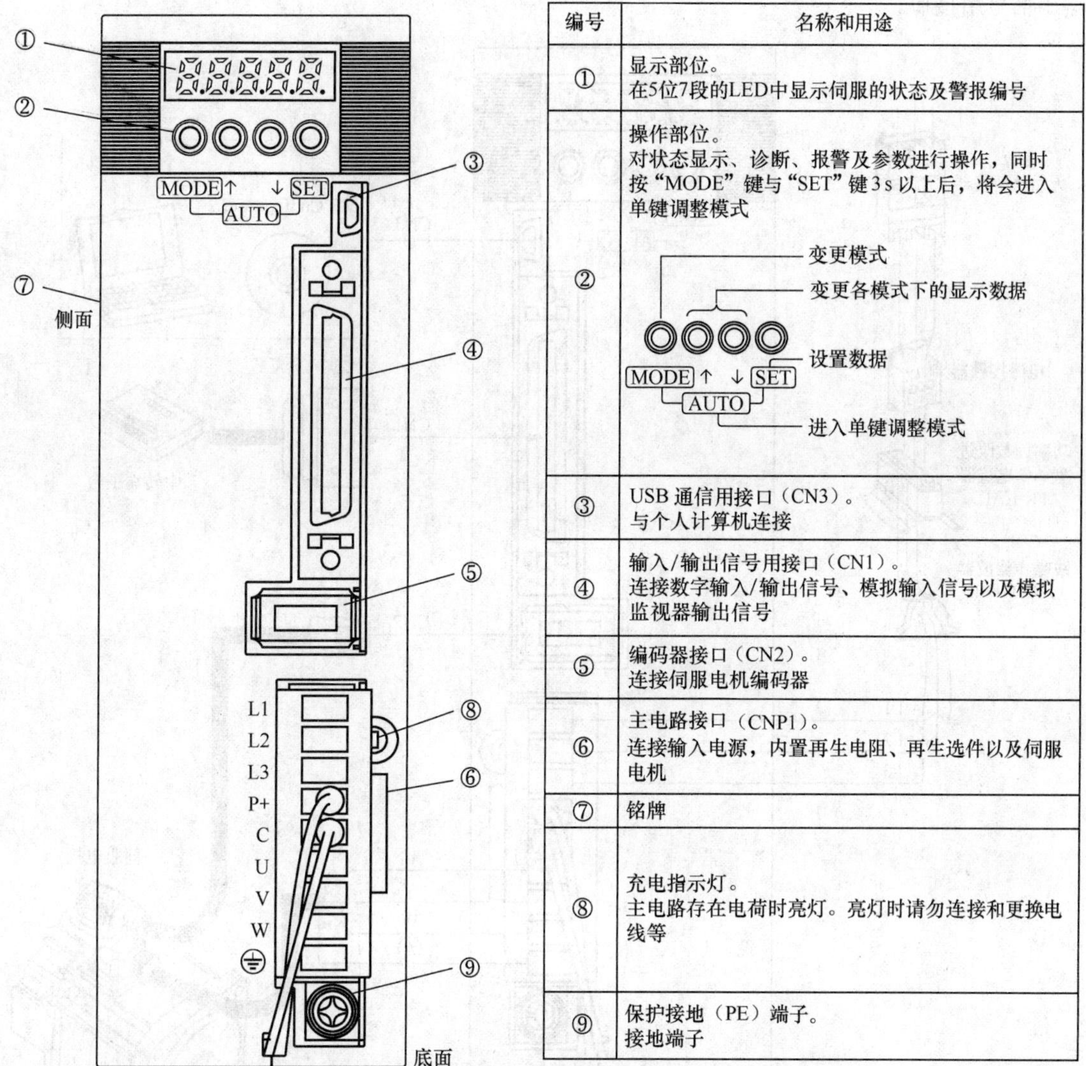

编号	名称和用途
①	显示部位。 在5位7段的LED中显示伺服的状态及警报编号
②	操作部位。 对状态显示、诊断、报警及参数进行操作，同时按“MODE”键与“SET”键3 s以上后，将会进入单键调整模式 变更模式 变更各模式下的显示数据 设置数据 MODE ↑ ↓ SET AUTO 进入单键调整模式
③	USB通信用接口（CN3）。 与个人计算机连接
④	输入/输出信号用接口（CN1）。 连接数字输入/输出信号、模拟输入信号以及模拟监视器输出信号
⑤	编码器接口（CN2）。 连接伺服电机编码器
⑥	主电路接口（CNP1）。 连接输入电源，内置再生电阻、再生选件以及伺服电机
⑦	铭牌
⑧	充电指示灯。 主电路存在电荷时亮灯。亮灯时请勿连接和更换电线等
⑨	保护接地（PE）端子。 接地端子

图 5-7　三菱 MR-JE-100A 以下规格的伺服驱动器的外部结构

2. 三菱伺服驱动系统组成

伺服驱动器工作时需要连接伺服电机、编码器、控制器和电源等。三菱 MR-JE 系列伺服驱动器有大功率和小功率之分，它们的接线端子略有不同，100 A 以下的伺服驱动器与外围设备的连接如图 5-8 所示。电源可采用 AC 200～240 V 的三相电压（L1、L2、L3），也可采用单相电压 AC 200～240 V，使用单相电压时，电源连接 L1、L3，不要连接 L2。

电源无熔丝断路器用于保护电路。电磁接触器用于伺服驱动器发生报警时能够切断电源。若未连接电磁接触器，在伺服驱动器发生故障，持续通过大电流时，可能会造成火灾。功率因数改进型 AC 电抗器用于改善功率因数。线噪声滤波器对伺服驱动器的电源或输出侧辐射出的噪声有抑制效果，对高频率的泄漏电流（零相电流）也有抑制效果。U、V、W 端子接伺服电机的三相绕组，伺服电机的编码器电缆接口插到伺服驱动器 CN2 接口上。CN3 接口连接安装有 MR Configurator 2 软件的个人计算机。因为装备了 USB 通信接口，伺服驱动器与安装有 MR Configurator 2 的个人计算机连接后，能够设定数据和试运行以及调整增益等。CN1 接口是输入/

输出信号用接口。

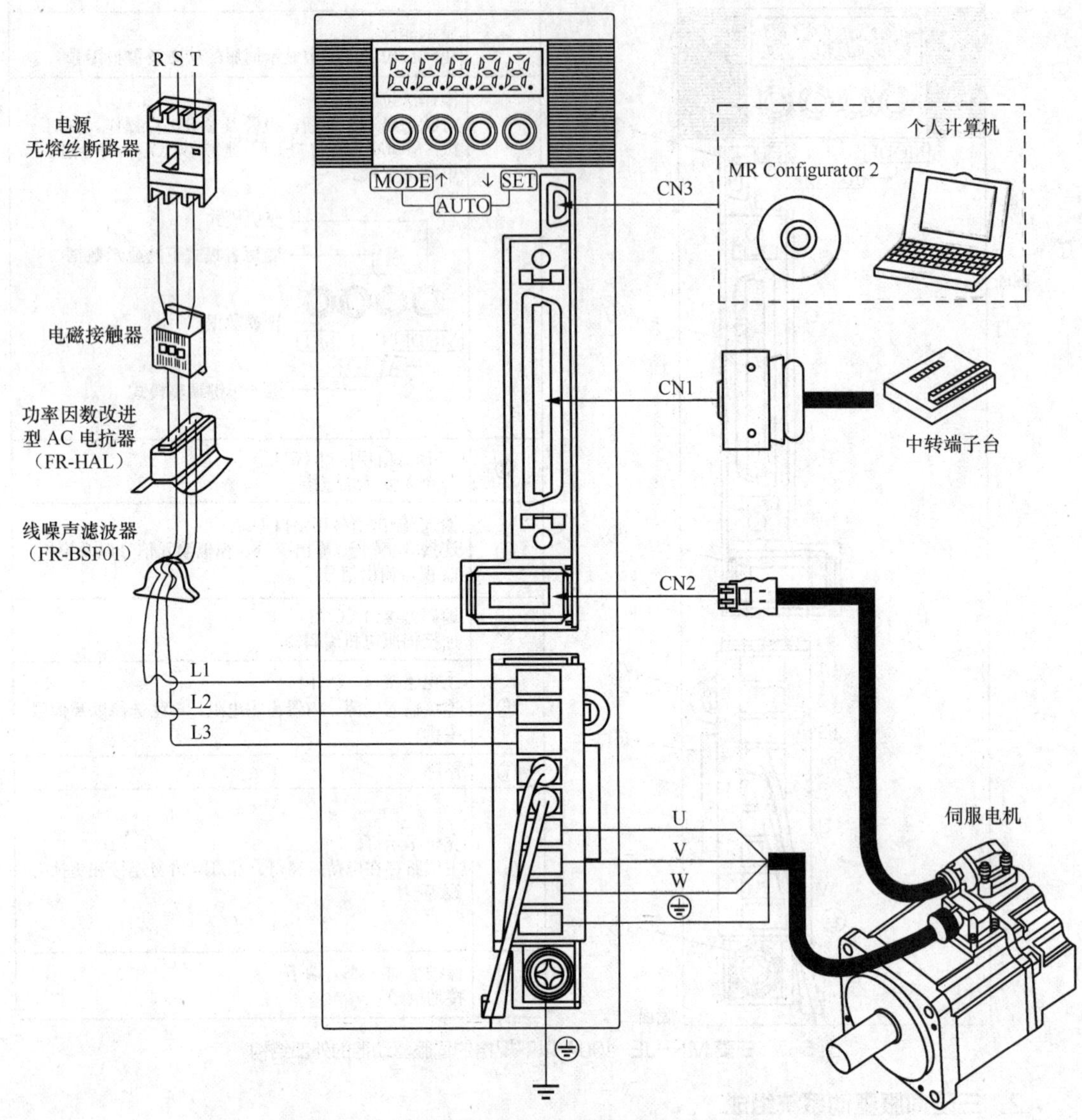

图 5-8　100 A 以下的伺服驱动器与外围设备的连接

3. 三菱伺服驱动器的电源及启停保护电路

三菱伺服驱动器的电源及启停保护电路的接线如图 5-9 所示，它是使用漏型输入/输出接口时的接线方式。

在伺服驱动器的主电路中，采用接触器控制伺服驱动器得电或失电。其启动过程为：合上断路器 QF，按下启动按钮 SB1，接触器 KM 线圈得电，其主触点闭合，伺服驱动器得电，为主电路供电。在没有故障的情况下，伺服驱动器的输出端子 ALM 闭合，中间继电器 KA 线圈得电，KA 的常开触点闭合，与 KM 的常开触点一起组成自锁电路，继续给接触器 KM 线圈供电。此时，KA 的常开触点闭合，电磁制动器线圈得电，将伺服电机的轴松开，当 SON 端的伺服开启开关 SA 闭合时，伺服驱动器开始工作。

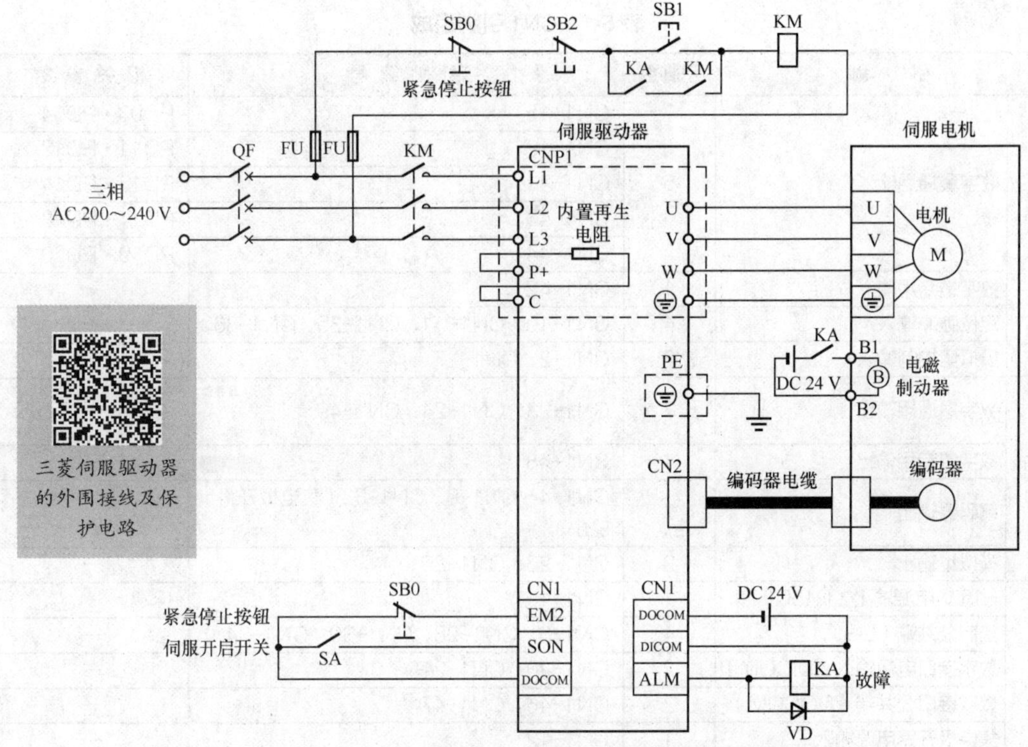

图 5-9　三菱伺服驱动器的电源及启停保护电路的接线

为防止伺服驱动器意外重启，将电路设置成断开电源后 EM2 也跟着断开的结构，因此紧急停止按钮在接触器电路和 EM2 输入端子上采用同一个按钮。

紧急停止控制过程为：按下紧急停止按钮 SB0，接触器 KM 线圈失电，KM 的自锁点断开，KM 的主触点断开，切断 L1、L2、L3 主电路的电源，使伺服驱动器停止输出，中间继电器 KA 线圈失电，其常开触点断开，电磁制动器线圈失电，对伺服电机进行电磁抱闸。

故障保护控制过程为：如果伺服驱动器内部出现故障，ALM 断开，中间继电器 KA 线圈失电，KA 的常开触点断开，自锁点断开，接触器 KM 线圈失电，切断伺服驱动器的主电路电源，主电路停止输出，同时，电磁制动器线圈失电，抱闸，对伺服电机进行制动。

🕮 **注意：**

在图 5-9 中，不要弄错安装在控制输出用中间继电器 KA 上的浪涌吸收二极管 VD 的正负极方向，否则会产生故障，导致信号无法输出，保护电路无法运行。

5.1.3　伺服驱动器的输入/输出引脚功能

1. 伺服驱动器的引脚排列及功能

三菱伺服驱动器输入/输出信号用接口 CN1 是 50 针接口，主要用于驱动器的控制引脚，其引脚组成如表 5-1 所示，引脚排列如图 5-10 所示。由表 5-1 可以看出，控制引脚分为输入和输出两部分，其中一部分引脚的功能已经被定义好，称为专用引脚；另一部分称为通用引脚，这部分引脚的功能与控制模式和功能设置有关，类似于变频器的多功能输入/输出端。

三菱伺服驱动器的输入/输出引脚功能

表 5-1　CN1 引脚组成

引　脚		引脚数	引脚编号	相关参数
输入	数字量通用输入	5	CN1-15	PD03・PD04
			CN1-19	PD11・PD12
			CN1-41	PD13・PD14
			CN1-43	PD17・PD18
			CN1-44	PD19・PD20
	数字量专用输入	1	CN1-42	—
	定位脉冲输入	4	CN1-10、CN1-11、CN1-35、CN1-36	—
	模拟量控制输入	2	CN1-2、CN1-27	—
输出	数字量通用输出	3	CN1-23、CN1-24、CN1-49	PD24、PD25、PD28
	数字量专用输出	1	CN1-48	—
	编码器输出	7	CN1-4～CN1-9、CN1-33（集电极开路输出）	—
	模拟量输出	2	CN1-26、CN1-29	—
电源	+15 V 电源输出（P15R）	1	CN1-1	—
	控制公共端（LG）	4	CN1-3、CN1-28、CN1-30、CN1-34	—
	数字接口电源输入（DICOM）	2	CN1-20、CN1-21	—
	数字接口公共端（DOCOM）	2	CN1-46、CN1-47	—
	集电极开路电源输入	1	CN1-12	—
未使用		15	CN1-13、CN1-14、CN1-16～CN1-18、CN1-22、CN1-25、CN1-31、CN1-32、CN1-37～CN1-40、CN1-45、CN1-50	—

注：标“—”的部分表示没有参数。

通用引脚功能的定义过程如下。

（1）部分引脚有参数 PD 与之对应，如表 5-1 所示。

（2）通过设定参数 PD 的值，决定其相应引脚定义在不同控制模式下的功能。

三菱 MR-JE-A 系列伺服驱动器有位置控制、速度控制和转矩控制 3 种模式。在这 3 种模式下，各引脚功能如图 5-11 所示，左边是输入引脚，右边是输出引脚。CN1 中有些引脚在不同控制模式下的功能有所不同，在图 5-11 中，P 表示位置控制模式，S 表示速度控制模式，T 表示转矩控制模式（表 5-2～表 5-6 中的 P、S、T 含义同此）。

CN1 部分引脚功能分配如表 5-2 所示。其中，○表示可在出厂状态下直接使用的信号；△表示通过设置 PA04、PD03～PD28 能够使用的信号，“接口引脚编号”列的编号为初始状态时的值；标“—”的部分表示没有相关内容。

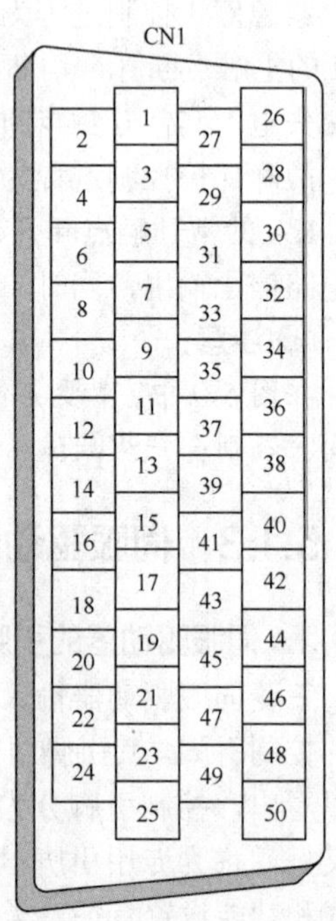

图 5-10　CN1 引脚排列

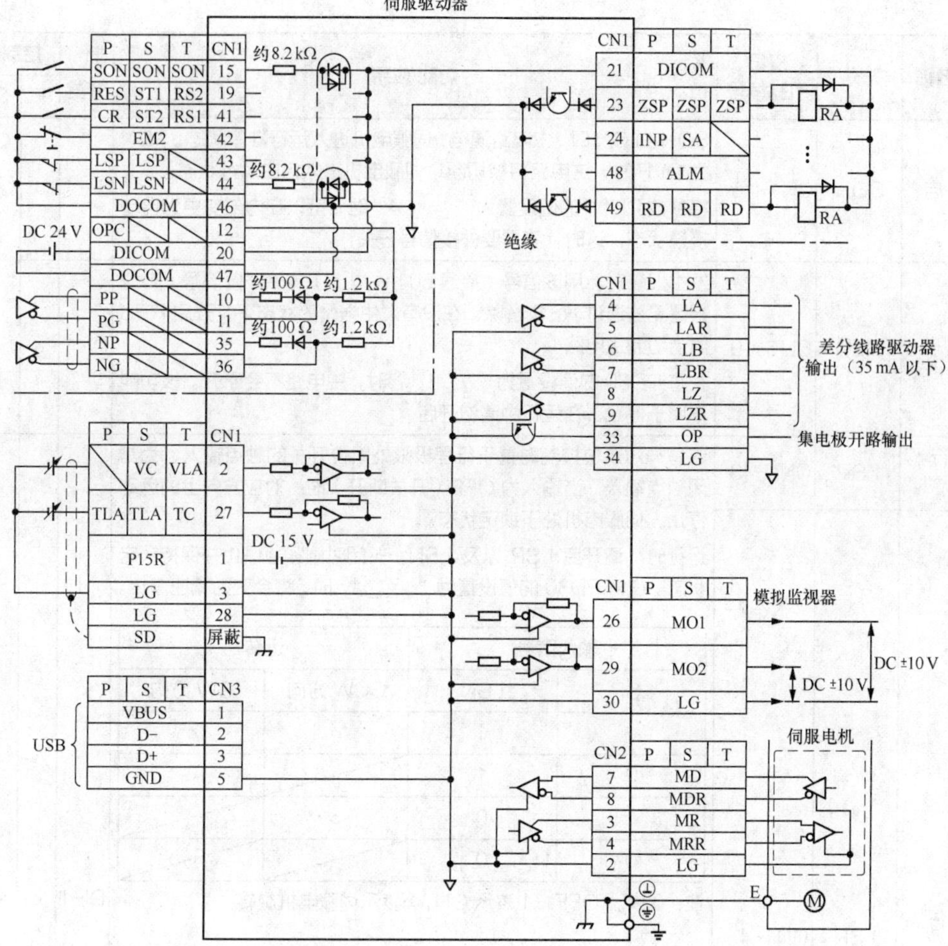

注：相同名称的信号在伺服驱动器的内部是联通的

图 5-11 三菱 MR-JE-A 系列伺服驱动器的各引脚功能

表 5-2 CN1 部分引脚功能分配

<table>
<tr><th rowspan="2">信号名称</th><th rowspan="2">符号</th><th rowspan="2">接口
引脚编号</th><th rowspan="2">功能/应用</th><th rowspan="2">I/O
分配</th><th colspan="3">控制模式</th></tr>
<tr><th>P</th><th>S</th><th>T</th></tr>
<tr><td>强制停止 2</td><td>EM2</td><td>CN1-42</td><td>当 EM2 与公共端开路时，将根据指令使伺服电机减速停止；
当从强制停止状态转到 EM2 开启（使公共端之间短路）时，能够解除强制停止状态。
PA04 的设置内容如下。
<table>
<tr><th rowspan="2">PA04
的设定值</th><th rowspan="2">EM2/EM1
的选择</th><th colspan="2">减速方法</th></tr>
<tr><th>EM2 或者 EM1 关闭</th><th>发生报警</th></tr>
<tr><td>0 _ _ _</td><td>EM1</td><td>不进行强制停止减速，直接关闭 MBR（电磁制动器联锁）</td><td>不进行强制停止减速，直接关闭 MBR（电磁制动器联锁）</td></tr>
<tr><td>2 _ _ _</td><td>EM2</td><td>在强制停止减速后关闭 MBR（电磁制动器联锁）</td><td>在强制停止减速后关闭 MBR（电磁制动器联锁）</td></tr>
</table></td><td>DI-1</td><td>○</td><td>○</td><td>○</td></tr>
</table>

续表

<table>
<tr><th rowspan="2">信号名称</th><th rowspan="2">符号</th><th rowspan="2">接口
引脚编号</th><th rowspan="2">功能/应用</th><th rowspan="2">I/O
分配</th><th colspan="3">控制模式</th></tr>
<tr><th>P</th><th>S</th><th>T</th></tr>
<tr><td>伺服开启</td><td>SON</td><td>CN1-15</td><td>SON 为 ON 时，主电路通电，伺服电机进入运行准备状态。SON 为 OFF 时，主电路将被切断，伺服电机进入自由运行状态。
将参数 PD01 的值设置为“_ _ _ 4”时，可以在内部变更为自动接通状态。这时，不需要外接信号开关</td><td>DI-1</td><td>○</td><td>○</td><td>○</td></tr>
<tr><td>复位</td><td>RES</td><td>CN1-19</td><td>发生报警时，用该信号（接通 50 ms 以上）清除报警信号。有些报警无法通过 RES 解除。在没有发生报警的状态下，开启 RES 时会切断主电路。
在将 PD30 的值设置为“_ _ 1 _”时，主电路不会断开。该功能不用于停止。在运行中请勿开启</td><td>DI-1</td><td>○</td><td>○</td><td>○</td></tr>
<tr><td>正转行程末端</td><td>LSP</td><td>CN1-43</td><td rowspan="2">这是一对定位控制时置于行程极限处限位开关的触点输入，为常闭触点输入。当输入为 OFF（开关断开）时，对应方向上的运动停止，伺服电机处于锁定状态。
运行时，请开启 LSP 以及 LSN；关闭时则紧急停止并保持锁定状态。在将 PD30 的值设置为“_ _ _ 1”时，将会变为减速停止。
<table><tr><th colspan="2">输入信号</th><th colspan="2">运转</th></tr><tr><th>LSP</th><th>LSN</th><th>CCW 方向</th><th>CW 方向</th></tr><tr><td>1</td><td>1</td><td>○</td><td>○</td></tr><tr><td>0</td><td>1</td><td></td><td>○</td></tr><tr><td>1</td><td>0</td><td>○</td><td></td></tr><tr><td>0</td><td>0</td><td></td><td></td></tr></table>注：0 表示 OFF，1 表示 ON，○表示伺服电机旋转。
在按照下述方式设置 PD01 时，可以在内部变更为自动 ON（常闭）。
<table><tr><th rowspan="2">PD01 的设定值</th><th colspan="2">状态</th></tr><tr><th>LSP</th><th>LSN</th></tr><tr><td>_ 4 _ _</td><td>自动 ON</td><td>—</td></tr><tr><td>_ 8 _ _</td><td>—</td><td>自动 ON</td></tr><tr><td>_ C _ _</td><td>自动 ON</td><td>自动 ON</td></tr></table>当 LSP 或 LSN 变为关闭时，发生 AL.99 行程限制警告，WNG（警告）变为开启。在使用 WNG 时，设置 PD24、PD25 及 PD28 使其变为能够使用</td><td rowspan="2">DI-1</td><td rowspan="2">○</td><td rowspan="2">○</td><td rowspan="2">—</td></tr>
<tr><td>反转行程末端</td><td>LSN</td><td>CN1-44</td></tr>
<tr><td>外部转矩限制选择</td><td>TL</td><td>—</td><td>在关闭 TL 时，PA11（正转转矩限制）以及 PA12（反转转矩限制）变为有效；在开启 TL 时，TLA（模拟转矩限制）变为有效</td><td>DI-1</td><td>△</td><td>△</td><td>—</td></tr>
<tr><td>内部转矩限制选择</td><td>TL1</td><td>—</td><td>通过 PD03~PD20 使 TL1 能够使用时，可以选择 PC35（内部转矩限制 2）</td><td>DI-1</td><td>△</td><td>△</td><td>—</td></tr>
</table>

续表

<table>
<tr><th rowspan="2">信号名称</th><th rowspan="2">符号</th><th rowspan="2">接口
引脚编号</th><th rowspan="2">功能/应用</th><th rowspan="2">I/O
分配</th><th colspan="3">控制模式</th></tr>
<tr><th>P</th><th>S</th><th>T</th></tr>
<tr><td>正转启动</td><td>ST1</td><td>—</td><td rowspan="2">启动伺服电机，旋转方向如下。
<table>
<tr><th colspan="2">输入设备</th><th rowspan="2">伺服电机启动方向</th></tr>
<tr><th>ST1</th><th>ST2</th></tr>
<tr><td>0</td><td>0</td><td>停止（伺服锁定）</td></tr>
<tr><td>1</td><td>0</td><td>C W</td></tr>
<tr><td>0</td><td>1</td><td>CW</td></tr>
<tr><td>1</td><td>1</td><td>停止（伺服锁定）</td></tr>
</table>
注：0 表示 OFF，1 表示 ON。
当在运行中同时开启或关闭 ST1 和 ST2 时，将通过 PC02 的设定值减速停止后进行伺服锁定。
将 PC23 的值设置为“_ _ _ 1”时，减速停止后不会进行伺服锁定</td><td rowspan="2">DI-1</td><td rowspan="2"></td><td rowspan="2">△</td><td rowspan="2">—</td></tr>
<tr><td>反转启动</td><td>ST2</td><td>—</td></tr>
<tr><td>正转选择</td><td>RS1</td><td>—</td><td rowspan="2">选择伺服电机的转矩输出方向，转矩输出方向如下。
<table>
<tr><th colspan="2">输入设备</th><th rowspan="2">转矩输出方向</th></tr>
<tr><th>RS1</th><th>RS2</th></tr>
<tr><td>0</td><td>0</td><td>不输　出转矩</td></tr>
<tr><td>1</td><td>0</td><td>正转驱动・反转再生</td></tr>
<tr><td>0</td><td>1</td><td>反转驱动・正转再生</td></tr>
<tr><td>1</td><td>1</td><td>不输出转矩</td></tr>
</table>
注：0 表示 OFF；1 表示 ON</td><td rowspan="2">DI-1</td><td rowspan="2">—</td><td rowspan="2">—</td><td rowspan="2">△</td></tr>
<tr><td>反转选择</td><td>RS2</td><td>—</td></tr>
<tr><td>速度选择 1</td><td>SP1</td><td>—</td><td rowspan="3">①速度控制模式下，运行时的速度指令如下。
<table>
<tr><th colspan="3">输入设备</th><th rowspan="2">速度指令</th></tr>
<tr><th>SP1</th><th>SP2</th><th>SP3</th></tr>
<tr><td>0</td><td>0</td><td>0</td><td>VC（模拟速度指令）</td></tr>
<tr><td>1</td><td>0</td><td>0</td><td>PC05 内部速度指令 1</td></tr>
<tr><td>0</td><td>1</td><td>0</td><td>PC06 内部速度指令 2</td></tr>
<tr><td>1</td><td>1</td><td>0</td><td>PC07 内部速度指令 3</td></tr>
<tr><td>0</td><td>0</td><td>1</td><td>PC08 内部速度指令 4</td></tr>
<tr><td>1</td><td>0</td><td>1</td><td>PC09 内部速度指令 5</td></tr>
<tr><td>0</td><td>1</td><td>1</td><td>PC010 内部速度指令 6</td></tr>
<tr><td>1</td><td>1</td><td>1</td><td>PC011 内部速度指令 7</td></tr>
</table>
注：0 表示 OFF，1 表示 ON。
②转矩控制模式下，运行时的速度限制如下。
<table>
<tr><th colspan="3">输入设备</th><th rowspan="2">速度限制</th></tr>
<tr><th>SP1</th><th>SP2</th><th>SP3</th></tr>
<tr><td>0</td><td>0</td><td>0</td><td>VC（模拟速度限制）</td></tr>
<tr><td>1</td><td>0</td><td>0</td><td>PC05 内部速度限制 1</td></tr>
<tr><td>0</td><td>1</td><td>0</td><td>PC06 内部速度限制 2</td></tr>
<tr><td>1</td><td>1</td><td>0</td><td>PC07 内部速度限制 3</td></tr>
<tr><td>0</td><td>0</td><td>1</td><td>PC08 内部速度限制 4</td></tr>
<tr><td>1</td><td>0</td><td>1</td><td>PC09 内部速度限制 5</td></tr>
<tr><td>0</td><td>1</td><td>1</td><td>PC10 内部速度限制 6</td></tr>
<tr><td>1</td><td>1</td><td>1</td><td>PC11 内部速度限制 7</td></tr>
</table>
注：0 表示 OFF，1 表示 ON</td><td>DI-1</td><td>—</td><td>△</td><td>△</td></tr>
<tr><td>速度选择 2</td><td>SP2</td><td>—</td><td>DI-1</td><td>—</td><td>△</td><td>△</td></tr>
<tr><td>速度选择 3</td><td>SP3</td><td>—</td><td>DI-1</td><td>—</td><td>△</td><td>△</td></tr>
</table>

续表

<table>
<tr><th rowspan="2">信号名称</th><th rowspan="2">符号</th><th rowspan="2">接口
引脚编号</th><th rowspan="2">功能/应用</th><th rowspan="2">I/O
分配</th><th colspan="3">控制模式</th></tr>
<tr><th>P</th><th>S</th><th>T</th></tr>
<tr><td>电子齿轮选择 1</td><td>CM1</td><td>—</td><td rowspan="2">通过 CM1 和 CM2 的组合，能够选择 4 种电子齿轮分子。<table><tr><th colspan="2">输入设备</th><th rowspan="2">电子齿轮分子</th></tr><tr><th>CM1</th><th>CM2</th></tr><tr><td>0</td><td>0</td><td>PA06</td></tr><tr><td>0</td><td>1</td><td>PC32</td></tr><tr><td>1</td><td>0</td><td>PC33</td></tr><tr><td>1</td><td>1</td><td>PC34</td></tr></table>注：0 表示 OFF，1 表示 ON</td><td>DI-1</td><td>△</td><td>—</td><td>—</td></tr>
<tr><td>电子齿轮选择 2</td><td>CM2</td><td>—</td><td>DI-1</td><td>△</td><td>—</td><td>—</td></tr>
<tr><td>故障</td><td>ALM</td><td>CN1-48</td><td>发生报警时 ALM 关闭。
没有发生报警时，在开启电源 2.5～3.5 s 之后，ALM 开启。
将 PD34 的值设置为“_ _ 1 _”时，如果发生报警或警告，则 ALM 将会关闭</td><td>DO-1</td><td>○</td><td>○</td><td>○</td></tr>
<tr><td>准备完成</td><td>RD</td><td>CN1-49</td><td>伺服开启，进入可运行状态，RD 开启</td><td>DO-1</td><td>○</td><td>○</td><td>○</td></tr>
<tr><td>定位完成</td><td>INP</td><td rowspan="2">CN1-24</td><td>累计脉冲在设定到达范围内时，INP 开启。定位范围可以在 PA10 中变更。定位范围较大时，低速旋转时会常开。伺服开启后，INP 开启</td><td>DO-1</td><td>○</td><td>—</td><td>—</td></tr>
<tr><td>速度达到</td><td>SA</td><td>伺服电机转速接近设定速度时，SA 开启。设置转速为 20 r/min 以下时，始终为开启。
即使当 SON（伺服开启）关闭或者 ST1（正转启动）与 ST2（反转启动）同时关闭，并通过外力使伺服电机的转速达到设定转速，其也不会变为开启</td><td>DO-1</td><td>—</td><td>○</td><td>—</td></tr>
<tr><td>速度限制中</td><td>VLC</td><td rowspan="2">—</td><td>在转矩控制模式下，当达到 PC05（内部速度限制 1）～PC11（内部速度限制 7）或 VLA（模拟速度限制）中限制的速度时，VLC 开启。
SON（伺服 ON）关闭时会变为关闭</td><td>DO-1</td><td>—</td><td>—</td><td>△</td></tr>
<tr><td>转矩限制中</td><td>TLC</td><td>在发生转矩达到 PA11（正转转矩限制）、PA12（反转转矩限制）或 TLA（模拟转矩限制）中设置的转矩时，TLC 开启</td><td>DO-1</td><td>△</td><td>△</td><td>—</td></tr>
<tr><td>零速度检测</td><td>ZSP</td><td>CN1-23</td><td>伺服电机转速为零速度以下时，ZSP 开启。零速度可以在 PC17 中变更</td><td>DO-1</td><td>○</td><td>○</td><td>○</td></tr>
<tr><td>模拟转矩限制</td><td>TLA</td><td rowspan="2">CN1-27</td><td>在使用此信号时，在 PD03～PD20 中设置为可以使用 TL（外部转矩限制选择）。
TLA 有效时，在伺服电机输出转矩全范围内限制所有转矩。在 TLA 与 LG 之间加载 DC 0～+10 V 的电压。在 TLA 上连接+电源。在+10 V 下输出最大转矩。
当在 TLA 中输入大于最大转矩的限制值时，伺服电机将在最大转矩下被夹紧。
分辨率：10 位</td><td>模拟输入</td><td>△</td><td>△</td><td>—</td></tr>
<tr><td>模拟转矩指令</td><td>TC</td><td>控制伺服电机输出转矩全区域的转矩。在 TC 与 LG 之间加载 DC 0～±8 V 的电压。在±8 V 下输出最大转矩。此外，输入±8 V 时，对应的转矩可以在 PC13 中变更。当在 TC 中输入大于最大转矩的指令值时，伺服电机将在最大转矩下被钳制</td><td>模拟输入</td><td>—</td><td>—</td><td>○</td></tr>
</table>

续表

信号名称	符号	接口引脚编号	功能/应用	I/O 分配	控制模式		
					P	S	T
模拟速度指令	VC	CN1-2	在 VC 与 LG 之间加载 DC 0～±10 V 的电压。±10 V 时对应通过 PC12 中设置的转速。 当在 VC 中输入大于容许转速的指令值时，伺服电机将在容许转速下被钳制。 分辨率：14 位	模拟输入	—	○	—
模拟速度限制	VLA		在 VLA 与 LG 之间加载 DC 0～±10 V 的电压。±10 V 时对应通过 PC12 中设置的转速。 当在 VLA 中输入大于容许转速的限制值时，伺服电机将在容许转速下被钳制	模拟输入	—	—	○
正转脉冲串/反转脉冲串	PP NP PG NG	CN1-10 CN1-35 CN1-11 CN1-36	输入指令脉冲串。 • 使用集电极开路方式时（最大输入频率为 2×10^5脉冲/s）。 在 PP 和 DOCOM 之间输入正转脉冲串。 在 NP 和 DOCOM 之间输入反转脉冲串。 • 使用差动接收器方式时（最大输入频率为 4×10^6脉冲/s）。 在 PG 和 PP 之间输入正转脉冲串。 在 NG 和 NP 之间输入反转脉冲串。 指令输入脉冲串形式，脉冲串逻辑以及指令输入脉冲串滤波器可以在 PA13 中变更。 当指令脉冲串为 1～4×10^6脉冲/s 时，将 PA13 的值设置为“_ 0 _ _”	DI-2	○	—	—
电源							
数字 I/F 用电源输入	DICOM	CN1-20 CN1-21	输入/输出接口用 DC 24 V（DC 24 V ± 10% 300 mA）。电源容量根据使用的输入/输出接口的引脚数量不同而改变。 使用漏型接口时，连接 DC 24 V 外部电源的正极； 使用源型接口时，连接 DC 24 V 外部电源的负极	—	○	○	○
集电极开路电源输入	OPC	CN1-12	在通过集电极开路方式输入脉冲串时，向此端子提供 DC 24 V 的正极电源	—	○	—	—
数字 I/F 用公共端	DOCOM	CN1-46 CN1-47	DOCOM 是伺服驱动器的 EM2 等输入信号的公共端子，和 LG 相隔离。 使用漏型接口时，连接 DC 24 V 外部电源的负极； 使用源型接口时，连接 DC 24 V 外部电源的正极	—	○	○	○
DC 15 V 电源输出	P15R	CN1-1	向 P15R 与 LG 之间输出 DC 15 V 的电源。为 TC、TLA、VC、VLA 提供电源。 容许电流：30 mA。 电压变动：DC 13.5～16.5 V	—	○	○	○
控制共同端子	LG	CN1-3 CN1-28 CN1-30 CN1-34	LG 是 TLA、TC、VC、VLA、OP、MO1、MO2、P15R 的公共端子。各引脚在内部连接	—	○	○	○
屏蔽	SD	屏蔽	连接屏蔽线的外部导体	—	○	○	○

2．通用输入引脚的参数设定

设置通用输入引脚的功能是通过设定与其对应的参数 PD03～PD20 来完成的，功能参数是以 4 位十六进制数来设定的。通用输入引脚在不同控制模式下的功能不同。每一个引脚在 3 种控制模式下的功能设置如表 5-3 所示。每一个控制模式占用两位十六进制数。在表 5-3 中，×× 表示设定值输入位，标“*”的参数必须断电之后才能生效。

表 5-3　通用输入引脚的参数设定

<table>
<tr><th rowspan="2">参数/缩写</th><th rowspan="2">设 定 位</th><th rowspan="2">功　能</th><th rowspan="2">初始值</th><th colspan="3">控制模式</th></tr>
<tr><th>P</th><th>S</th><th>T</th></tr>
<tr><td rowspan="3">PD03
*DI1L</td><td colspan="6">可以将任意的输入设备分配到 CN1-15 引脚上</td></tr>
<tr><td>_ _××</td><td>位置控制模式下的软元件选择，其设定值的内容，请参照表 5-4</td><td>02h</td><td>○</td><td>—</td><td>—</td></tr>
<tr><td>××_ _</td><td>速度控制模式下的软元件选择，其设定值的内容，请参照表 5-4</td><td>02h</td><td>○</td><td>○</td><td>—</td></tr>
<tr><td rowspan="3">PD04
*DI1H</td><td colspan="6">CN1-15 引脚能够接收任意输入信号</td></tr>
<tr><td>_ _××</td><td>转矩控制模式下的软元件选择，其设定值的内容，请参照表 5-4</td><td>02h</td><td>—</td><td>—</td><td>○</td></tr>
<tr><td>_×_ _</td><td>厂商设定用</td><td>00h</td><td>—</td><td>—</td><td>—</td></tr>
<tr><td rowspan="3">PD11
*DI5L</td><td colspan="6">CN1-19 引脚能够接收任意输入信号</td></tr>
<tr><td>_ _××</td><td>位置控制模式下的软元件选择，其设定值的内容，请参照表 5-4</td><td>03h</td><td>○</td><td>—</td><td>—</td></tr>
<tr><td>××_ _</td><td>速度控制模式下的软元件选择，其设定值的内容，请参照表 5-4</td><td>07h</td><td>—</td><td>○</td><td>—</td></tr>
<tr><td rowspan="3">PD12
*DI5H</td><td colspan="6">CN1-19 引脚能够接收任意输入信号</td></tr>
<tr><td>_ _××</td><td>转矩控制模式下的软元件选择，其设定值的内容，请参照表 5-4</td><td>07h</td><td>—</td><td>—</td><td>○</td></tr>
<tr><td>_×_ _</td><td>厂商设定用</td><td>00h</td><td>—</td><td>—</td><td>—</td></tr>
<tr><td rowspan="3">PD13
*DI6L</td><td colspan="6">CN1-41 引脚能够接收任意输入信号</td></tr>
<tr><td>_ _××</td><td>位置控制模式下的软元件选择，其设定值的内容，请参照表 5-4</td><td>06h</td><td>○</td><td>—</td><td>—</td></tr>
<tr><td>××_ _</td><td>速度控制模式下的软元件选择，其设定值的内容，请参照表 5-4</td><td>08h</td><td>—</td><td>○</td><td>—</td></tr>
<tr><td rowspan="3">PD14
*DI6H</td><td colspan="6">CN1-41 引脚能够接收任意输入信号</td></tr>
<tr><td>_ _××</td><td>转矩控制模式下的软元件选择，其设定值的内容，请参照表 5-4</td><td>08h</td><td>—</td><td>—</td><td>○</td></tr>
<tr><td>_×_ _</td><td>厂商设定用</td><td>00h</td><td>—</td><td>—</td><td>—</td></tr>
<tr><td rowspan="3">PD17
*DI8L</td><td colspan="6">CN1-43 引脚能够接收任意输入信号</td></tr>
<tr><td>_ _××</td><td>位置控制模式下的软元件选择，其设定值的内容，请参照表 5-4</td><td>0Ah</td><td>○</td><td>—</td><td>—</td></tr>
<tr><td>××_ _</td><td>速度控制模式下的软元件选择，其设定值的内容，请参照表 6-4</td><td>0Ah</td><td>—</td><td>○</td><td>—</td></tr>
<tr><td rowspan="3">PD18
*DI8H</td><td colspan="6">CN1-43 引脚能够接收任意输入信号</td></tr>
<tr><td>_ _××</td><td>转矩控制模式下的软元件选择，其设定值的内容，请参照表 5-4</td><td>00h</td><td>—</td><td>—</td><td>○</td></tr>
<tr><td>_×_ _</td><td>厂商设定用</td><td>0h</td><td>—</td><td>—</td><td>—</td></tr>
</table>

续表

参数/缩写	设 定 位	功 能	初始值	控制模式		
				P	S	T
PD19 *DI9L	CN1-44 引脚能够接收任意输入信号					
	_ _××	位置控制模式下的软元件选择，其设定值的内容，请参照表 5-4	0Bh	○	—	—
	××_ _	速度控制模式下的软元件选择，其设定值的内容，请参照表 5-4	0Bh	—	○	—
PD20 *DI9H	CN1-44 引脚能够接收任意输入信号					
	_ _××	转矩控制模式下的软元件选择，其设定值的内容，请参照表 5-4	00h	—	—	○
	_×_ _	厂商设定用	0h	—	—	—

注：标“—”的部分表示厂商设定用（表 5-4 中标“—”的部分含义同此），○表示可用。

表 5-4 输入设备参数设定值的含义

设 定 值	输 入 信 号		
	P	S	T
02	SON	SON	SON
03	RES	RES	RES
04	PC	PC	—
05	TL	TL	—
06	CR	—	—
07	—	ST1	RS2
08	—	ST1	RS1
09	TL1	TL1	—
0A	LSP	LSP	—
0B	LSN	LSN	—
0D	CDP	CDP	—
20	—	SP1	SP1
21	—	SP2	SP2
22	—	SP3	SP3
23	LOP	LOP	LOP
24	CM1	—	—
25	CM2	—	—
26	—	STAB2	STAB2

注：在分配 LOP（控制切换）时，所有的控制模式都被分配到同一个引脚上。

3. 通用输出引脚的参数设定

设置通用输出引脚的功能是通过设定与其对应的参数 PD24、PD25、PD28 来完成的，功能参数是以 4 位十六进制数来设定的。通用输出引脚在不同控制模式下的功能不同。每一个控制模式占用两位十六进制数。每一个引脚在 3 种控制模式下的功能设置如表 5-5 所示，表中的××表示设定值输入位，标“*”的参数必须断电之后才能生效。输出设备参数设定值的含义如表 5-6 所示。

表 5-5　通用输出引脚的参数设定

参数/缩写	设定位	功　能	初始值	控制模式		
				P	S	T
PD24 *DO2	_ _ x x	信号选择 CN1-23 引脚能够接收任意输出信号。 有关设定值的内容，请参照表 5-6	0Ch	○	○	○
PD25 *DO3	_ _ x x	信号选择 CN1-24 引脚能够接收任意输出信号。 有关设定值的内容，请参照表 5-6	04h	○	○	○
PD28 *DO6	_ _ x x	信号选择 CN1-49 引脚能够接收任意输出信号。 有关设定值的内容，请参照表 5-6	02h	○	○	○

注：○表示可用。

表 5-6　输出设备参数设定值的含义

设 定 值	输 出 信 号		
	P	S	T
00	始终关闭	始终关闭	始终关闭
02	RD	RD	RD
03	ALM	ALM	ALM
04	INP	SA	始终关闭
05	MBR	MBR	MBR
07	TLC	TLC	VLC
08	WNG	WNG	WNG
0A	始终关闭	SA	始终关闭
0B	始终关闭	始终关闭	VLC
0C	ZSP	ZSP	ZSP
0D	MTTR	MTTR	MTTR
0F	CDPS	始终关闭	始终关闭

5.1.4　伺服驱动器的输入/输出引脚接线

1. 数字量输入引脚的接线

伺服驱动器的数字量输入引脚用于输入开关信号，如启动、正转、反转和停止信号等。根据开关闭合时输入引脚的电流方向不同，可分为漏型输入方式和源型输入方式。不管采用哪种输入方式，三菱伺服驱动器都能接受，这是因为数字量输入引脚内部采用双向光电耦合器，如图 5-12 所示。

伺服驱动器的输入/输出引脚接线

漏型输入是指以电流从输入引脚流出的方式输入开关信号，其接线方式如图 5-12（a）所示，伺服驱动器的 EM2 等端子可以接收继电器开关及漏型（NPN 集电极开路）的晶体管输出信号。源型输入是指以电流从输入引脚流入的方式输入开关信号，其接线方式如

图 5-12（b）所示，伺服驱动器的 EM2 等端子可以接收继电器开关及源型（PNP 集电极开路）的晶体管输出信号。

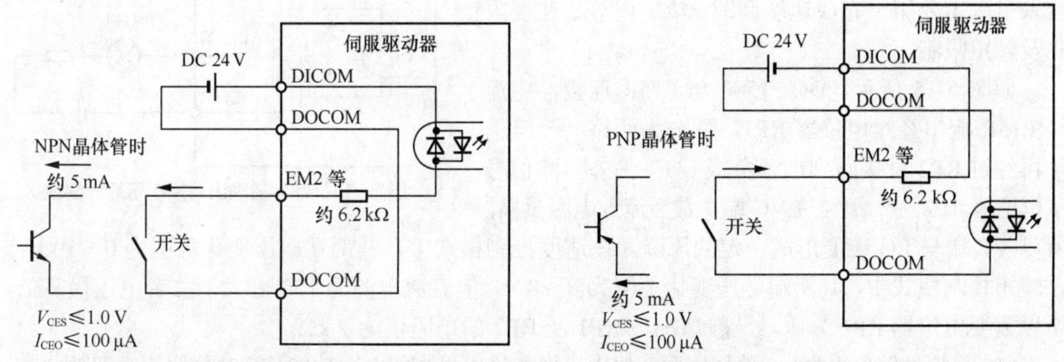

（a）漏型输入接线方式　　（b）源型输入接线方式

图 5-12　伺服驱动器数字量输入引脚的接线方式

📖 **注意：**

三菱伺服驱动器源型输入方式和漏型输入方式的定义与西门子伺服驱动器相反。

2. 数字量输出引脚的接线

伺服驱动器的数字量输出引脚是通过内部晶体管的导通与截止来输出 0、1 信号的，能够驱动指示灯、继电器或者光电耦合器等。

其输出接线方式也分为漏型和源型两种。

伺服驱动器数字量输出引脚内部电路如图 5-13 所示。输出光电耦合器与负载之间接了一个全波桥式整流电路，其作用不是外接交流电源，而是根据外接直流电源的极性不同，形成源型和漏型输出电路。图 5-13（a）所示是漏型输出接线方式，是当输出晶体管导通时，集电极端子电流流入的输出类型。图 5-13（b）所示是源型输出接线方式，是当输出晶体管导通时，集电极端子电流流出的输出类型。从图 5-13 中可以看出，如果数字量输出端接的是继电器线圈等感性负载，就需要在线圈两端并联一个二极管来吸收线圈产生的反峰电压。

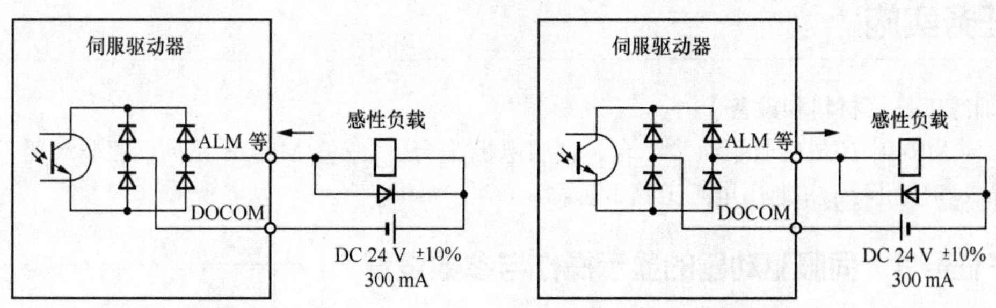

（a）漏型输出接线方式　　（b）源型输出接线方式

图 5-13　伺服驱动器数字量输出引脚内部电路

📖 **注意：**

两种输出接线方式中，二极管的极性不要接反。如果接反，伺服驱动器输出端会因短路而发生故障。如果数字量输出端接指示灯，由于指示灯的冷电阻很小，因此为防止晶体管刚导通时因流过的电流过大而损坏，通常需要给指示灯串联一个限流电阻，以便对浪涌电流进行抑制，如图 5-14 所示。

3. 模拟量输入/输出引脚的接线

（1）模拟量输入引脚。三菱伺服驱动器中模拟量输入引脚主要用于完成速度调节、转矩调节或速度限制及转矩限制。

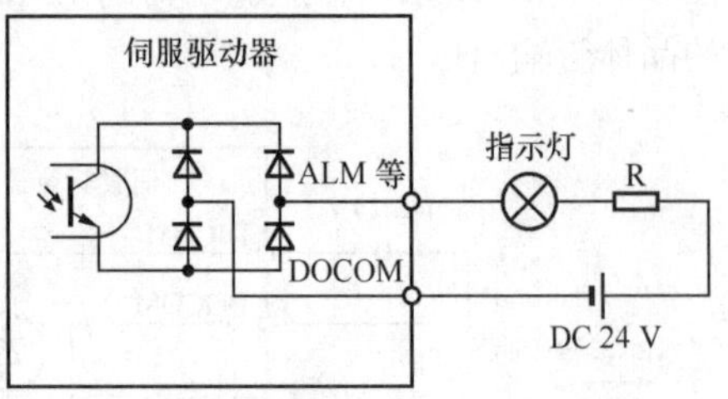

图 5-14　数字量输出端接指示灯的接线

如图 5-15 所示，DC +15 V 与 P15R 连接，电流从 P15R 流出经过电位器 RP1，并分为两路：一路信号再经过 RP2 直接回到电源负极 LG；另外一路信号从电位器 RP2 另一端经过 VC 端，最后流入电源负极，所以 VC 端与 LG 端便形成一定的压降。在速度控制模式中，其两端电压变化范围为 0～10 V；在转矩控制模式中，其两端电压变化范围为 0～8 V，但直流电源为 15 V，大于二者电压最高值，所以需要电位器 RP1 分压，一般情况下 RP1 及 RP2 的电阻值为 2 kΩ。

（2）模拟量输出引脚。三菱伺服驱动器中模拟量输出引脚的主要功能是反映伺服驱动器的状态，如电机旋转速度、输入脉冲频率、输出转矩等。如图 5-16 所示，三菱伺服驱动器中模拟量输出引脚有两个通道，即 MO1 和 MO2，由于两个通道相似，因此这里只分析 MO1。伺服驱动器通过 D/A 转换将模拟量从 MO1 端送出，在出厂状态下，MO1（模拟监视器 1）输出伺服电机转速，MO2（模拟监视器 2）输出转矩，但是设置参数 PC14 和 PC15 可以变更 MO1 和 MO2 的输出内容。

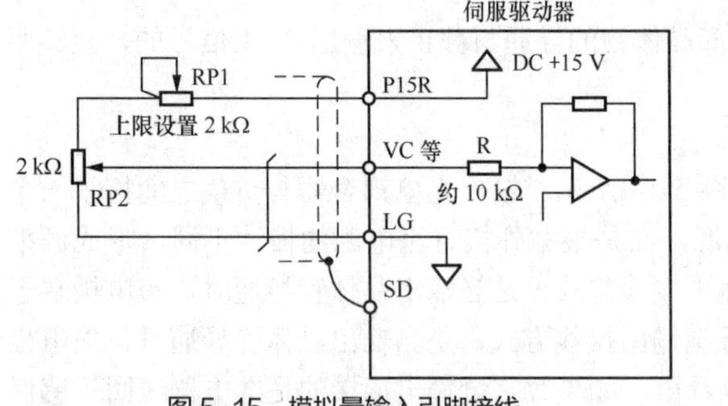

图 5-15　模拟量输入引脚接线

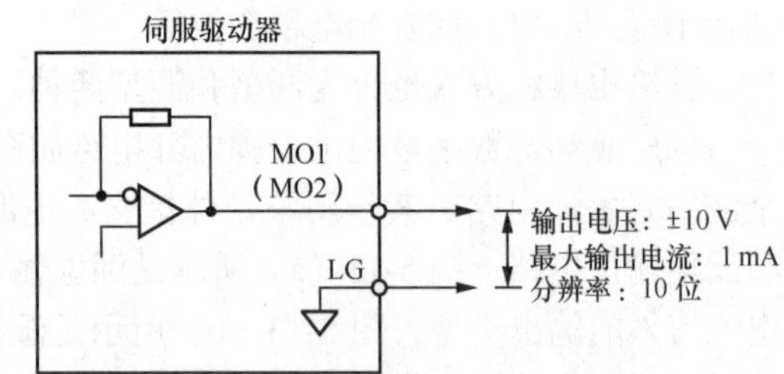

图 5-16　模拟量输出引脚接线

任务实施

【训练工具、材料和设备】

三菱 MR-JE-10A 伺服驱动器 1 台、伺服电机 1 台、《三菱 MR-JE 系列伺服驱动器手册》1 本、开关和按钮若干、通用电工工具 1 套。

子任务 1　伺服驱动器的显示操作与参数设置

1. 任务要求

使用伺服驱动器的操作面板进行参数设置，并能通过外部 I/O 信号显示监控输入/输出引脚的信号状态。

2. 认识操作面板

如图 5-17 所示，操作面板上有“MODE”“↑”（UP）“↓”（DOWN）“SET”4 个按键和一个 5 位 7 段 LED 监视器，利用它们可以设置伺服驱动器的状态、报警、参数等，此外，可以同时按下“MODE”键和“SET”键来进入单键调整模式。

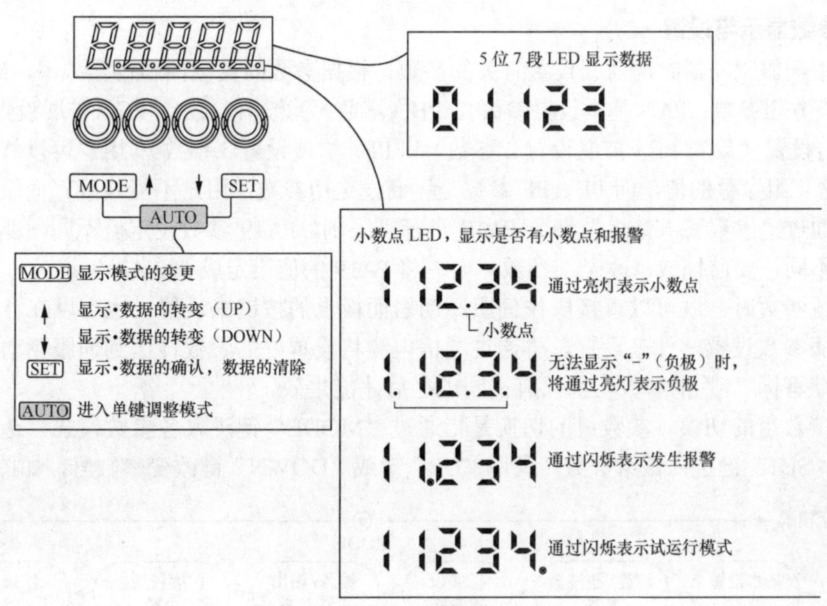

图 5-17　伺服驱动器的操作面板

3. 各种模式的显示与切换

三菱伺服驱动器各种模式的显示与切换

伺服驱动器通电后，LED 监视器处于状态显示模式，此时显示为 C ，反复按“MODE”键，可让伺服驱动器的显示模式在表 5-7 所示的状态之间切换。当 LED 显示器处于某种模式时，按“UP”键和“DOWN”键，可以在该模式中选择不同的选项进行详细设置。

表 5-7　各种显示模式及初始画面

显示模式的变化	初 始 画 面	功　能
状态显示	C	伺服状态显示。 电源投入时，显示为 C
一触式调整	AUTo	一触式调整。 进行一触式调整时，进行选择
诊断	rd-oF	顺序显示、外部信号显示、输出信号（DO）强制输出、试运行、软件版本显示、VC 自动偏置、伺服电机系列 ID 显示、伺服电机类型 ID 显示、伺服电机编码器 ID 显示、驱动记录器有效/无效显示等
报警	AL---.	当前报警显示、报警历史显示及参数错误编号显示等
基本设置参数	P A01	基本设置参数的显示和设定
增益·滤波器参数	P b01	增益·滤波器参数的显示和设定
扩展设置参数	P C01	扩展设置参数的显示和设定
输入/输出设置参数	P d01	输入/输出设置参数的显示和设定
扩展设置 2 参数	P E01	扩展设置 2 参数的显示和设定
扩展设置 3 参数	P F01	扩展设置 3 参数的显示和设定

MODE

4．参数显示与设置

在使用伺服驱动器时，需要设置有关的参数。根据参数的安全性和设置频率，MR-JE- A 伺服驱动器有 6 组参数：PA（基本设置参数）、PB（增益 • 滤波器参数）、PC（扩展设置参数）、PD（输入/输出设置参数）、PE（扩展设置 2 参数）和 PF（扩展设置 3 参数）。用户可以修改 PA、PB、PC、PD 这 4 组参数的值，而 PE、PF 参数是厂商设定用参数，用户不能修改。伺服驱动器对参数的设置通过“参数写入禁止”参数 PA19 进行了限制。PA19 参数设定值不同，能够操作参数的权限也不同，要监控或修改全部参数，要先将 PA19 的值设定成 00AAh。

在设置参数时，既可以直接操作伺服驱动器面板上的按键来设置，也可以在计算机中使用专门的伺服参数设置软件来设置，再通过通信电缆将设置好的参数传送到伺服驱动器中。注意凡是参数缩写标“*”的参数，都只有在断电之后才能生效。

（1）参数组的切换。参数组的切换是指通过“MODE”键进入各参数模式，选择好某组参数后，按“SET”键进入该组参数，利用“UP”键或“DOWN”键改变参数号，如图 5-18 所示。

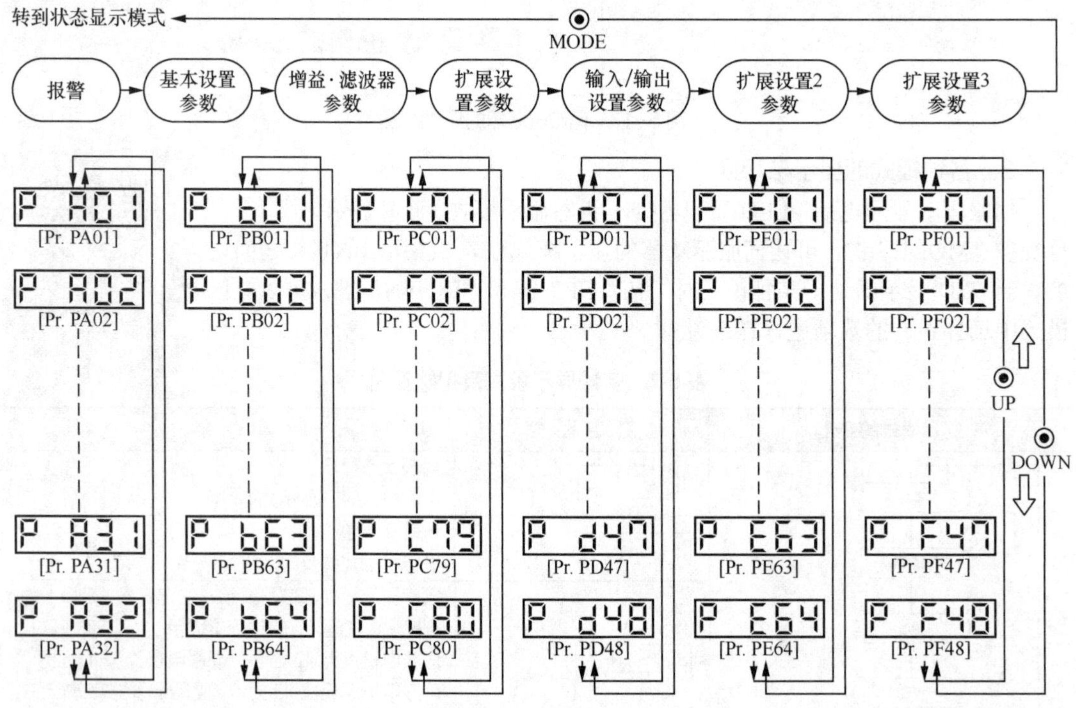

图 5-18　各种模式的显示与操作

（2）参数的修改。参数修改分为 5 位及以下数据的参数修改和 6 位及以上数据的参数修改两种修改操作。所有参数修改后，必须按“SET”键确认。

伺服驱动器的参数修改

① 5 位及以下数据的参数修改。多数参数的设定值均为 5 位及以下数据。按“MODE”键进入基本参数设置画面，接着按“UP”键或“DOWN”键找到需要修改的参数。例如，将运行模式（参数 PA01）变更为速度控制模式时，接通电源后的操作方法如图 5-19（a）所示。修改完毕后，继续按“UP”键或“DOWN”键移动到下一个参数。

② 6 位及以上数据的参数修改。当参数位数超过 5 位（6 位及以上）时，必须分两次修改设定值。这时，参数设定值分成低 4 位和高 4 位两个部分。通过规定操作分别设定。下面以电

子齿轮分子参数（PA06）为例进行说明，将 PA06 的值变更为“123456”时的操作方法如图 5-19（b）所示。

🕮 **注意：**

更改 PA01 的值需要在修改设定值后关闭一次电源，再重新接通电源后，更改才会生效。对于在参数列表中缩写前附有“*”标记的参数，需在设置后先关闭电源 1 s 以上，再次接通才会有效。

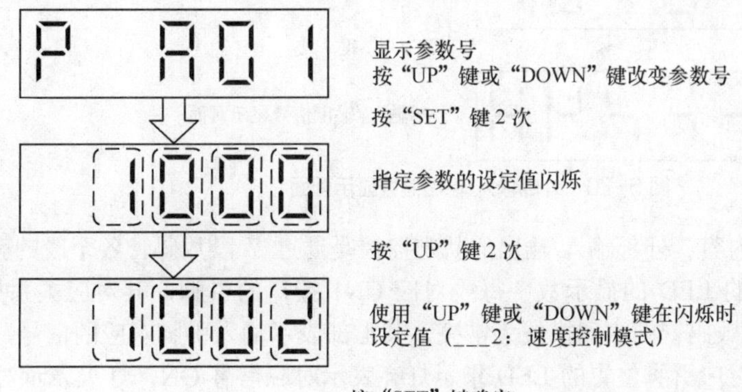

（a）5 位及以下数据的参数修改

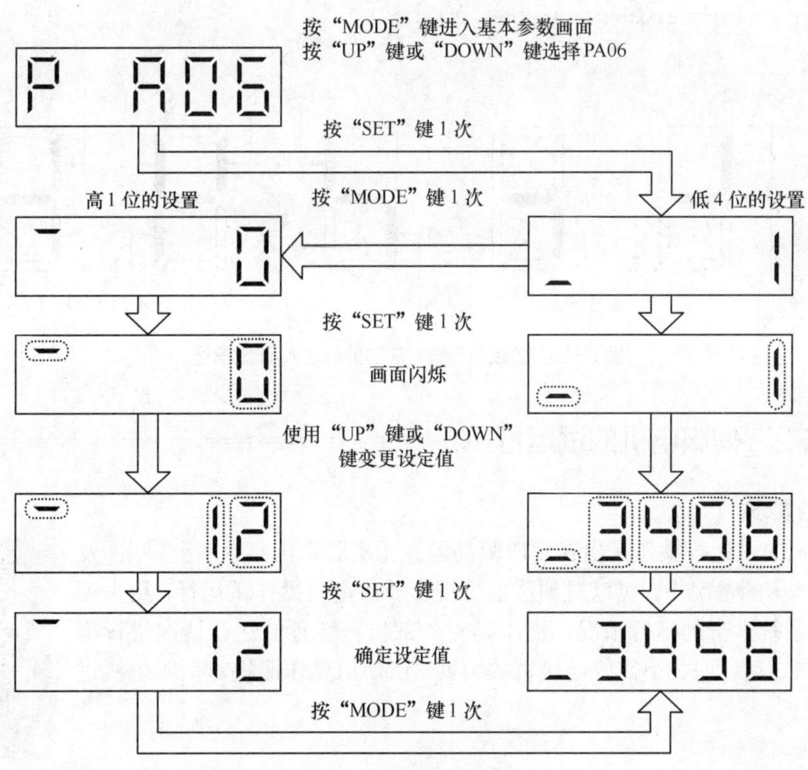

（b）6位及以上数据的参数修改

图 5-19　设置参数的操作方法

5. 伺服驱动器外部输入/输出信号显示

在诊断模式下切换到“外部输入/输出信号显示”，可监控伺服驱动器的外部输入/输出信号。输入/输出信号的内容可以通过输入/输出设置参数 PD03～PD28 进行变更。

（1）显示操作方式。按“MODE”键进入诊断画面，如图5-20所示，按“UP”键2次切换到外部输入/输出信号显示画面，此时伺服驱动器上的LED监视器会显示外部输入/输出信号ON/OFF的状态。

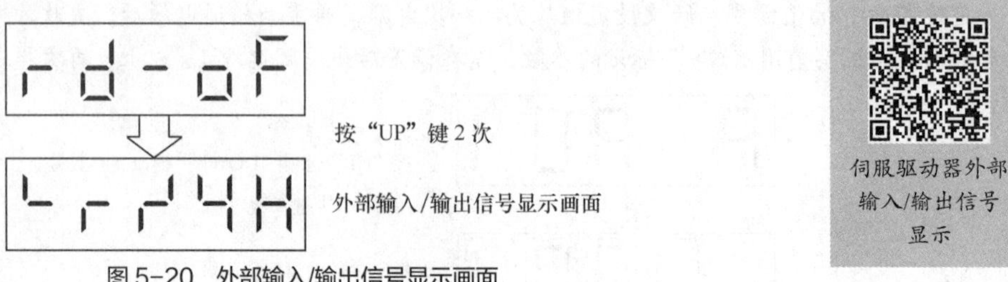

图5-20　外部输入/输出信号显示画面

（2）显示内容。外部输入/输出的状态监控是通过7段数码管各个段的亮灭来表示的。由7段数码管组成的LED的显示数字每段对应CN1接口的引脚，其对应关系如图5-21所示。如图5-21所示，数码管的中间横线为常亮，其上部表示输入引脚对应的信号，下部表示输出引脚对应的信号。对应引脚位置的LED指示灯亮表示对应信号ON，灯灭表示对应信号OFF。至于各引脚表示何种信号，则由各引脚对应的PD参数定义。例如，输入引脚CN1-15固定为SON信号输入。图5-21中SON对应的段（中间数码管上部右段）灯亮，表示SON信号为ON，伺服开启；而灯灭，表示SON信号为OFF，伺服停止。

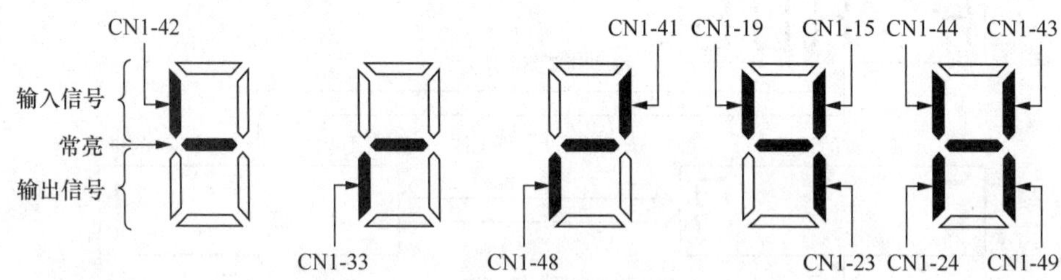

图5-21　7段数码管对应的外部输入/输出信号

子任务2　伺服电机的试运行

1. 任务要求

伺服电机的试运行操作是指在伺服驱动器并无实际输出指令（指令脉冲及指令信号输入）的情况下，可以对伺服电机进行一次定位操作试运行，用来测试伺服控制系统本身的运行情况，而不是对外部机械装置的运行情况进行确认。因此，在试运行时，不需要连接机械装置。请使用操作面板对伺服电机进行试运行操作。

2. 接线

如图5-22所示，首先将单相电源通过接触器的主触点接到伺服驱动器的L1、L3端子上，U、V、W端子接伺服电机，将编码器的接口插到CN2上，将24 V电源的正极接到DICOM引脚上，24 V电源的负极接到DOCOM引脚上。合上断路器的电源开关，按下得电按钮SB1，接触器的主触点闭合，此时伺服驱动器显示报警信息AL E6.1。用紧急停止按钮SB0或导线将EM2端与DOCOM端相连接，报警信息清除。

📖 注意：

试运行只有使伺服开启信号（SON）为 OFF 后才能进行，因此图 5-22 中的 SON 不接开关。试运行操作中，在出现动作异常时，使用紧急停止信号 EM2 停止。

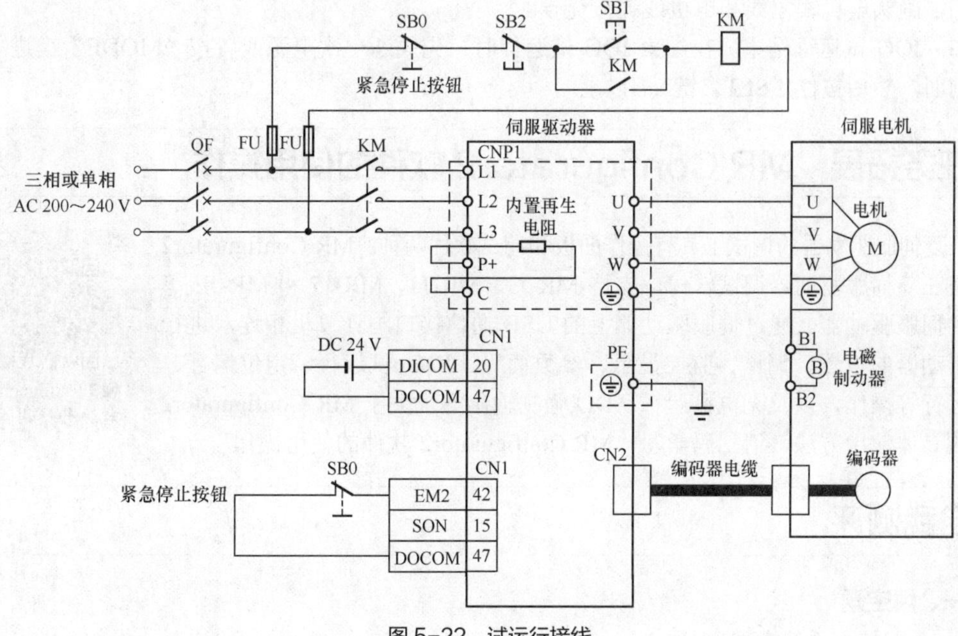

图 5-22 试运行接线

3. 参数设置

进行 JOG 试运行时，需要将 EM2、正转行程末端 LSP 和反转行程末端 LSN 等信号设置成 ON。因此，紧急停止信号 EM2 在图 5-22 中必须通过常闭按钮实现 ON，而 LSP、LSN 信号通过将 PD01 的值设置为“_ C _ _”，可以自动闭合，不需要从外部输入引脚接行程开关。

📖 注意：

此时不要开启 SON，否则图 5-23 中的第一行会显示 RD-ON，此时不能进行试运行的操作。

4. 运行操作

（1）连续按 2 次“MODE”键进入诊断画面，此时显示 RD-OF。按照图 5-23 所示的步骤选择点动运行或者无电机运行。

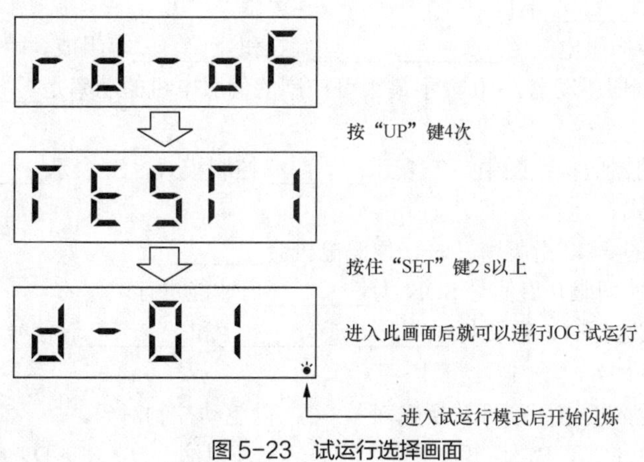

图 5-23 试运行选择画面

（2）JOG 试运行。按“UP”键时，伺服电机以 200 r/min 正转，按“DOWN”键时，伺服电机以 200 r/min 反转，正反转的加减速时间为 1000 ms。松开“UP”键或“DOWN”键时，伺服电机停止。试运行的速度以及加减速时间均为出厂设定值，且不能通过操作面板修改。若试运行正确，确认电机编码线和电机线连接无误。

（3）JOG 试运行结束。在结束 JOG 试运行时，先关断一次电源或者按“MODE”键进入下一个画面，然后按住“SET”键 2 s 以上。

任务拓展　MR Configurator2 软件的使用操作

三菱伺服驱动器的调试工具有操作面板和调试软件两种。MR Configurator2 软件是三菱伺服驱动器调试软件，支持 MR-J3、MR-J4、MR-J5 和 MR-JE 等系列的伺服驱动器。通过伺服驱动器上的 USB 通信接口与计算机相连，进行伺服驱动器的设置、调谐、监控显示、参数读写、JOG 试运行、定位运行、程序运行等操作，以及无电机运行、DO 强制输出等。关于 MR Configurator2 软件的具体使用方法，请扫码学习“MR Configurator2 软件的使用操作”。

MR Configurator2
软件的使用操作

自我测评

一、填空题

1．伺服控制系统主要由________________、________________、________________、________________和________等 5 部分组成。

2．三菱伺服驱动器的控制模式主要有________________模式、________________模式和________________模式 3 种。

3．伺服控制系统常用________________来检测转速和位置。

4．伺服驱动器的数字量输入端可采用________________输入方式和________________输入方式。

5．伺服电机按其使用的电源性质不同可分为________伺服电机和________伺服电机两大类。

6．交流伺服电机按其工作原理可分为交流________电机和交流________电机，目前运动控制中一般都采用交流________电机。

7．交流永磁同步伺服电机由________、________和________等组成。

8．MR-JE-10A 伺服驱动器，10 表示最大可控制的伺服电机的功率是________kW，A 表示________接口。

9．三菱伺服驱动器的接线图中，P 表示________控制模式，S 表示________控制模式，T 表示________控制模式。

10．伺服驱动器的 EM2 引脚断开时，伺服电机会________。

11．试运行只有使伺服开启信号 SON 为________后才能进行。

12．进行 JOG 试运行时，需要将________、________和________等信号设置成 ON。

二、选择题

1．伺服电机将输入的电压信号转换成（　　），以驱动控制对象。

A．动力　　B．转矩　　C．电流　　D．角速度和角位移

2. 伺服电机内部通常引出两组电缆，一组电缆与电机内部绕组连接，另一组电缆与（　　）连接。

A. 编码器　　B. 伺服驱动器　　C. 步进驱动器　　D. 三相电源

3. 三菱晶体管 NPN 输出型 PLC 与三菱 MR-JE-10A 伺服驱动器的数字量输入端相连接时，伺服驱动器应该采用（　　）输入方式。

A. 源型　　B. 漏型　　C. 差动　　D. 集电极开路

4. MR-JE 系列的伺服电机采用（　　）脉冲/转分辨率的增量式编码器。

A. 136027　　B. 141072　　C. 131072　　D. 135072

5. 三菱伺服驱动器输入/输出信号用接口 CN1 是（　　）引脚接口。

A. 30　　B. 50　　C. 20　　D. 40

6. LSP、LSN 信号通过将 PD01 的值设置为（　　），可以自动闭合，不需要从外部输入引脚接行程开关。

A. _ B _ _　　B. _ A _ _　　C. _ D _ _　　D. _ C _ _

7. 如果需要将伺服驱动器的 15 引脚功能设置为 SON 功能，则必须使 PD03=（　　）。

A. 05　　B. 08　　C. 03　　D. 02

8. 如果需要将伺服驱动器的 23 引脚功能设置为 INP 功能，则必须使 PD24=（　　）。

A. 02　　B. 03　　C. 04　　D. 05

9. MR-JE-A 伺服驱动器有 6 组参数，其中 PA 是（　　）参数，PD 是（　　）参数。

A. 基本设置　　B. 增益·滤波器　　C. 输入/输出设置　　D. 扩展设置

10. 伺服驱动器显示报警信息 AL E6.1 时，需要用紧急停止按钮 SB0 或导线将（　　）端与 DOCOM 端相连接，以清除报警信息。

A. SON　　B. EM2　　C. LSP　　D. LSN

任务5.2 伺服电机的速度控制和转矩控制

任务导入

速度控制模式的结构如图 5-24 所示。当伺服驱动器工作在速度控制模式时，通过控制输出电源的频率来对电机进行调速。此时的伺服驱动器类似于变频器。但由于伺服驱动器能接收伺服电机的编码器送来的转速信息，因此其不但能调节电机的速度，还能让电机转速保持稳定。

速度控制模式的速度可以通过模拟量（例如电位器）或者速度选择开关进行给定，最多可设置 8 速。

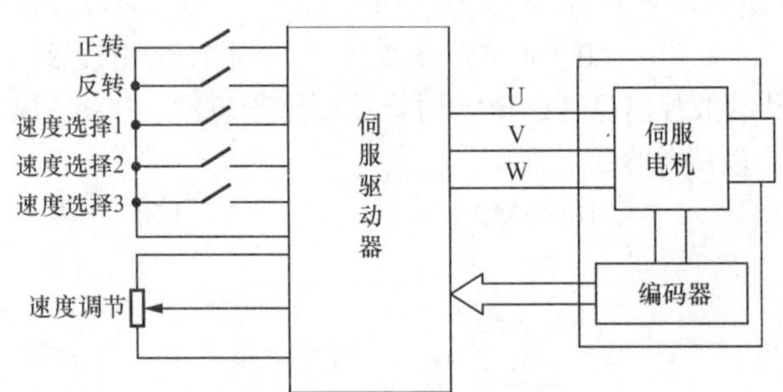

图 5-24　速度控制模式的结构

转矩控制模式的结构如图 5-25 所示。当伺服驱动器工作在转矩控制模式时，通过外部模拟量输入控制伺服电机的输出转矩大小。操作伺服驱动器的输入电位器，可以调节伺服电机的输出转矩。

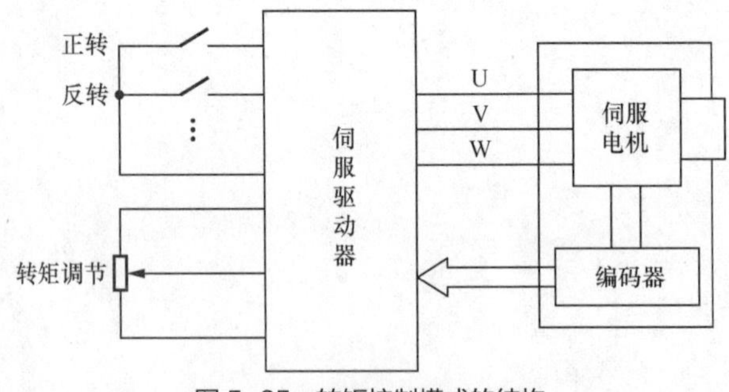

图 5-25　转矩控制模式的结构

三菱 MR-JE 系列伺服驱动器的速度控制模式和转矩控制模式如何接线？如何设置参数？请带着这些问题进入任务 5.2。

相关知识

5.2.1 速度控制模式

1. 接线图

使用漏型输入/输出接口时，速度控制模式的接线如图 5-26 所示，ST1 和 ST2 控制伺服电机正反转。从图 5-26 中可以看出，速度的控制方式有两种，一种是通过 P15R、VC 和 LG 引脚上接的电位器按照模拟量速度指令设定的速度运行，另外一种是通过速度选择端 SP1、SP2、SP3 按照内部速度指令设定的速度运行。TLA 和 LG 引脚之间加载 DC 0～±8 V 的电压，在±8 V 下输出最大转矩。当在 TLA 中输入大于最大转矩的设定值时，伺服电机将在最大转矩下被夹紧。

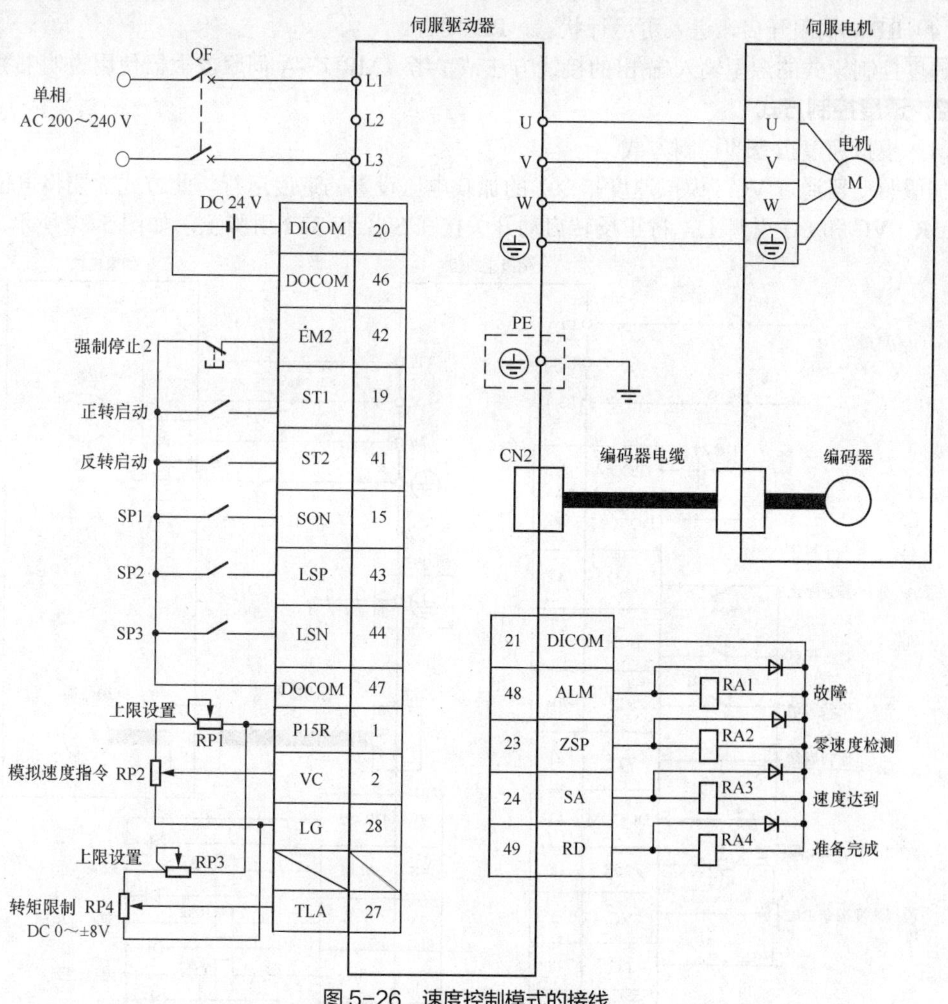

图 5-26 速度控制模式的接线

① 伺服控制系统运行时，务必将 EM2（强制停止 2）设为 ON。

② 以速度控制模式运行时，务必将 SON（伺服开启）、LSP（正转行程末端）以及 LSN（反转行程末端）设为 ON，由于伺服驱动器的数字量输入信号有限，因此需要设置 PD01=0C04（其

设置请参考表 5-9)，SON、LSP、LSN 内部自动置为 ON。

③ ALM（故障）在没有发生报警时为 ON。

④ 在输入负电压时，请使用外部电源。

图 5-26 中的输出有 4 个信号，分别表示 ALM（故障）、ZSP（零速度检测）、SA（速度达到）、RD（准备完成）等。

（1）ALM：接中间继电器 RA1 的线圈或指示灯，发生报警时 ALM 断开。将 PD34 的值设置为"_ _ 1 _"时，若没有发生报警，接通电源 2.5～3.5 s 之后，ALM 将会闭合；如果发生报警或警告，则 ALM 将会断开。

（2）ZSP：伺服电机转速为零速度以下时，ZSP 闭合。零速度可以在 PC17（在零速度检测的输出范围内设置）中变更。

（3）SA：伺服电机的转速达到按照内部速度指令或者模拟速度指令设定的转速时，SA 闭合。设置转速为 20 r/min 以下时 SA 将始终为闭合。

（4）RD：伺服开启，进入可运行状态，RD 闭合。

速度控制模式的源型输入/输出的接线方法请参考《MR-JE-A 伺服放大器使用说明书》。

2. 速度控制方式

（1）模拟速度指令的控制方式

伺服驱动器通过 VC（模拟速度指令）的加载电压设置的速度运行，此方式需要将电位器接在 P15R、VC 和 LG 引脚上，将正反转启动开关接在 ST1 和 ST2 引脚上，如图 5-27 所示。

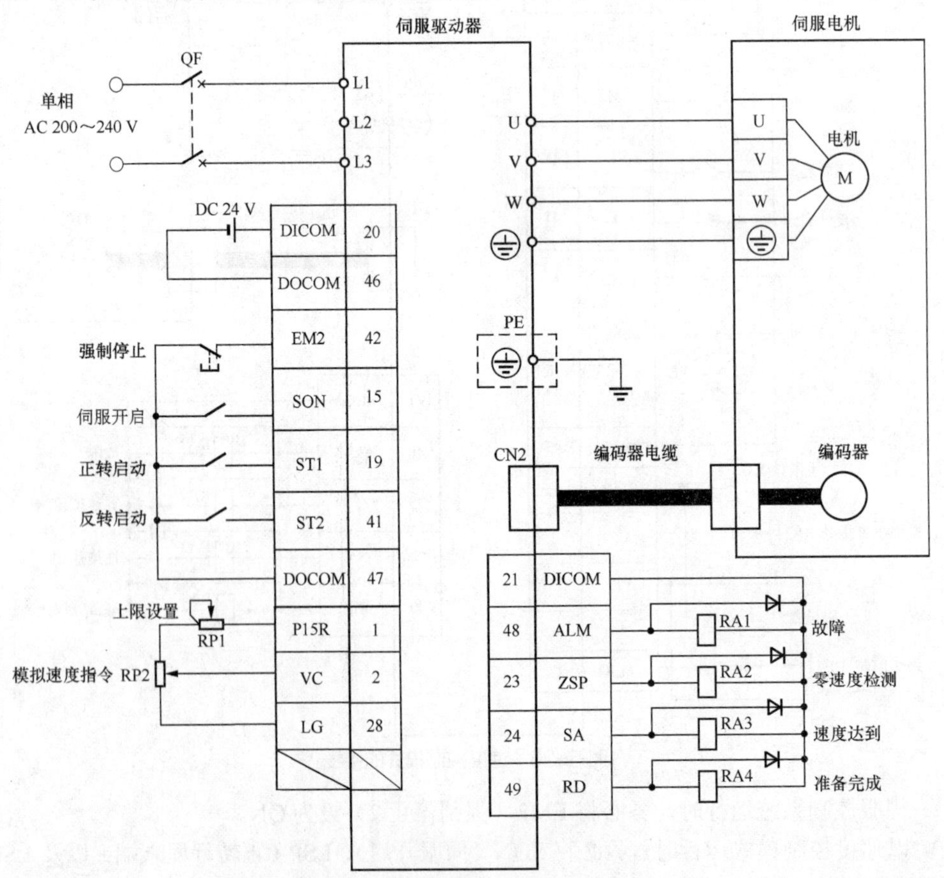

图 5-27　模拟速度指令控制方式的接线

首先闭合 SON，接着闭合正转启动开关或反转启动开关，伺服电机开始运行，此时调节电位器的值，就可以调节加在 VC 和 LG 之间的电压，从而调节伺服电机的速度。P15R 对外提供一个 15 V 的电压，而 VC 和 LG 之间的模拟量给定电压为 0～±10 V，即 VC 上最高电压为 10 V，为了不使 VC 上所加电压超过 10 V，在图 5-27 中接了 RP1 和 RP2 两个电位器，RP1 在这里起分压作用。在输入负电压时，必须使用外部电源。

VC 的加载电压与伺服电机转速的关系如图 5-28 所示。伺服电机旋转分为顺时针旋转和逆时针旋转，则对应的输入电压应分为+10 V 和−10 V。在初始设置下，±10 V 对应额定转速，±10 V 时的转速可以在 PC12 中变更。

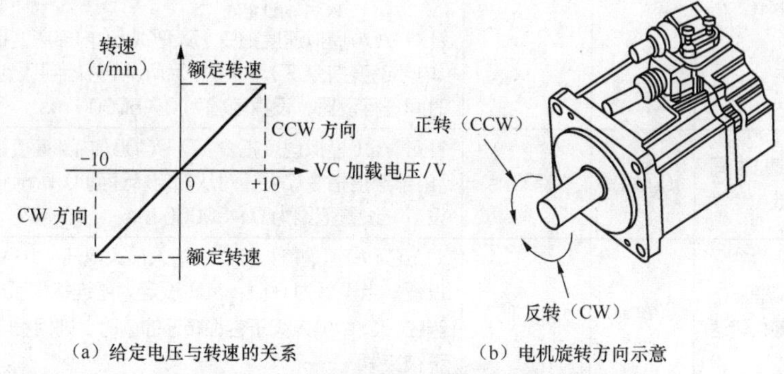

（a）给定电压与转速的关系　　（b）电机旋转方向示意

图 5-28　VC 的加载电压与伺服电机转速的关系

用正转启动信号 ST1 和反转启动信号 ST2 决定电机旋转方向，如表 5-8 所示，其中 0 表示 OFF，1 表示 ON，CCW 表示正转，CW 表示反转。

表 5-8　速度控制模式下的电机旋转方向

输入信号		旋转方向			
ST1	ST2	VC（模拟速度指令）			内部速度指令
		+极性	0 V	−极性	
0	0	停止（伺服锁定）	停止（伺服锁定）	停止（伺服锁定）	停止（伺服锁定）
1	0	CCW	停止（伺服锁定）	CW	CCW
0	1	CW	停止（伺服锁定）	CCW	CW
1	1	停止（伺服锁定）	停止（伺服锁定）	停止（伺服锁定）	停止（伺服锁定）

要实现模拟速度指令的调速控制，连续按“MODE”键直到出现 PA01 的参数设置画面，然后按照表 5-9 所示的数据设置参数，表 5-9 中在“设定位”的“×”处输入数值，标“*”的参数必须断电之后才能生效。

表 5-9　模拟速度指令实现速度控制的参数设置

参数/缩写	名　称	出厂设定值	设定值	说　明
PA01 *STY	控制模式选择	1000	1002	PA01 是控制模式选择参数，其设定位为_ _ _ ×，在×处可以输入以下数值。 0：位置控制模式。 1：位置控制模式与速度控制模式。 2：速度控制模式。 3：速度控制模式与转矩控制模式。 4：转矩控制模式。 5：转矩控制模式与位置控制模式

续表

<table>
<tr><th>参数/缩写</th><th>名　称</th><th>出厂设定值</th><th>设定值</th><th colspan="2">说　明</th></tr>
<tr><td>PC01
STA</td><td>加速时间常数</td><td>0(ms)</td><td>1000(ms)</td><td colspan="2">转速
当设置的转速低于额定转速时，加减速时间会变短
额定转速
O
时间
PC01 的设定值
PC02 的设定值
针对 VC（模拟速度指令）及 PC05（内部速度指令 1）到 PC11（内部速度指令 7），对从 0 r/min 开始到达到额定转速的加速时间进行设置，设置范围为 0～50000 ms</td></tr>
<tr><td>PC02
STB</td><td>减速时间常数</td><td>0(ms)</td><td>1000(ms)</td><td colspan="2">针对 VC（模拟速度指令）及 PC05（内部速度指令 1）到 PC11（内部速度指令 7），对从额定转速到 0 r/min 的减速时间进行设置，设置范围为 0～50000 ms</td></tr>
<tr><td>PC12
VCM</td><td>模拟速度指令最大转速</td><td>0(r/min)</td><td>0(r/min)</td><td colspan="2">对 VC（模拟速度指令）的输入最大电压（10 V）下的转速进行设置。当设置为 0 时，其将设定为所连接伺服电机的额定转速。当在 VC 中输入大于容许转速的值时，则伺服电机将在容许转速下被夹紧</td></tr>
<tr><td rowspan="9">PD01
*DIA1</td><td rowspan="9">选择自动开启的输入信号</td><td rowspan="9">0h</td><td rowspan="9">0C00</td><td colspan="2">LSP、LSN 内部自动置为 ON，根据下面的说明，在_ × _ _的设定位×处应该输入二进制数 1100，将其转换为十六进制数就是在×处输入十六进制数 C</td></tr>
<tr><td rowspan="4">设定位_ _ _×
（HEX）</td><td>_ _ _ ×（BIN）：厂商设定用</td></tr>
<tr><td>_ _ × _（BIN）：厂商设定用</td></tr>
<tr><td>_ × _ _（BIN）：SON（伺服开启）。
0：无效（在外部输入信号中使用）。
1：有效（自动开启）</td></tr>
<tr><td>× _ _ _（BIN）：厂商设定用</td></tr>
<tr><td rowspan="4">设定位_×_ _
（HEX）</td><td>_ _ _ ×（BIN）：厂商设定用</td></tr>
<tr><td>_ _ × _（BIN）：厂商设定用</td></tr>
<tr><td>_ × _ _（BIN）：LSP（正转行程末端）。
0：无效（在外部输入信号中使用）。
1：有效（自动开启）</td></tr>
<tr><td>× _ _ _（BIN）：LSN（反转行程末端）。
0：无效（在外部输入信号中使用）。
1：有效（自动开启）</td></tr>
<tr><td>PD03
*DI1L</td><td>输入信号选择</td><td>02_ _</td><td>02_ _</td><td colspan="2">可以将任意的输入设备接到 CN1-15 引脚上。其设定位为× × _ _，根据表 5-3 和表 5-4，在×处输入 02，将 CN1-15 引脚的功能设定为 SON 伺服开启功能</td></tr>
<tr><td>PD11
*DI5L</td><td>输入信号选择</td><td>07_ _</td><td>07_ _</td><td colspan="2">CN1-19 引脚能够接收任意输入信号。速度控制模式下，其设定位为× × _ _，根据表 5-3 和表 5-4，在×处输入 07，将 CN1-15 引脚的功能设定为 ST1 正转启动功能</td></tr>
<tr><td>PD13
*DI6L</td><td>输入信号选择</td><td>08_ _</td><td>08_ _</td><td colspan="2">CN1-41 引脚能够接收任意输入信号。速度控制模式下，其设定位为× × _ _，根据表 5-3 和表 5-4，在×处输入 08，将 CN1-41 引脚的功能设定为 ST2 反转启动功能</td></tr>
</table>

续表

参数/缩写	名　称	出厂设定值	设定值	说　明
PD24	输出信号选择	0Ch	_ _0C	CN1-23 引脚能够接收任意输出信号。其设定位为_ _ ××，根据表 5-5 和表 5-6，在×处输入 0C，将 CN1-23 引脚的功能设定为 ZSP 零速度检测功能
PD25	输出信号选择	04h	_ _04	CN1-24 引脚能够接收任意输出信号。其设定位为_ _ ××，根据表 5-5 和表 5-6，在×处输入 04，将 CN1-24 引脚的功能设定为 SA 速度达到功能
PD28	输出信号选择	02h	_ _02	CN1-49 引脚能够接收任意输出信号。其设定位为_ _ ××，根据表 5-5 和表 5-6，在×处输入 02，将 CN1-49 引脚的功能设定为 RD 准备完成功能

（2）内部速度指令的控制方式

内部速度指令控制方式的接线如图 5-29 所示，将伺服驱动器的数字量输入引脚功能设置为 SP1（速度选择 1）、SP2（速度选择 2）及 SP3（速度选择 3）的功能，即在 PD03～PD20 参数中将其值设置为 20（SP1）、21（SP2）、22（SP3），通过这 3 个输入引脚的不同组合，就可以控制伺服电机实现 7 段速（7 个速度设置在 PC05～PC11 中）控制，其控制状态如表 5-10 所示。其中，0 表示断开，1 表示闭合。当 SP1、SP2、SP3 全部为 0 时，伺服电机的速度通过模拟速度指令 VC 给定。

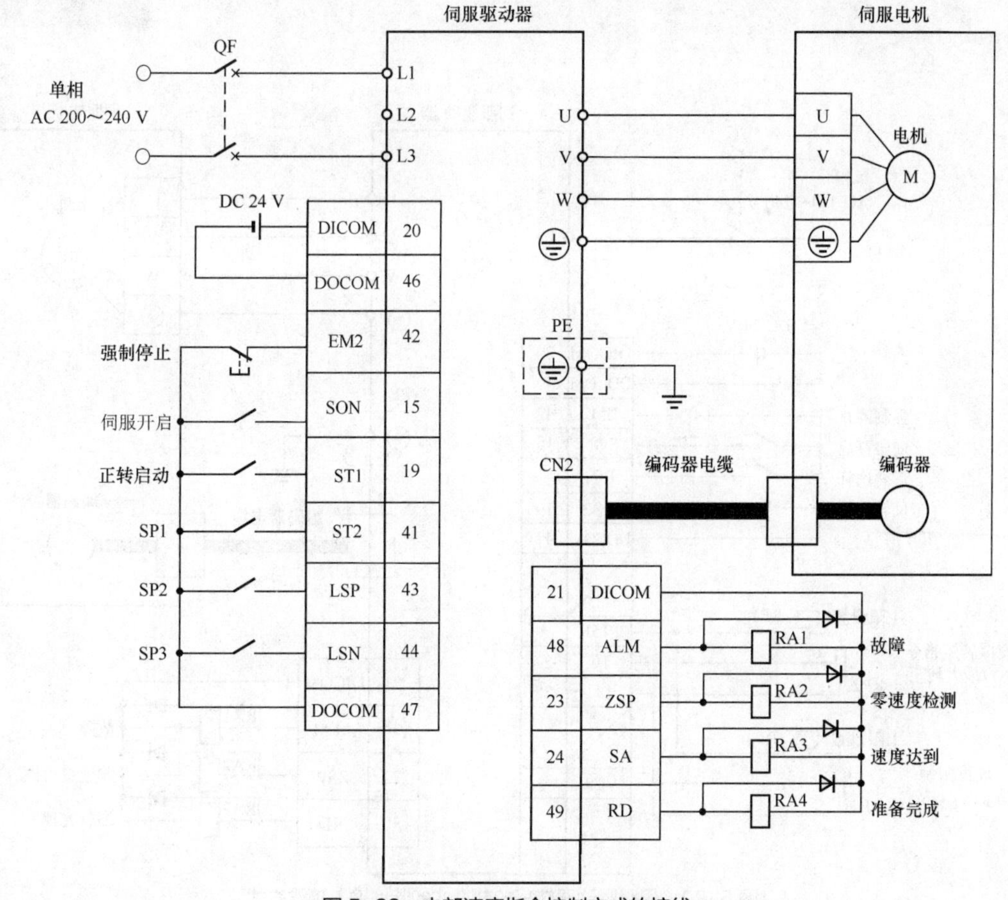

图 5-29　内部速度指令控制方式的接线

表 5-10　7 段速控制状态

输入信号			速度指令
SP1	SP2	SP3	
0	0	0	VC（模拟速度指令）
1	0	0	PC05（内部速度指令 1）
0	1	0	PC06（内部速度指令 2）
1	1	0	PC07（内部速度指令 3）
0	0	1	PC08（内部速度指令 4）
1	0	1	PC09（内部速度指令 5）
0	1	1	PC10（内部速度指令 6）
1	1	1	PC11（内部速度指令 7）

5.2.2 转矩控制模式

1. 接线图

伺服驱动器转矩控制模式的漏型输入接线方式如图 5-30 所示，图中 TC 和 LG 引脚通过所接电位器加载 0～±8 V 的电压，调节电位器就可以改变加在 TC 和 LG 之间的电压，从而调节伺服电机的输出转矩。

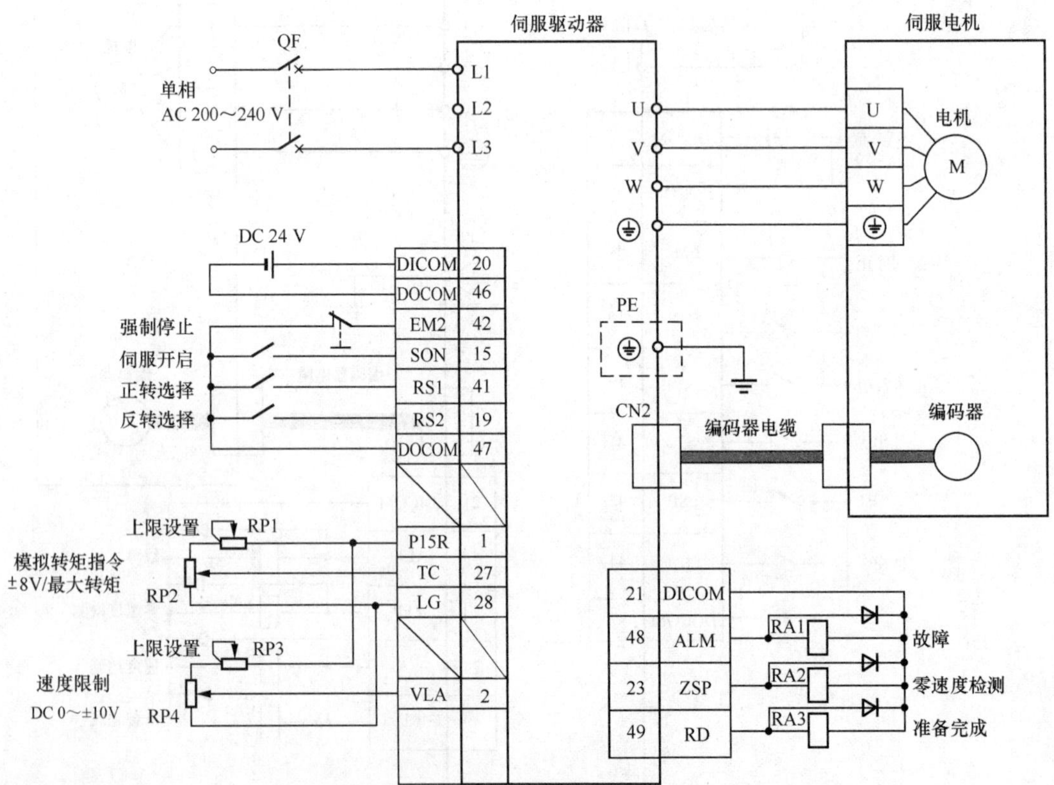

图 5-30　伺服驱动器转矩控制模式的漏型输入接线方式

VLA 和 LG 引脚之间的电位器加载 DC 0～±10 V 的电压，±10 V 时对应通过 PC12 设置的转速。当在 VLA 中输入大于容许转速的限制值时，伺服电机将在容许转速下被钳制。

图 5-30 中的 RS1 和 RS2 引脚用来选择伺服电机的输出转矩方向。

2. 转矩控制

图 5-30 中，通过调节 RP1 和 RP2 电位器，可以使伺服驱动器的 TC 端的加载电压在 0～±8V 范围内变化，从而调节伺服电机的转矩。TC 的加载电压与伺服电机转矩的关系如图 5-31 所示。如果电压较低（−0.05～0.05 V）时的实际速度接近限制值，则转矩有可能会发生变动，此时需要提高速度限制值。TC 输入电压为正时，输出转矩也为正，驱动伺服电机按逆时针旋转；TC 输出电压为负时，输出转矩也为负，驱动伺服电机按顺时针旋转。

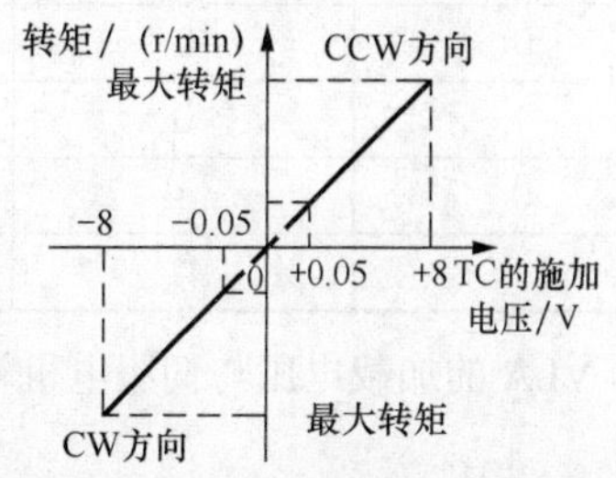

图 5-31 TC 加载电压与伺服电机转矩之间的关系

在±8 V 下产生最大转矩。另外，±8 V 输入时对应的输出转矩可以在 PC13 中变更。

使用 TC（模拟转矩指令）时，RS1（正转选择）和 RS2（反转选择）决定转矩的输出发生方向即电机旋转方向，如表 5-11 所示。

表 5-11 转矩控制模式下的电机旋转方向

输入信号		旋转方向		
RS1	RS2	TC（模拟转矩指令）		
		+极性	0 V	−极性
0	0	不输出转矩	不发生转矩	不输出转矩
1	0	CCW（正转驱动・反转再生）		CW（反转驱动・正转再生）
0	1	CW（反转驱动・正转再生）		CCW（正转驱动・反转再生）
1	1	不输出转矩		不输出转矩

注：1 表示 ON，0 表示 OFF。

3. 转矩限制

如果设置 PA11（正转转矩限制）和 PA12（反转转矩限制），则在运行中将会始终限制最大转矩。

4. 速度限制

受到在 PC05（内部速度限制 1）～PC11（内部速度限制 7）中设置的转速或通过 VLA（模拟速度限制）的加载电压设置的转速的限制，当在 PD03～PD20 的设置中将 SP1（速度选择 1）、SP2（速度选择 2）以及 SP3（速度选择 3）设置为可用时，可以选择 VLA（模拟速度限制）以及内部速度限制 1～7 的速度限制值，如表 5-12 所示。

表 5-12 转矩控制模式下速度限制值的选择

输入信号			速度限制值
SP1	SP2	SP3	
0	0	0	VC（模拟速度限制）
1	0	0	PC05（内部速度限制 1）

续表

输入信号			速度限制值
SP1	SP2	SP3	
0	1	0	PC06（内部速度限制 2）
1	1	0	PC07（内部速度限制 3）
0	0	1	PC08（内部速度限制 4）
1	0	1	PC09（内部速度限制 5）
0	1	1	PC10（内部速度限制 6）
1	1	1	PC11（内部速度限制 7）

VLA 的加载电压与伺服电机转速的关系如图 5-32 所示。

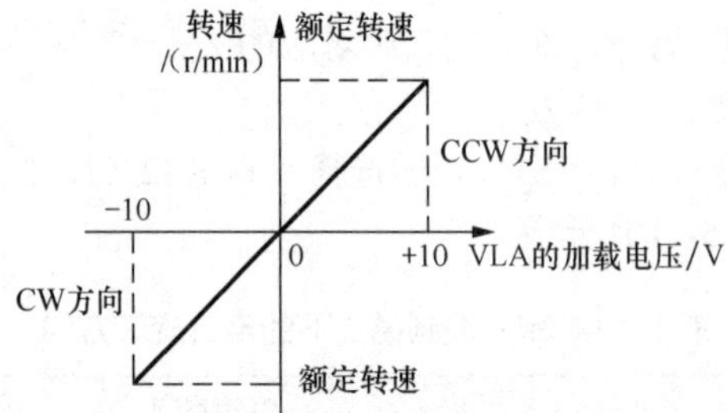

图 5-32　VLA 的加载电压与伺服电机转速的关系

伺服电机转速达到限制值时，转矩控制可能变得不稳定。请将设定值设为大于想要进行速度限制的值 100 r/min 以上。

任务实施

【训练工具、材料和设备】

三菱 FX_{3U}-32MT/ES PLC 1 台、三菱 MR-JE-10A 伺服驱动器 1 台、三菱交流伺服电机（输入三相交流电压 111 V、电流 1.4 A，输出功率 200 W，转速 3000r/min）1 台、开关和按钮若干、《三菱 MR-JE 系列伺服驱动器手册》1 本、通用电工工具 1 套。

子任务 1　用按钮和开关实现伺服电机的 7 段速运行

1．任务要求

用按钮和开关控制伺服电机实现 7 段速运行，运行转速分别为 500 r/min、600 r/min、700 r/min、800 r/min、900 r/min、1000 r/min、1100 r/min。

用按钮和开关实现伺服电机的 7 段速运行

2．硬件电路

按照图 5-29 所示接线。

3．参数设置

7 段速控制的参数设置如表 5-13 所示。表 5-13 中标“*”的参数必须断电之后才能生效。

表 5-13　7 段速控制的参数设置

参数/缩写	名　称	出厂设定值	设定值	说　明
PA01 *STY	控制模式选择	1000	1002	设置成速度控制模式
PC01 STA	加速时间常数	0000	1000	从 0 r/min 开始到达到额定转速的加速时间，设置范围为 0～50000 ms
PC02 STB	减速时间常数	0000	1000	从额定转速到 0 r/min 的减速时间，设置范围为 0～50000 ms
PC05 SC1	内部速度指令 1	100	500	设定内部速度指令的第 1 速度
PC06 SC2	内部速度指令 2	500	600	设定内部速度指令的第 2 速度
PC07 SC3	内部速度指令 3	1000	700	设定内部速度指令的第 3 速度
PC08 SC4	内部速度指令 4	200	800	设定内部速度指令的第 4 速度
PC09 SC5	内部速度指令 5	300	900	设定内部速度指令的第 5 速度
PC10 SC6	内部速度指令 6	500	1000	设定内部速度指令的第 6 速度
PC11 SC7	内部指令速度 7	800	1100	设定内部速度指令的第 7 速度
PD01 *DIA1	输入信号自动 ON 选择	0000	0C00	LSP、LSN 内部自动置为 ON
PD03 *DI1L	输入信号选择	02 _ _	02 _ _	在速度控制模式下把 CN1-15 引脚改成 SON
PD11 *DI5L	输入信号选择	07H	07 _ _	在速度控制模式下把 CN1-19 引脚改成 ST1
PD13 *DI6L	输入信号选择	08H	20 _ _	在速度控制模式下把 CN1-41 引脚改成 SP1
PD17 *DI8L	输入信号选择	0AH	21 _ _	在速度控制模式下把 CN1-43 引脚改成 SP2
PD19 *DI9L	输入信号选择	0BH	22 _ _	在速度控制模式下把 CN1-44 引脚改成 SP3

4. 运行操作

（1）EM2 一直闭合，按照表 5-13 设置伺服驱动器中的参数，设置参数完毕后关闭电源，重新开启电源，设置的参数才能生效。

闭合 SON 开关，伺服开启，由于 LSP 和 LSN 内部自动置为 ON，此时闭合 ST1 开关，选择正转，接通伺服驱动器电源时，其显示部分先显示r（r，表示伺服电机转速），并在 2 s 后显示数据 0。按照表 5-10 操作 SP1、SP2、SP3 开关，伺服驱动器显示部分会显示不同的速度，从而实现伺服电机的 7 段速运行。

📖 **注意：**

- EM2（强制停止 2）、SON（伺服开启）、LSP（正转行程末端）、LSN（反转行程末端）必须闭合。
- 由于采用漏型输入接口，DICOM 端接直流 24 V 电源的正极，DOCOM 端接 24 V 电源的负极。如果采用源型输入接口，DICOM 端接直流 24 V 电源的负极，DOCOM 端接 24 V 电源的正极。
- 在设置参数时，按照表 5-13 依次设置各值，之后显示 r 时，关闭电源，重新得电。

（2）将 ST1 和 SON 都断开，伺服电机停止运行。

子任务 2　用 PLC 实现伺服电机的多段速运行

1. 任务要求

利用 PLC 控制伺服电机，按下启动按钮后，先以 1000 r/min 的转速运行 10 s，接着以 800 r/min 的转速运行 20 s，再以 1500 r/min 的转速运行 25 s，然后反向以 900 r/min 的转速运行 30 s，85 s 后重复上述运行过程。在运行过程中，按下停止按钮，伺服电机停止运行。

用 PLC 实现伺服电机的多段速运行

2. 硬件电路

由于三菱 PLC 的输出是 NPN 型，因此伺服驱动器采用漏型输入接线方式，伺服电机多段速控制的电路如图 5-33 所示。

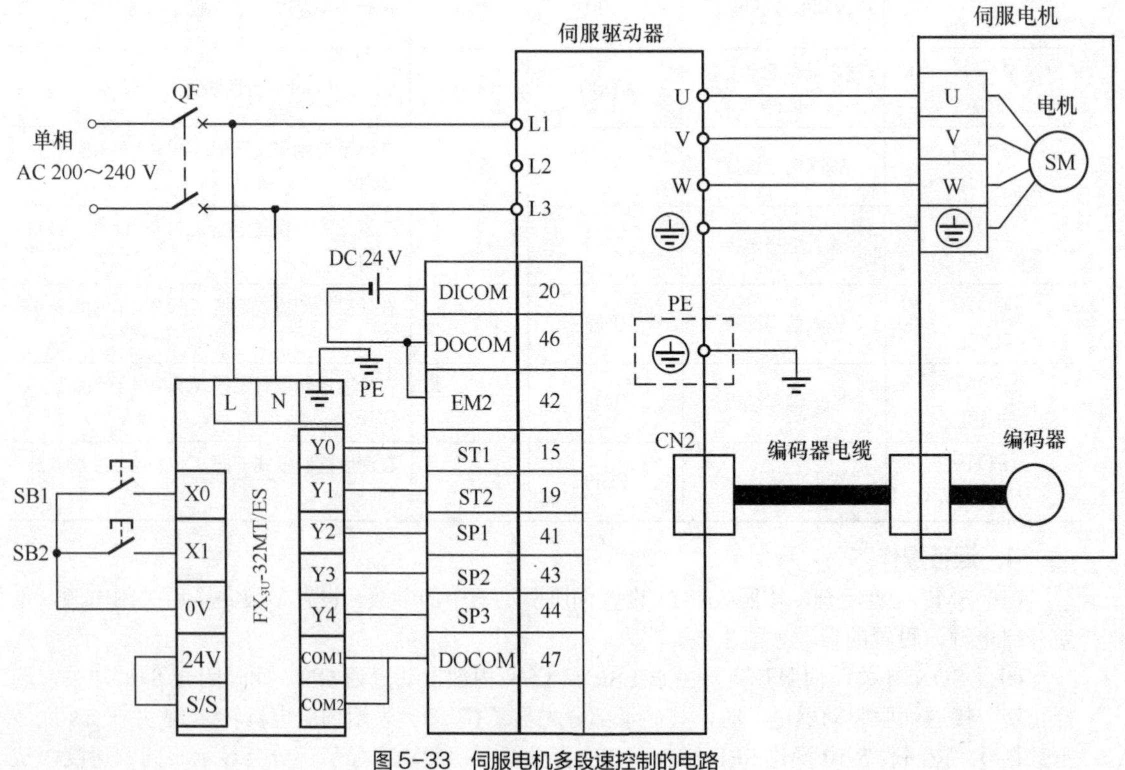

图 5-33　伺服电机多段速控制的电路

📖 注意：

必须把 PLC 输出端的 COM1 和 COM2 与伺服驱动器的 DOCOM 连接在一起，以组成一个回路。

3. 参数设置

多段速控制的参数设置如表 5-14 所示。速度控制模式中 SON、LSP 和 LSN 必须处于闭合状态，伺服电机才能运行，因此在表 5-14 中，设置 PD01=0C04，使 SON、LSP 和 LSN 在内部自动置为 ON。

表 5-14　多段速控制的参数设置

参数/缩写	名　　称	出厂设定值	设定值	说　　明
PA01 *STY	控制模式选择	1000	1002	设置成速度控制模式
PC01 STA	加速时间常数	0000	1000	设置加速时间为 1000 ms
PC02 STB	减速时间常数	0000	1000	设置减速时间为 1000 ms
PC05 SC1	内部速度指令 1	100	1000	设定内部速度指令的第 1 速度
PC06 SC2	内部速度指令 2	500	800	设定内部速度指令的第 2 速度
PC07 SC3	内部速度指令 3	1000	1500	设定内部速度指令的第 3 速度
PC08 SC4	内部速度指令 4	200	900	设定内部速度指令的第 4 速度
PD01 *DIA1	输入信号自动 ON 选择	0000	0C04	SON、LSP、LSN 内部自动置为 ON
PD03 *DI1L	输入信号选择	02H	07_ _	在速度控制模式下把 CN1-15 引脚改成 ST1
PD11 *DI5L	输入信号选择	07H	08 _ _	在速度控制模式下把 CN1-19 引脚改成 ST2
PD13 *DI6L	输入信号选择	08H	20 _ _	在速度控制模式下把 CN1-41 引脚改成 SP1
PD17 *DI8L	输入信号选择	0AH	21 _ _	在速度控制模式下把 CN1-43 引脚改成 SP2
PD19 *DI9L	输入信号选择	0BH	22 _ _	在速度控制模式下把 CN1-44 引脚改成 SP3

📖 注意：

对于速度控制模式，在表 5-14 中，PD03～PD19 参数的前两位是设定位。

4. 程序设计

因为该控制系统要求采用典型的顺序控制，所以采用顺序功能图编写程序更加简单、易懂，由顺序功能图转换成的多段速控制程序如图 5-34 所示。

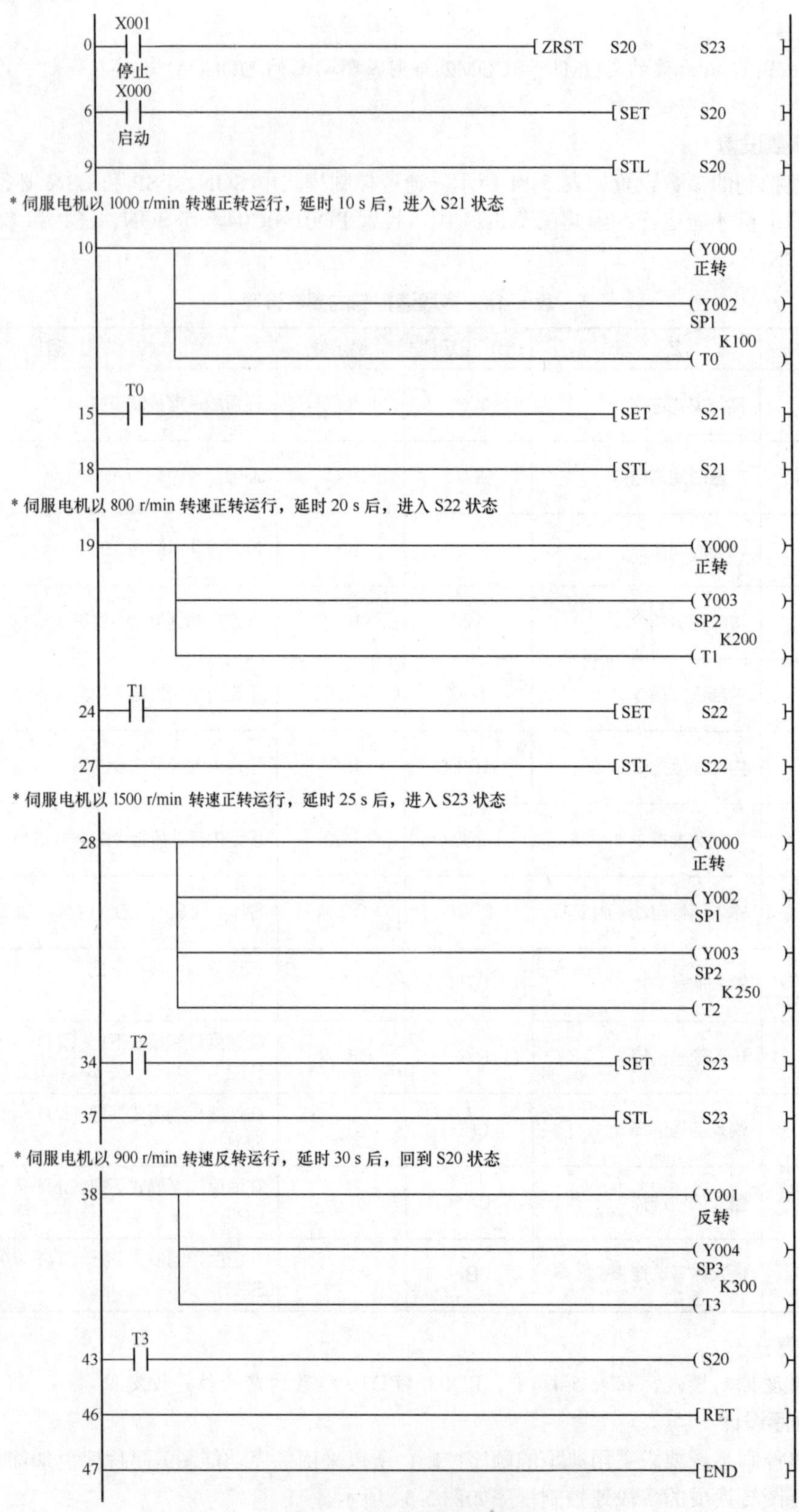

图 5-34 多段速控制程序

5. 运行操作

（1）按照图 5-33 所示接线。

（2）按照表 5-14 设置伺服驱动器中的参数，参数设置完毕后断开 QF，再重新合上 QF，刚才设置的参数才会生效。

（3）将图 5-34 中的程序下载到 PLC 中。

（4）按下启动按钮 SB1（X000=1），伺服电机开始以 1000 r/min 的转速正转运行，10 s 后，以 800 r/min 的转速继续正转运行 20 s，接着以 1500 r/min 的转速正转运行 25 s，然后以 900 r/min 的转速反转运行 30 s 后回到 S20 的状态，继续下一个周期的运行。

（5）按下停止按钮 SB2（X001=1），伺服电机停止。

任务拓展　用 PLC 实现卷纸机的恒张力转矩控制

图 5-35 所示为卷纸机结构示意。在卷纸时，压纸辊将纸压在托纸辊上，卷纸辊在伺服电机的驱动下卷纸，托纸辊和压纸辊也随之旋转，当收卷的纸达到一定长度时切刀动作，将纸切断，然后开始下一个卷纸过程。卷纸的长度由与托纸辊同轴旋转的编码器来测量。

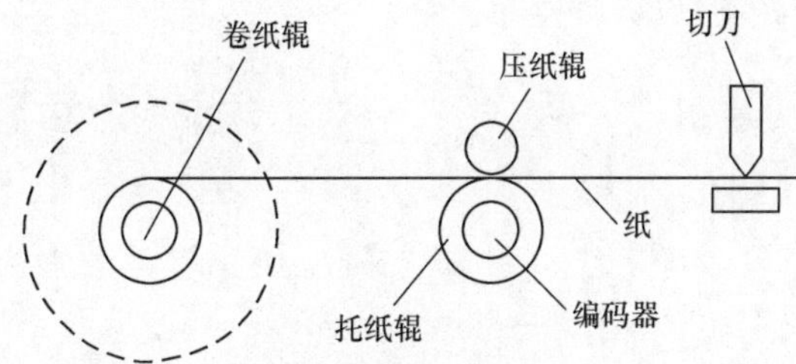

图 5-35　卷纸机结构示意

卷纸系统由 PLC、伺服驱动器、伺服电机和卷纸机等构成，其控制要求如下。

（1）按下启动按钮后，伺服电机驱动卷纸辊开始卷纸，在卷纸过程中，要求卷纸张力保持恒定，即卷纸开始时要求卷纸辊快速旋转，随着卷纸直径不断增大，要求卷纸辊转速逐渐变慢，当卷纸长度达到 100 m 时切刀动作，将纸切断。

（2）按下暂停按钮时，卷纸机停止工作，编码器记录的纸长度保持，按下启动按钮后，卷纸机开始工作，从记录的卷纸长度开始继续卷纸，直到 100 m 为止。

（3）按下停止按钮时，卷纸机停止工作，不记录停止前的卷纸长度，按下启动按钮后，卷纸机从 0 开始卷纸。

关于卷纸机恒张力控制的硬件电路、参数设置和程序，请扫码学习“用 PLC 实现卷纸机的恒张力转矩控制”。

用 PLC 实现卷纸机的恒张力转矩控制

自我测评

分析题

1．如果伺服电机需要进行正反转速度控制，如何接线和设置参数？

2．如果将 LSP 和 LSN 设置为 OFF，伺服电机会怎样运行？

3．在转矩控制模式中，TC 和 LG 之间给定的转矩电压范围是多少？

4．在转矩控制模式中，如果RS1和RS2端子同时闭合，伺服电机将会怎样运行？

5．按下启动按钮，伺服电机按图5-36所示的速度曲线循环运行，速度①为0，速度②为1000 r/min，速度③为800 r/min，速度④为1500 r/min，速度⑤为0，速度⑥为-300 r/min，速度⑦为1200 r/min。按下停止按钮，伺服电机马上停止。当出现故障报警信号时，系统停止运行，报警灯闪烁。试画出PLC控制伺服驱动器的接线图，设置相关参数并编写控制程序。

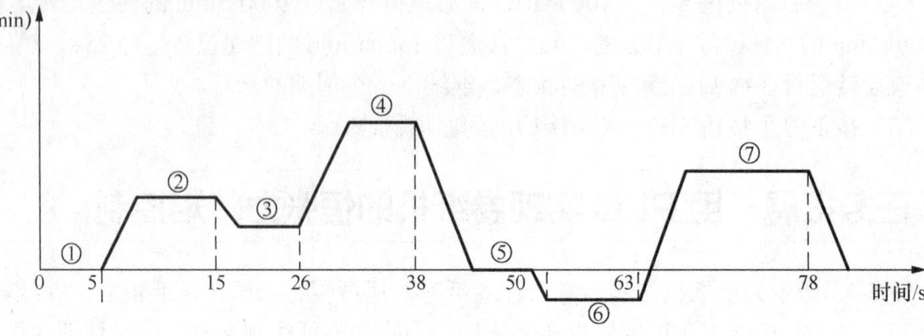

图5-36　速度曲线

任务5.3 伺服电机的位置控制

任务导入

位置控制模式是伺服控制系统中常用的控制模式，如图 5-37 所示，它一般通过伺服控制器发出控制信号和脉冲信号给伺服驱动器，由伺服驱动器输出 U、V、W 三相电压给伺服电机，从而驱动执行部件进行精确的定位。伺服电机的速度与脉冲频率成正比，伺服电机的旋转角度与脉冲数成正比。

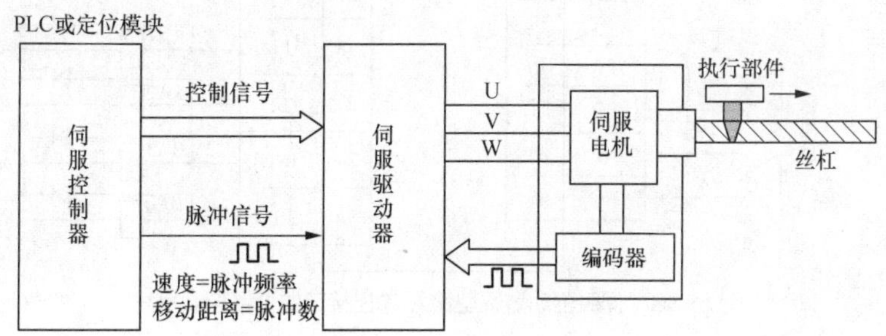

图 5-37　位置控制模式

伺服控制器既可以是 PLC，也可以是项目 4 中的特殊功能模块，如三菱的 FX_{3U}-1PG 和 FX_{3U}-20SSC-H。项目 4 中三菱 FX_{3U} 系列 PLC 使用高速脉冲指令 PLSY 对步进电机进行定位控制，严格地说，PLSY 指令不是定位指令，FX_{3U} 系列 PLC 的内置定位功能专门提供用于步进和伺服定位控制的指令，例如原点回归指令 ZRN/DSZR、绝对定位指令 DRVA 和相对定位指令 DRVI 等。这些指令如何使用？FX_{3U} 系列 PLC 如何与伺服驱动器进行位置控制模式的接线？如何设置参数和编写程序？请带着这些问题进入任务 5.3。

相关知识

5.3.1　位置控制模式

伺服驱动器位置控制接线图

1. 接线图

当伺服驱动器工作在位置控制模式时，需要接收脉冲信号来定位，脉冲信号可以由 PLC 产生，也可以由专门的定位模块产生。伺服驱动器漏型输入/输出接口的位置控制接线如图 5-38 所示。

📖 注意：

输入脉冲串采用集电极开路输入方式时，需要将 OPC 端子接入 DC 24 V 的正极。

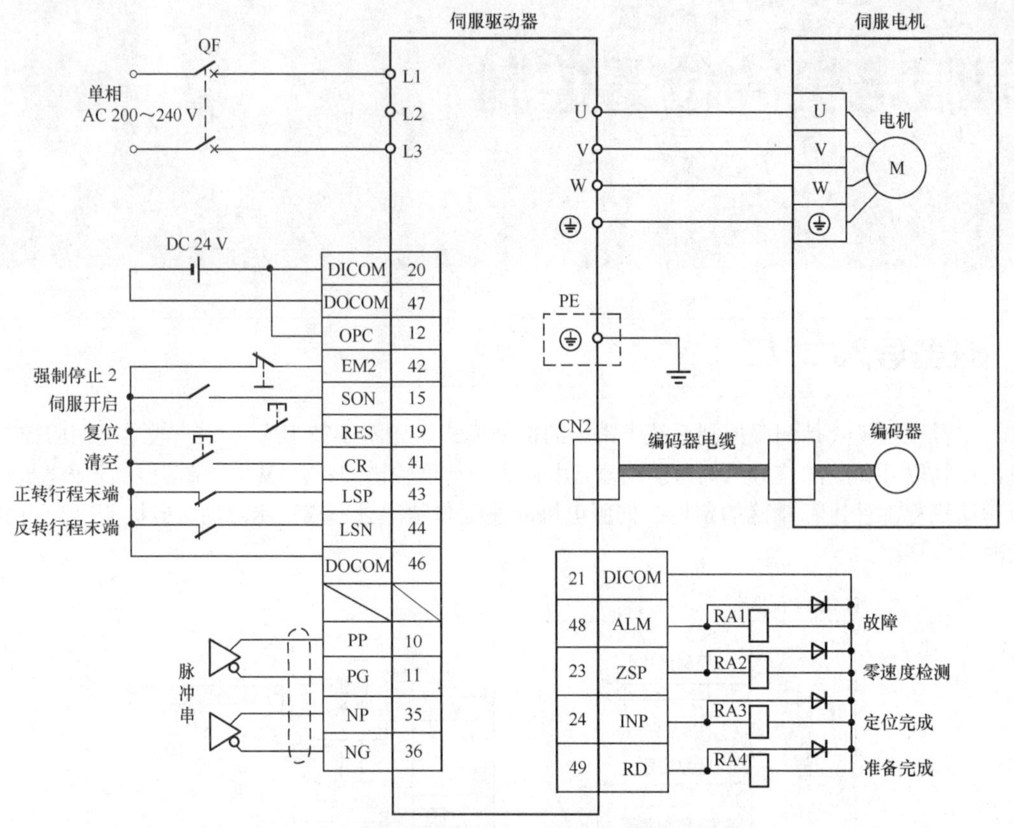

图 5-38　伺服驱动器漏型输入/输出接口的位置控制接线

📖 注意：

图 5-38 中，EM2、LSP、LSN 必须接入常闭触点，不可以接入常开触点，否则伺服驱动器停止运行。

2. 脉冲输入引脚的接线

当伺服驱动器工作在位置控制模式时，需要使用脉冲输入引脚来输入脉冲信号，如图 5-38 所示。三菱伺服驱动器的脉冲输入有两种方式：集电极脉冲输入方式和差动脉冲输入方式。

（1）集电极脉冲输入方式的接线

如果控制器提供的是集电极开路脉冲信号，需要将脉冲信号接到 PP、NP 引脚，然后把 PG 和 NG 引脚接在一起，再接到 DOCOM 引脚上，如图 5-39 所示。集电极开路脉冲信号有正/反转脉冲、A/B 相脉冲和脉冲+方向 3 种形式。其中正转脉冲、A 相脉冲或脉冲信号应接 PP 输入引脚，而反转脉冲、B 相脉冲或方向应接 NP 引脚。在接线时，将伺服驱动器的 OPC 引脚接到 24 V 电源的正极，24V 电源的负极接到 DOCOM 引脚上，DOCOM 为公共端，SD 为屏蔽端。

如果采用集电极脉冲输入方式，则允许输入的脉冲频率最大为 200 kHz。

📖 注意：

① 三菱 MR-JE-A 系列伺服驱动器工作在位置控制模式时，只能接收 NPN 输入信号。脉冲串输入接口中使用了光电耦合器，因此，在脉冲串信号线上不能连接电阻。

② 参数 PA13 的设定值必须与输入脉冲形式一致。

（2）差动脉冲输入方式的接线

当伺服驱动器采用差动脉冲输入方式时，需要将脉冲信号接到 PP、PG 和 NP、NG 这 4 个引脚上，如图 5-40 所示。脉冲输入接口使用了光电耦合器，因此，在脉冲串信号线上不能连接电阻。

差动脉冲输入方式输入脉冲的最高频率为 4 MHz。输入脉冲频率使用 4 MHz 时，需将 PA13 的值设置为“_ 0 _ _”。

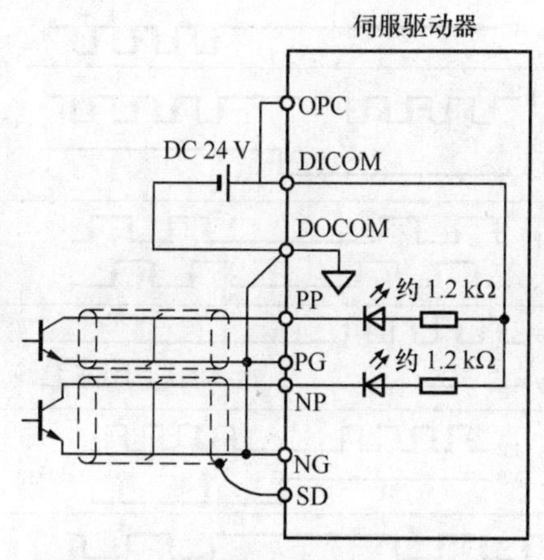

图 5-39　集电极脉冲输入方式的接线

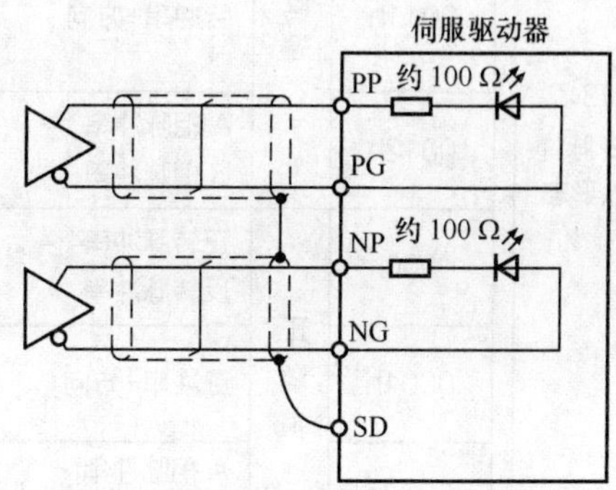

图 5-40　差动脉冲输入方式的接线

3. 脉冲输入形式

伺服驱动器工作在位置控制模式时，是根据脉冲输入引脚送入的脉冲串来控制伺服电机的位移和方向的，它可以接受 3 种脉冲输入形式，能够选择正逻辑或者负逻辑，正逻辑脉冲以高电平作为脉冲，负逻辑脉冲以低电平作为脉冲。脉冲输入形式可以在 PA13 中设置，具体设置如表 5-15 所示。

表 5-15　脉冲输入形式设置

参数名称	设 定 位	功 能	初始值
PA13 指令脉冲 输入形态	_ _ _ x	指令输入脉冲串形式选择。 0：正/反转脉冲串。 1：带符号脉冲串。 2：A/B 相脉冲串。 设定值请参考附表	0h
	_ _ x _	脉冲串逻辑选择。 0：正逻辑。 1：负逻辑。 设定值请参考附表	0h
	_ x _ _	指令输入脉冲串过滤器选择。 通过选择和指令脉冲频率匹配的过滤器，能够提高抗干扰能力。 0：指令输入脉冲串在 4×10^6 脉冲/s 以下时。 1：指令输入脉冲串在 1×10^6 脉冲/s 以下时。 2：指令输入脉冲串在 5×10^5 脉冲/s 以下时。 1 对应 1×10^6 脉冲/s 以内的指令。在输入 $1\sim4\times10^6$ 脉冲/s 的脉冲时，请将其设置为 0	1h
	x _ _ _	厂商设定用	0h

续表

参数名称	设 定 位	功 能	初始值
PA13 指令脉冲 输入形态		附表 指令输入脉冲形式选择（见下表）	

附表 指令输入脉冲形式选择

设定值		脉冲串形式	正转指令时、反转指令时
0010h	负逻辑	正转脉冲串 反转脉冲串	PP NP
0011h	负逻辑	脉冲串+方向	PP NP L H
0012h	负逻辑	A 相脉冲串 B 相脉冲串	PP NP
0000h	正逻辑	正转脉冲串 反转脉冲串	PP NP
0001h	正逻辑	脉冲串+方向	PP NP H L
0002h	正逻辑	A 相脉冲串 B 相脉冲串	PP NP
附表脉冲图中的箭头表示进行脉冲的时间。A 相和 B 相脉冲串乘以 4 后进行输入			

脉冲输入形式选择“正转脉冲串、反转脉冲串”的形式，是指 PP 引脚输入正转脉冲，NP 引脚输入反转脉冲。脉冲输入形式选择“脉冲串+方向”的形式，是指 PP 引脚输入脉冲，NP 引脚输入方向。脉冲输入形式选择“A 相脉冲串、B 相脉冲串”的形式，是指 PP 引脚和 NP 引脚输入的脉冲串相位相差 90°，一个脉冲控制正转，另一个脉冲控制反转。

当将 PA13 的值设置为 0000h～0002h 时，允许输入 3 种形式的正逻辑脉冲来确定伺服电机运动的位移和方向；当将 PA13 的值设置为 0010h～0012h 时，允许输入 3 种形式的负逻辑脉冲来确定伺服电机运动的位移和方向。各种形式的脉冲都可以采用集电极脉冲输入或差动脉冲输入方式输入。

4. 定位完成（INP）

如图 5-38 所示，伺服电机工作在位置控制模式时，伺服驱动器有 4 个数字量输出，即 ALM、ZSP、RD、INP，前 3 个输出的功能参看任务 5.2 中的讲述。INP 表示定位完成，当偏差计数器的滞留脉冲在设置的定位范围（PA10）以下时，INP 将会开启。将负载范围设定为很大的值，低速运行时，会进入常通状态，定位完成时序图如图 5-41 所示。

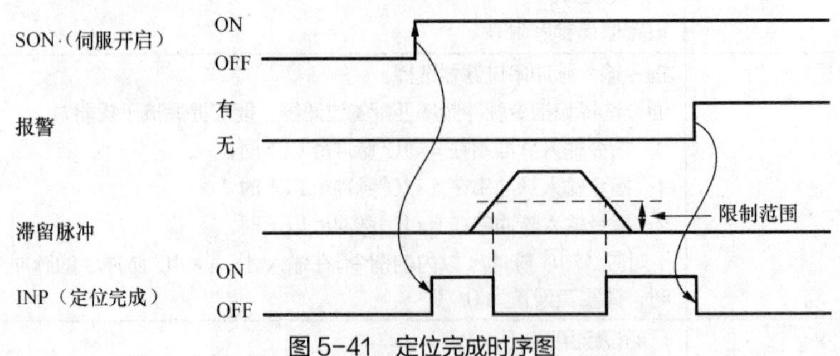

图 5-41 定位完成时序图

5.3.2 FX_{3U}系列 PLC 的定位指令

FX_{3U}系列 PLC 常用的定位指令有原点回归指令 ZRN/DSZR、相对定位指令 DRVI 和绝对定位指令 DRVA。

1. 原点回归指令 ZRN

使用 PLC 的定位指令产生正转脉冲或者反转脉冲后，增减当前值寄存器的内容。PLC 的电源断开后，当前值寄存器清零，因此得电后，务必使工作台的机械原点和 PLC 当前值寄存器的位置（又叫电气原点）一致。在 PLC 内置定位功能中，选择用于机械原点回归的 ZRN/DSZR 指令进行原点回归，使机械原点和 PLC 中的电气原点位置一致。

原点回归指令 ZRN 的格式如图 5-42 所示。

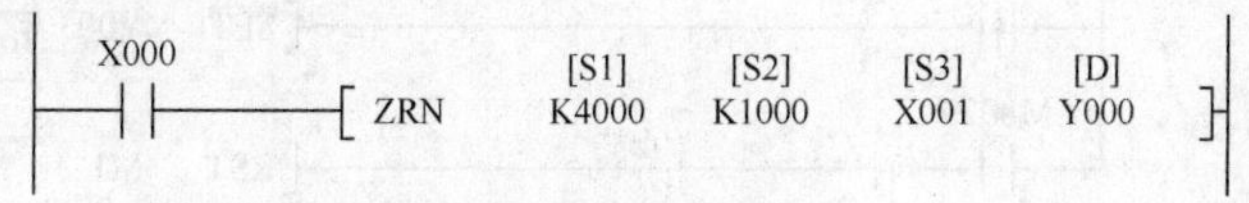

图 5-42　ZRN 的格式

[S1]：原点回归速度。范围：10～100 kHz。

[S2]：爬行速度。范围：10～32767 Hz。

[S3]：近点 DOG（原点）输入信号。

[D]：脉冲输出端。三菱 FX_{3U} 系列基本单元的晶体管输出的 Y000、Y001、Y002 或是高速输出特殊适配器的 Y000、Y001、Y002、Y003。

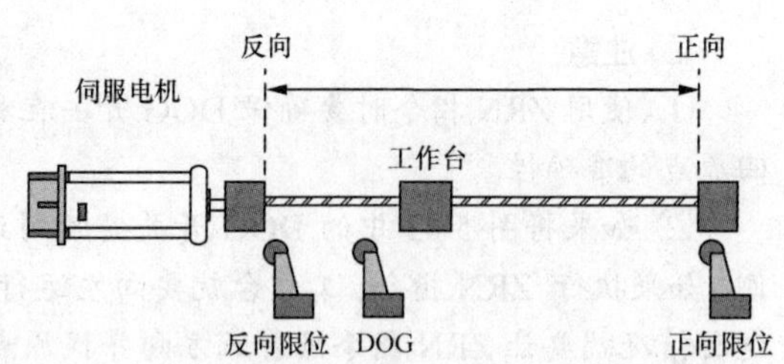

图 5-43　丝杠伺服位置控制示意

如图 5-43 所示，近点 DOG（原点）开关位于反向限位开关附近，将 DOG 的常开触点接入 PLC 的 X001 端子。当图 5-42 中的 X000=1 时，执行原点回归指令 ZRN，伺服电机驱动工作台首先以 4000 Hz 的原点回归速度（以频率表示）向左运动（ZRN 指令默认的原点回归方向是反向），碰到 DOG 开关 X001 的前端（即 X001 由 OFF→ON）之后，伺服电机的速度降为 1000 Hz 的爬行速度，慢慢爬行离开 DOG 开关（即 X001 由 ON→OFF）后，当前值清零，完成原点回归，原点回归的运动轨迹如图 5-44 所示。

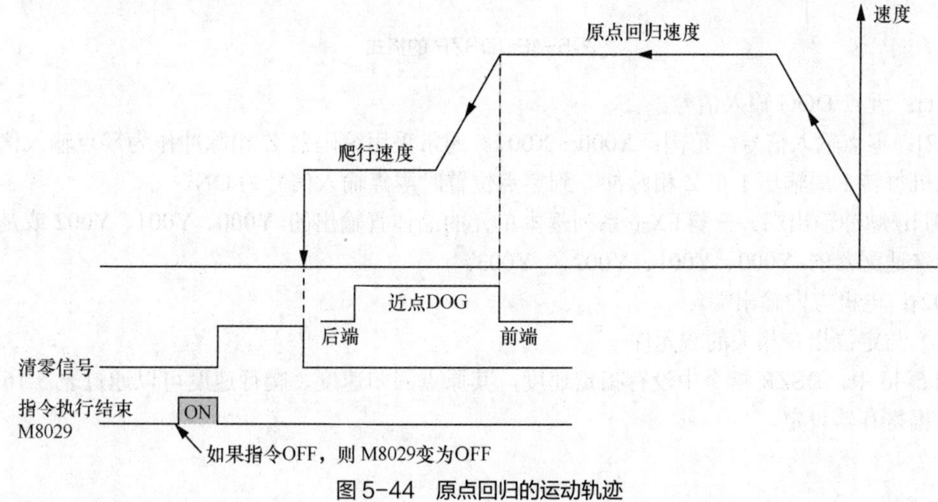

图 5-44　原点回归的运动轨迹

原点回归完毕后，正常情况下工作台会停在图 5-43 中 DOG 开关的左侧位置，这样会存在一些安全隐患。例如，如果再次执行原点回归指令 ZRN，工作台会继续向反向方向（左行）寻找原点，而此时原点在工作台的右侧，工作台就会直接碰到反向限位开关而停止运行。可以采用图 5-45 所示的程序进行处理。当 M1=1 时，执行原点回归指令 ZRN，工作台向左运行，碰到原点 X001 后，其上升沿指令置位脉冲方向输出 Y003，伺服电机立即反向运行，离开 DOG 开关后，完成原点回归，工作台停在 DOG 开关的右侧，同时 M8029=1，对 M1 和 Y003 进行复位。

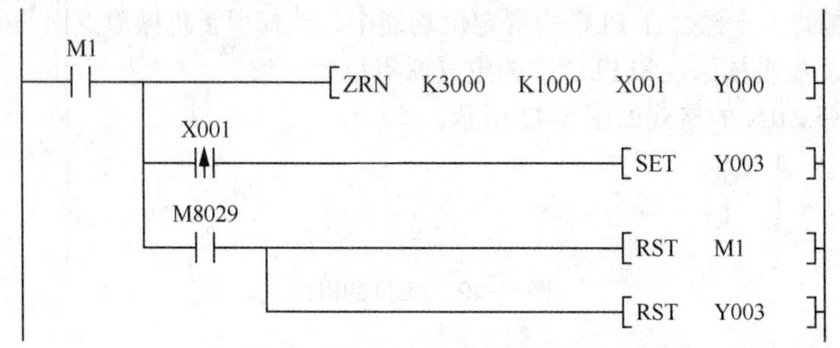

图 5-45 工作台停在 DOG 信号右侧的程序

📖 注意

① 使用 ZRN 指令时要确保 DOG 开关在移动范围的一侧，即靠近限位开关，才可保证每次回原点的准确性。

② 如果将图 5-43 中的 DOG 开关安装到正向限位开关附近，此时工作台在 DOG 开关的左侧，如果执行 ZRN 指令，工作台就要向左运行寻找原点，最终会碰到反向限位开关而停止运行。这种情况就要让 ZRN 指令沿着正方向寻找原点，只需要使控制方向的 Y003=1 即可，将图 5-45 所示程序中第二行的 X001 的触点去掉即可实现。

2. 带 DOG 搜索的原点回归指令 DSZR

带 DOG 搜索的原点回归指令 DSZR 的格式如图 5-46 所示。

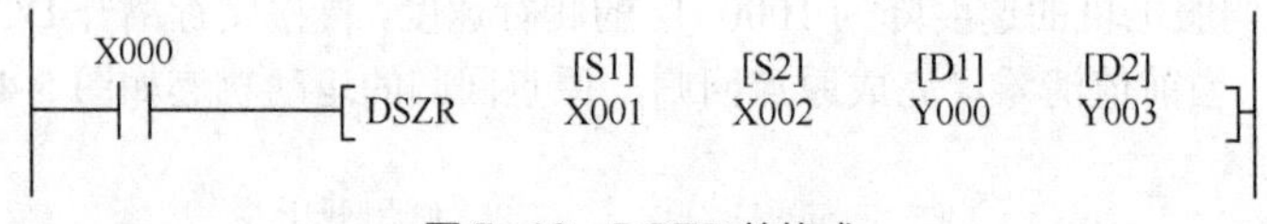

图 5-46 DSZR 的格式

[S1]：近点 DOG 输入信号。

[S2]：零点输入信号。范围：X000～X007。通常采用编码器 Z 相脉冲作为零点输入信号，伺服电机每转 1 周输出 1 个 Z 相脉冲，到零点位置时零点输入信号为 ON。

[D1]：脉冲输出端。三菱 FX_{3U} 系列基本单元的晶体管输出的 Y000、Y001、Y002 或是高速输出特殊适配器的 Y000、Y001、Y002、 Y003。

[D2]：电机方向输出端。

（1）与定位指令相关的软元件

图 5-46 中，DSZR 指令中没有指定速度，其原点回归速度、爬行速度可以通过表 5-16 中的特殊数据寄存器设定。

表 5-16　与定位指令相关的软元件

软　元　件				名　　称	对 象 指 令
Y000	Y001	Y002	Y003		
D8340 D8341	D8350 D8351	D8360 D8361	D8370 D8371	当前值寄存器	DSZR/ZRN/DRVI/DRVA
D8342	D8352	D8362	D8372	基底速度（Hz）	
D8343 D8344	D8353 D8354	D8363 D8364	D8373 D8374	最高速度（Hz）	
D8345	D8355	D8365	D8375	爬行速度（Hz）	DSZR
D8346 D8347	D8356 D8357	D8366 D8367	D8376 D8377	原点回归速度（Hz）	
D8348	D8358	D8368	D8378	加速时间（ms）	DSZR/ZRN/DRVI/DRVA
D8349	D8359	D8369	D8379	减速时间（ms）	
M8342	M8352	M8362	M8372	原点回归方向指定	DSZR
M8343	M8353	M8363	M8373	正转限位	PLSY/PLSR/DSZR/ZRN/DRVI/DRVA
M8344	M8354	M8364	M8374	反转限位	
M8349	M8359	M8369	M8379	脉冲停止指令	

注意：

表 5-16 中的基底速度是启动速度，通常对于伺服电机，设置基底速度=0 Hz；对于步进电机，设置基底速度≠0 Hz，否则步进电机会失步。

如果通过表 5-16 设定原点回归速度、爬行速度等参数，还需要编写程序，通常用 GX Works2 编程软件进行设置更简单。如图 5-47（a）所示，双击标记①处的“PLC 参数”，在弹出对话框的标记②处选择“存储器容量设置”，在标记③处勾选“内置定位设置（18 块）”。如图 5-47（b）所示，在“内置定位设置”下，可以设置 4 个脉冲输出端对应的最高速度、爬行速度、原点回归速度等定位指令的参数。

（2）原点回归动作

如图 5-48 所示，DOG 开关位于丝杠的中间位置，零点信号位于 DOG 开关的左侧，将 DOG 开关和零点信号的常开触点分别接入 PLC 的 X001 和 X002 端子，在图 5-47（b）中设置伺服电机的加速时间和减速时间均为 200 ms，原点回归速度为 4000 Hz，爬行速度为 1000 Hz。

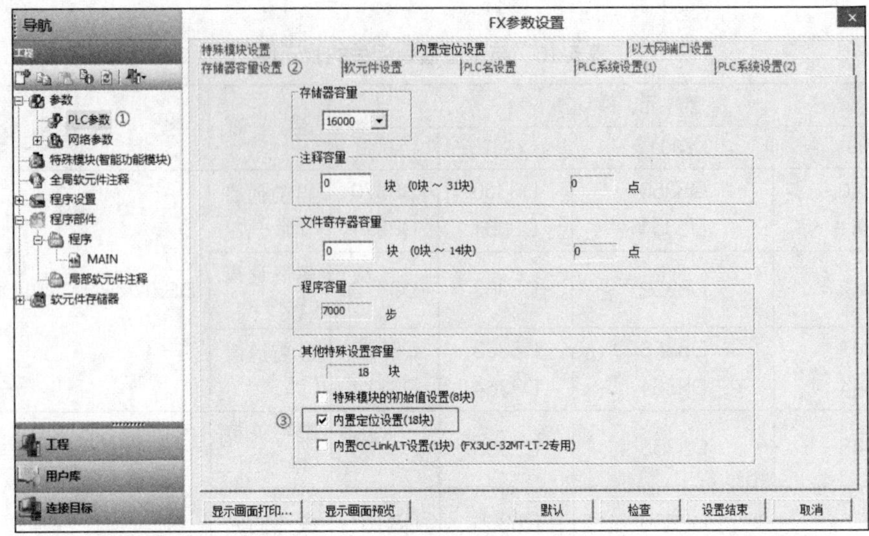

（a）勾选“内置定位设置(18 块)”

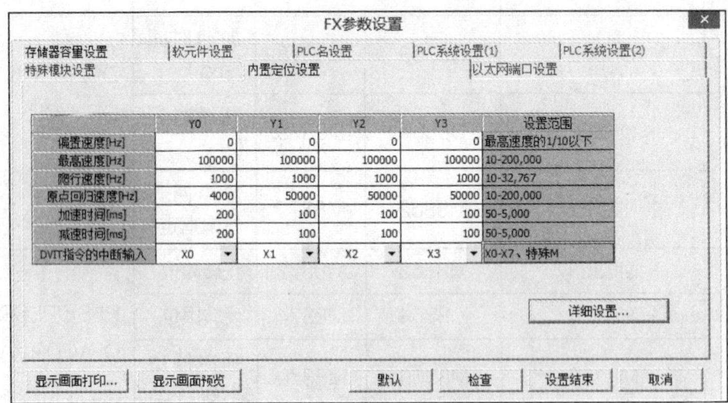

	Y0	Y1	Y2	Y3	设置范围
偏置速度[Hz]	0	0	0	0	最高速度的1/10以下
最高速度[Hz]	100000	100000	100000	100000	10-200,000
爬行速度[Hz]	1000	1000	1000	1000	10-32,767
原点回归速度[Hz]	4000	50000	50000	50000	10-200,000
加速时间[ms]	200	100	100	100	50-5,000
减速时间[ms]	200	100	100	100	50-5,000
DVIT指令的中断输入	X0	X1	X2	X3	X0-X7、特殊M

（b）定位指令参数设置对话框

图 5-47　定位指令的参数设置

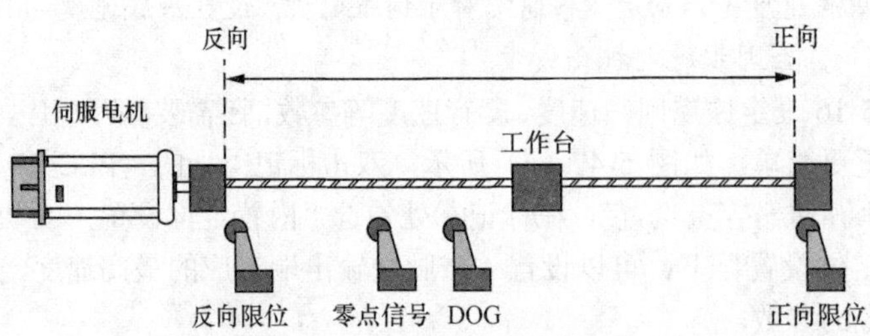

图 5-48　带 DOG 搜索的丝杠伺服位置控制示意

以脉冲输出端指定为 Y000 为例，说明原点回归动作，其动作轨迹如图 5-49 所示。

① 用 M8342 指定原点回归方向（默认的原点回归方向是反向，此时 M8342=0）。

② 当图 5-46 中的 X000=1 时，执行带 DOG 搜索的原点回归指令 DSZR，工作台以 4000 Hz 的原点回归速度（D8346、D8347）向左运动。

③ 到达 DOG 开关 X001 的前端（即 X001 由 OFF→ON）之后，工作台速度降为 1000 Hz 的爬行速度（D8345）。

④ 慢慢爬行离开 DOG 开关（即 X001 由 ON→OFF）后，当接收到伺服驱动器发来的第 1 个零点脉冲信号（Z 相信号），X002 由 OFF 变为 ON 后，延时 1 ms，伺服电机停止运行，当前值寄存器（D8340、D8341）清零。

⑤ PLC 向伺服驱动器发出清零信号（使偏差脉冲计数器清零）。

⑥ 指令执行结束标志位 M8029 为 ON。

⑦ 原点回归指令动作结束。

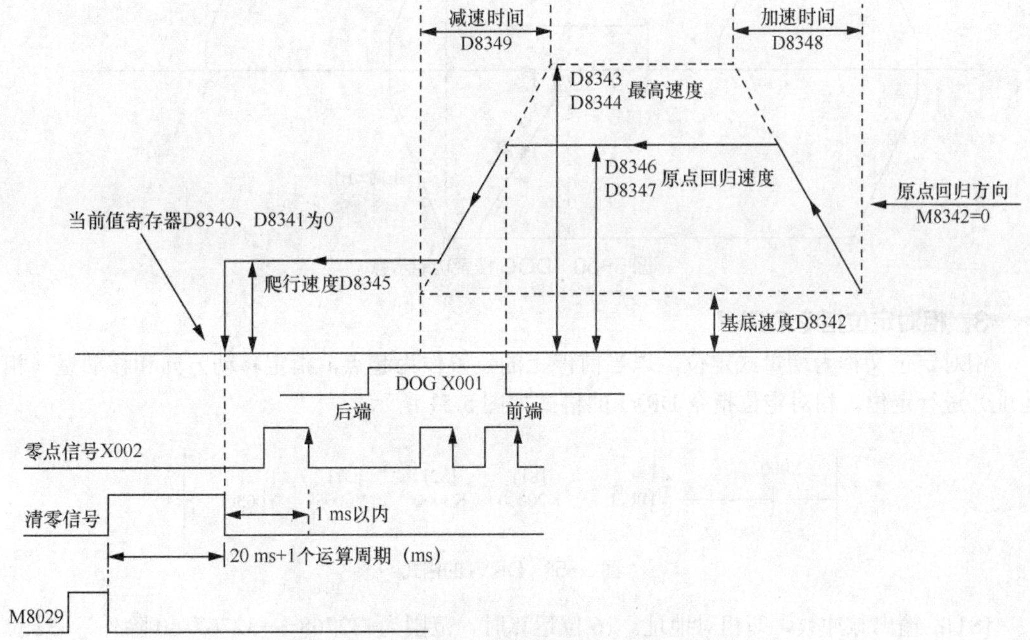

图 5-49 带 DOG 搜索的原点回归的动作轨迹

（3）DOG 搜索功能

设计有正向限位、反向限位时，使用 DSZR 指令执行带 DOG 搜索功能的原点回归，此时，因原点回归的开始位置不同，原点回归动作也各不相同，如图 5-50 所示。

- 工作台在零点信号右侧位置。假定工作台在图 5-50 所示的 DOG 开关的右侧标记①所示的位置，其原点回归过程如图 5-50 中的曲线①所示，回归动作说明如图 5-49 所示。
- 工作台位于 DOG 区域内。如图 5-50 所示，如果工作台位于 DOG 区域的标记②所示的位置，执行原点回归指令 DSZR 后，工作台以原点回归速度向右运行，碰到 DOG 开关后，以爬行速度离开 DOG 开关，接收到伺服驱动器发来的第 1 个零点脉冲信号时，工作台停止运行，其原点回归过程如图 5-50 中的曲线②所示。
- 工作台在零点信号左侧位置。如果工作台在图 5-50 所示的 DOG 开关的左侧标记③所示的位置，执行原点回归指令 DSZR 后，工作台以原点回归速度向左运行，碰到反向限位开关 X004 后，立马向右搜索原点，碰到 DOG 开关，将速度降为爬行速度，离开 DOG 开关后，当接收到伺服驱动器发来的第 1 个零点脉冲信号时，工作台停止运行，其原点回归过程如图 5-50 中的曲线③所示。
- 工作台在反向限位位置。如果工作台在图 5-50 所示的 DOG 开关的左侧标记④所示的位置（位于反向限位），执行原点回归指令 DSZR 后，工作台以原点回归速度向右运行，碰到 DOG 开关，将速度降为爬行速度，离开 DOG 开关后，当接收到伺服驱动器发来的第 1 个零点脉冲信号时，工作台停止运行，其原点回归过程如图 5-50 中的曲线④所示。

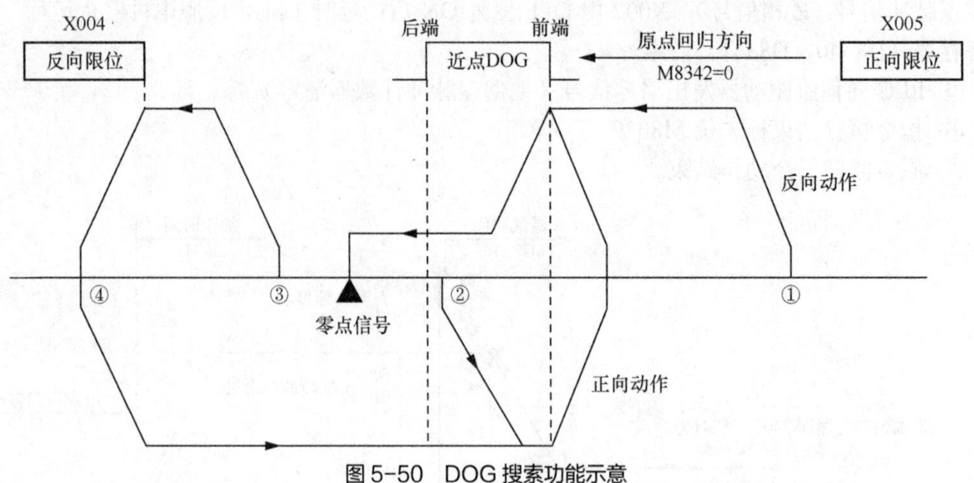

图 5-50　DOG 搜索功能示意

3．相对定位指令 DRVI

相对定位又称为增量式定位，以当前停止的位置作为起点，指定移动方向和移动量（相对地址）进行定位。相对定位指令 DRVI 的格式如图 5-51 所示。

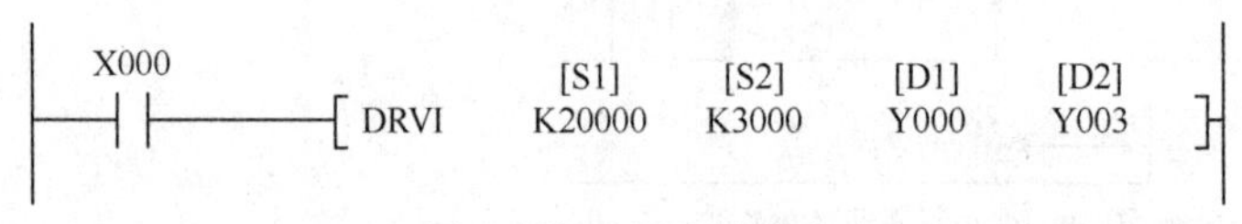

图 5-51　DRVI 的格式

[S1]：输出脉冲数，即相对地址。16 位运算时，范围为−32768～+32767（0 除外）；32 位运算时，范围为−999999～+999999（0 除外）。如果脉冲数为正，电机正转，当前值寄存器递减；如果脉冲数为负，电机反转，当前值寄存器递增。

[S2]：输出脉冲频率，即移动速度。范围：10～100 kHz。

[D1]：脉冲输出端。三菱 FX_{3U} 系列基本单元的晶体管输出的 Y000、Y001、Y002 或是高速输出特殊适配器的 Y000、Y001、Y002、 Y003。

[D2]：电机方向输出端。

当图 5-51 中的 X000=1 时，执行 DRVI 指令，伺服电机以 3000 Hz 的速度正向移动 20000 个脉冲。其当前值寄存器、加速时间和减速时间等相关软元件如表 5-16 所示。

注意：

如果图 5-51 中的输出脉冲数[S1]是正数，则电机方向输出端 Y003=1；如果输出脉冲数[S1]是负数，则电机方向输出端 Y003=0。

4．绝对定位指令 DRVA

绝对定位，即以原点为基准指定位置（绝对地址）进行定位。绝对定位指令 DRVA 的格式如图 5-52 所示。

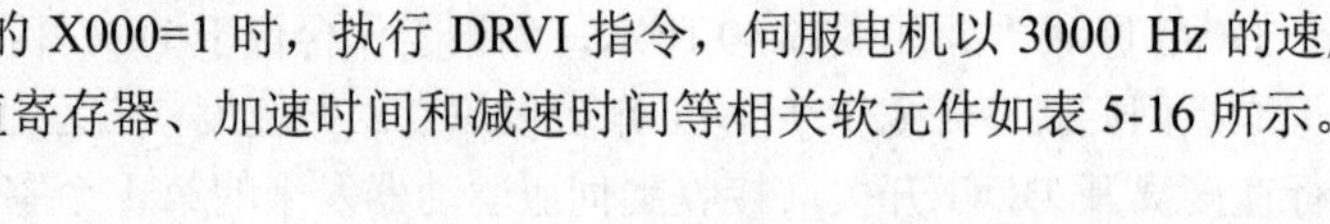

X000　DRVA　[S1] K20000　[S2] K3000　[D1] Y000　[D2] Y003

图 5-52　DRVA 的格式

[S1]：输出脉冲数，即绝对地址。16 位运算时，范围为−32768～+32767；32 位运算时，范围为−999999～+999999。

[S2]：输出脉冲频率，即移动速度。范围：10～100 kHz。

[D1]：脉冲输出端。三菱 FX_{3U} 系列基本单元的晶体管输出的 Y000、Y001、Y002 或是高速输出特殊适配器的 Y000、Y001、Y002、Y003。

[D2]：电机方向输出端。

当图 5-52 中的 X000=1 时，执行 DRVA 指令，伺服电机以 3000 Hz 的速度正向移动 20000 个脉冲。其最高速度、加速时间和减速时间等相关软元件如表 5-16 所示。

注意：

相对定位和绝对定位主要区别在于定位时参考点不同。相对定位参考点是伺服电机当前位置，它不是同一个固定的点；绝对定位参考点始终是原点。

任务实施

【训练工具、材料和设备】

三菱 FX_{3U}-32MT/ES PLC 1 台、三菱 MR-JE-10A 伺服驱动器 1 台、三菱交流伺服电机（输入三相交流电压 111 V、电流 1.4 A，输出功率 200 W、转速 3000 r/min）1 台、按钮/开关/NPN 传感器若干、《三菱 MR-JE 系列伺服驱动器手册》1 本、通用电工工具 1 套。

子任务 1　机械手的定位控制

1. 任务要求

如图 5-53 所示，伺服电机拖动机械手在丝杠上左右滑行，伺服电机旋转一周需要 5000 个脉冲，每旋转一周行走 5.0 mm。丝杠上设置 5 个限位开关（NPN 传感器），分别是原点开关 SC1，左限（即反向限位）开关 SC2、SC4，右限（即正向限位）开关 SC3、SC5，其中 SC1、SC2、SC3 接入 PLC，SC4 和 SC5 接入伺服驱动器。通过外部按钮控制机械手进行绝对定位、相对定位和原点回归操作，机械手的移动距离及速度通过 GX Works2 软件设置，并将机械手的当前位置显示在 PLC 中。请设计硬件接线图，设置参数并编写程序。

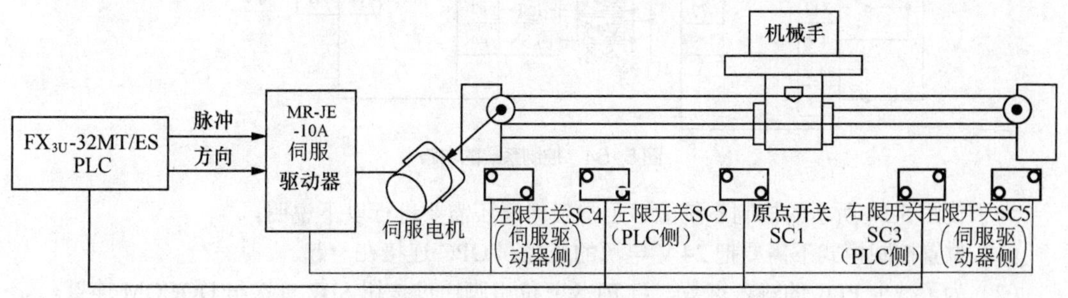

图 5-53　机械手控制示意

2. 硬件电路

根据控制要求，机械手的 I/O 分配如表 5-17 所示，控制系统的电路如图 5-54 所示。

表 5-17　机械手的 I/O 分配

输　入			输　出		
输入继电器	输入元件	作　用	输出继电器	伺服引脚	作　用
X000	RD	准备就绪	Y000	PP	脉冲
X001	OP、LG	零点信号（Z 相脉冲）	Y001	NP	电机方向
X002	SC1	原点（常开）	Y002	SON	伺服使能
X003	SC2	左限（常开）			
X004	SC3	右限（常开）			
X005	SB1	回原点			
X006	SB2	绝对定位			
X007	SB3	相对定位			
X010	SB4	启动			
X011	SB5	停止			
X012	SB6	回原点方向选择			

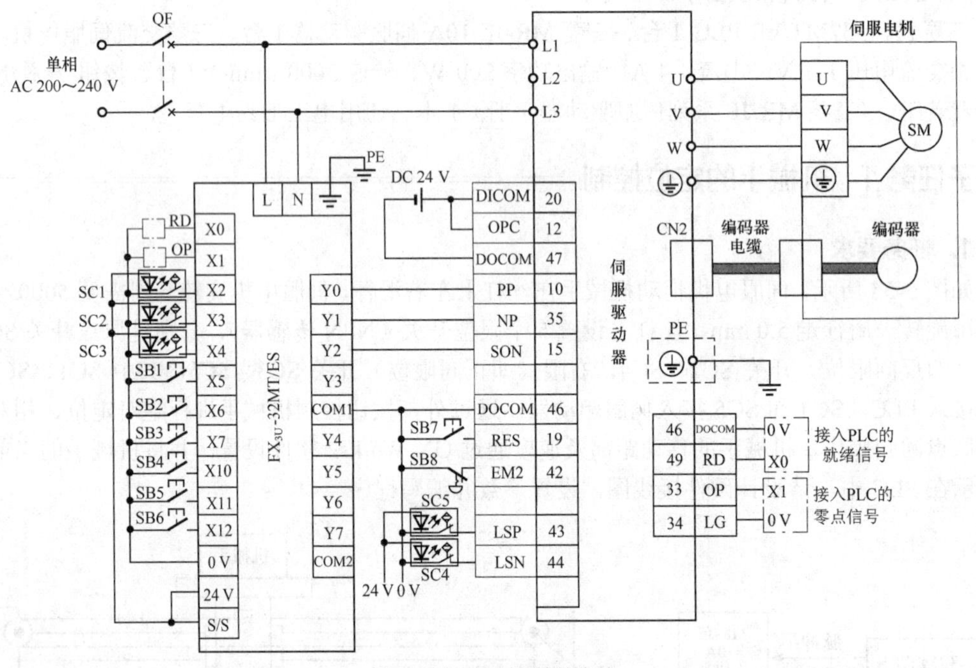

图 5-54　控制系统的电路

为了使图 5-54 所示的控制系统能够正常工作，还需要进行以下说明。

（1）位置控制模式下需要把 24 V 电源的正极和 OPC 连接在一起。

（2）为了减少 PLC 的输入点数，将 RES 复位引脚通过按钮 SB7 直接与 DOCOM 连接。

（3）将紧急停止按钮 SB8、左限开关 SC4 和右限开关 SC5 的常闭触点分别接到伺服驱动器的 EM2、LSN 和 LSP 引脚上，否则，伺服电机无法运行。

（4）将伺服驱动器输出的就绪信号 RD 和编码器的零点信号 OP 分别接到 PLC 的 X000 和 X001 上，将原点开关 SC1（即近点 DOG）、左限开关 SC2 和右限开关 SC3 的常开触点分别接到 PLC 的 X002、X003、X004 上。SC2 和 SC3 这两个限位开关应比接入伺服驱动器的正向限位开关 SC5 和反向限位开关 SC4 先动作。

（5）PLC 输出 Y002 控制伺服驱动器的 SON 接通，则主电路通电，进入可运行状态（伺服 ON 状态）；SON 断开，则主电路断路，伺服电机停止运行（伺服 OFF 状态）。

（6）PLC 输出的公共端 COM1 必须与伺服驱动器的公共端 DOCOM 连接，否则无法构成闭合回路。

3. 参数设置

在位置控制模式中，需要设置电子齿轮比。如图 5-55 所示，电子齿轮比有两种设置方法，可以通过“电子齿轮选择”参数 PA21 进行选择，当 PA21 的设定位 x=1 时，选择电机旋转一周所需要的指令脉冲数，由参数 PA05 设定；当 PA21 的设定位 x=0 时，选择电子齿轮，由参数 PA06 和 PA07 进行设定。此例采用第一种方法。第二种方法请扫码学习“电子齿轮比”。

知识链接：电子齿轮比

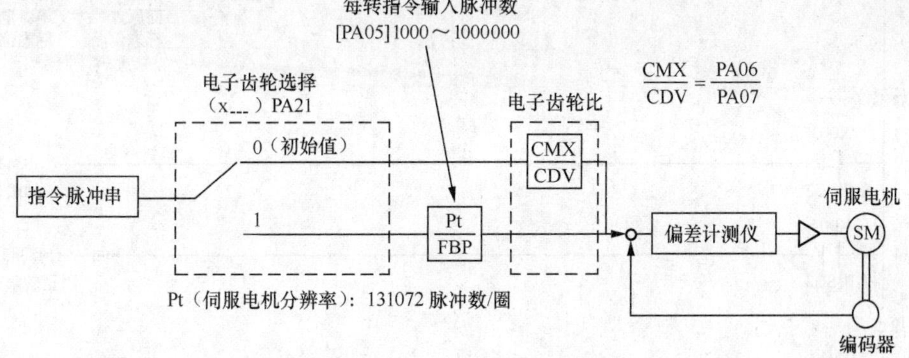

图 5-55 电子齿轮比的定义

机械手位置控制的参数设置如表 5-18 所示。

表 5-18 机械手位置控制的参数设置

参数	名称	出厂设定值	设定值	说明
PA01	控制模式选择	1000h	1000h	选择位置控制模式
PA05	电机旋转 1 周的脉冲数	10000	5000	设置为 PLC 发出 5000 个脉冲伺服电机旋转 1 周
PA13	指令脉冲输入形式	0100h	0101h	用于选择脉冲输入信号，设定如下。 正逻辑，脉冲+方向
PA21	电子齿轮选择	0001h	1001h	电子齿轮选择，设定位 x _ _ _中的 x 为 1 时，选择电机旋转 1 周的脉冲数，单键调整功能有效
PD03	输入信号选择	02h	_ _02	在位置控制模式下把 CN1-15 引脚改成 SON
PD11	输入信号选择	03h	_ _03	在位置控制模式下把 CN1-19 引脚改成 RES
PD17	输入信号选择	0Ah	_ _0A	在位置控制模式下把 CN1-43 引脚改成 LSP
PD19	输入信号选择	0Bh	_ _0B	在位置控制模式下把 CN1-44 引脚改成 LSN

注意：

对于位置控制模式，在表 5-18 中，PD03～PD19 参数的后两位是设定位。

4. 程序设计

机械手位置控制程序如图 5-56 所示。步 17 通过 X012 选择回原点方向，如果 M8342=0，机械手按照反方向（向左）寻找原点；如果 M8342=1，机械手按照正方向（向右）寻找原点。

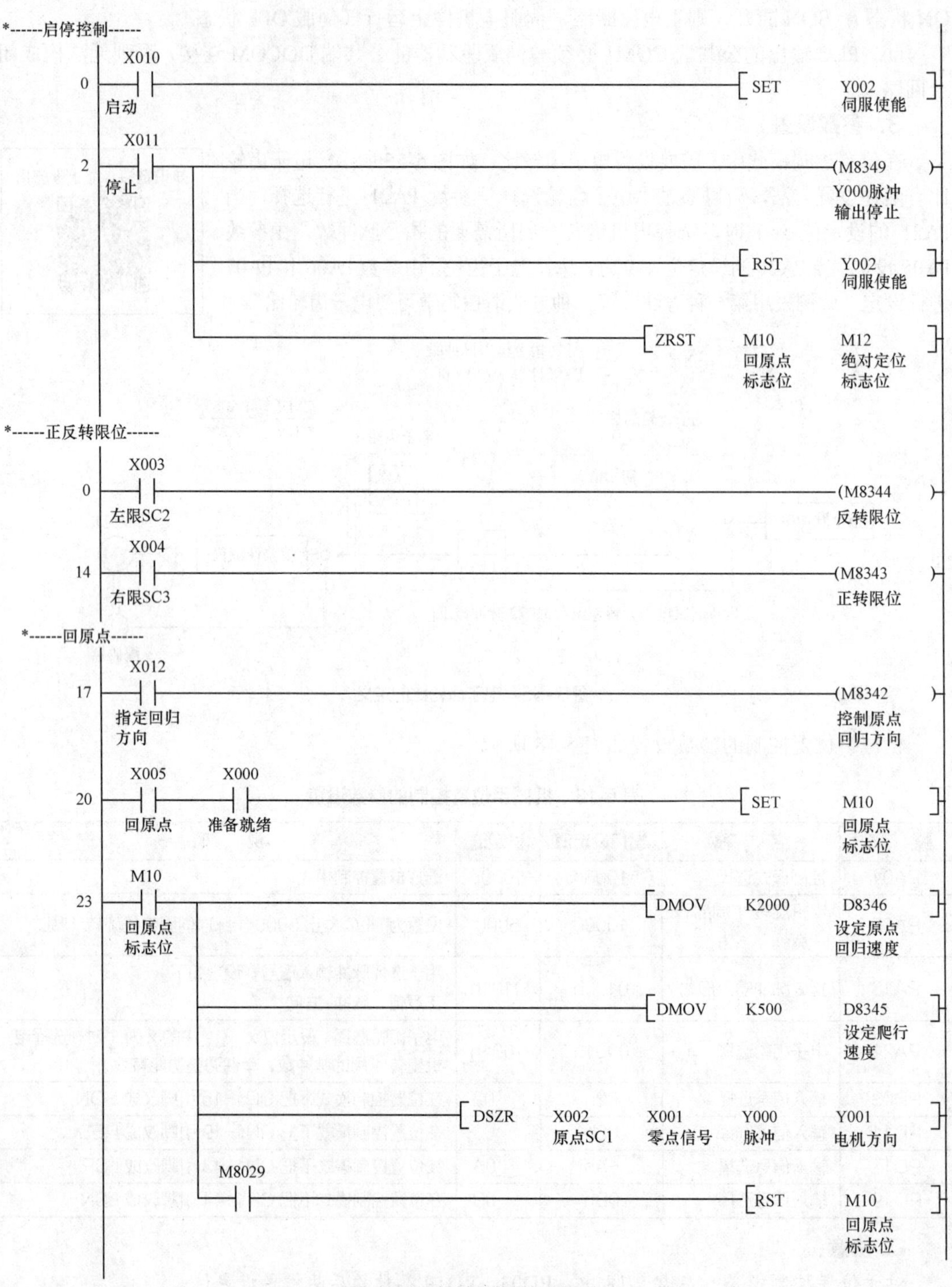

图 5-56　机械手位置控制程序

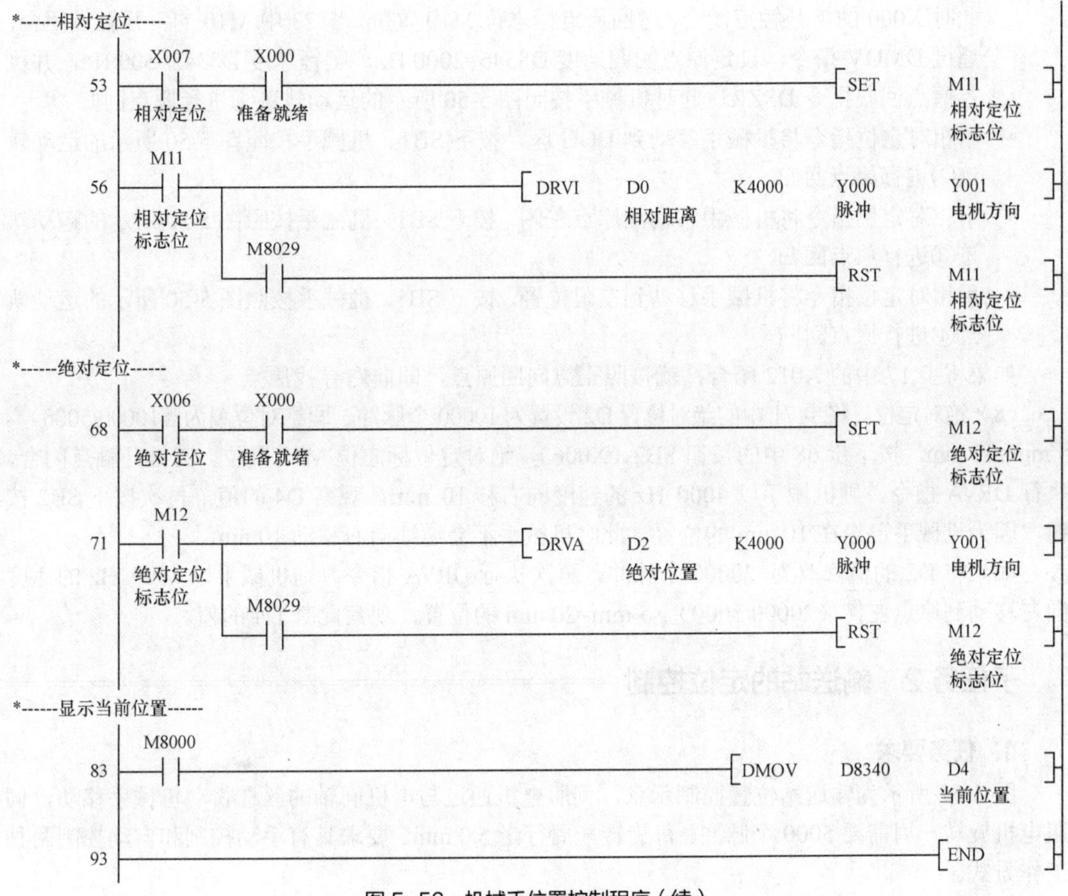

图 5-56　机械手位置控制程序（续）

5. 运行操作

（1）按照图 5-54 将 PLC 与伺服驱动器连接起来。

（2）将图 5-54 中的断路器 QF 合上，则 PLC 和伺服驱动器通电。

（3）按照表 5-18 设置伺服驱动器中的参数，参数设置完毕后断开 QF，再重新合上 QF，刚才设置的参数才会生效。

（4）将图 5-56 中的程序下载到 PLC 中。

（5）伺服使能。按下启动按钮 SB4（X010=1），图 5-56 所示的步 0 中的 Y002=1，接通伺服驱动器的 SON 引脚，伺服使能，此时 RD 闭合，X000=1。

（6）相对定位。将步 56 中的相对距离 D0 设置为 10000 个脉冲，即定位距离为（10000/5000）×5 mm=10 mm。按下步 53 中的按钮 SB3（X007），相对定位标志位 M11 置位，其常开触点闭合，执行 DRVI 指令，则机械手以 4000 Hz 的速度向右移 10 mm，此时图 5-56 所示的步 83 中的 D4 值等于 10000，再次按下 SB3 按钮，机械手继续向右移动 10 mm。

如果将 D0 的值修改为−20000 个脉冲，再次执行 DRVI 指令，则机械手以 4000 Hz 的速度向左移动（20000/5000）×5 mm=20 mm，观察此时 D4 的值。

（7）回原点。假定图 5-56 中步 17 的指定回归方向开关 X012 不闭合，则 M8342=0，此时指定机械手回原点的方向为反向。

- 用相对定位指令将机械手移动到原点的右侧，按下步20中的回原点按钮SB1（X005），此时X000的常开触点闭合，对回原点标志位M10置位。步23中M10的常开触点闭合，通过DMOV指令，设定原点回归速度D8346=2000 Hz，爬行速度D8345=500 Hz，并执行原点回归指令DSZR，此时机械手按照图5-50所示的运动轨迹①进行原点回归。
- 用相对定位指令将机械手移动到DOG区，按下SB1，机械手按照图5-50所示的运动轨迹②进行原点回归。
- 用相对定位指令将机械手移动到原点左侧，按下SB1，机械手按照图5-50所示的运动轨迹③进行原点回归。
- 用相对定位指令将机械手移动到左限位置，按下SB1，机械手按照图5-50所示的运动轨迹④进行原点回归。

如果将步17中的X012闭合，就按照正方向回原点，即向右寻找原点。

（8）绝对定位。将步71中的绝对位置D2设置为10000个脉冲，即绝对位置为（10000/5000）×5 mm=10 mm。按下步68中的按钮SB2（X006），绝对定位标志位M12置位，其常开触点闭合，执行DRVA指令，则机械手以4000 Hz的速度向右移10 mm，观察D4的值，再次按下SB2按钮，因为机械手已经在10 mm的位置，此时机械手不会继续向右移动10 mm。

如果将D2的值修改为−20000个脉冲，再次执行DRVA指令，则机械手以4000 Hz的速度向左移动到原点左侧（20000/5000）×5 mm=20 mm的位置，观察此时D4的值。

子任务2　输送站的定位控制

1. 任务要求

图5-57所示为输送站位置控制示意，伺服电机通过与电机同轴的丝杠带动机械手移动，伺服电机旋转一周需要5000个脉冲，每旋转一周行走5.0 mm。要求具有手动控制和自动控制两种工作方式。

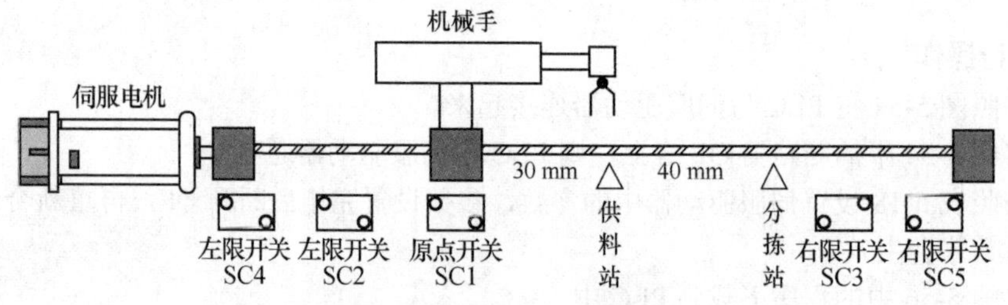

图5-57　输送站位置控制示意

手动控制工作方式：按下手动前进按钮，机械手右移；按下手动后退按钮，机械手左移。

自动控制工作方式：按下启动按钮，若未确定原点则机械手先进行回原点操作，原点确定后，机械手以6000 Hz的速度从原点位置向前移动30 mm到达供料站抓取工件，停3 s；然后以6000 Hz的速度继续向前移动40 mm到达分拣站将工件放下，停5 s；再以10000 Hz的速度返回原点位置后停止运行。

为降低任务难度，本任务只涉及伺服运动定位控制过程，每一个站相应的抓取和放下工件的动作用延时表示（不编写相应的执行程序）。系统得电时，机械手自动回原点。系统有状态指示灯和复位按钮。

2. 硬件电路

根据控制要求，输送站的I/O分配如表5-19所示，控制系统的电路如图5-54所示，还需要在Y004和Y005端子上分别接2个指示灯。

表5-19 输送站的I/O分配

输入			输出		
输入继电器	输入元件	作用	输出继电器	伺服引脚	作用
X000	RD	准备就绪	Y000	PP	脉冲
X001	OP、LG	零点信号（Z相脉冲）	Y001	NP	电机方向
X002	SC1	原点（常开）	Y002	SON	伺服开启
X003	SC2	左限（常开）	Y004	HL1	供料站指示灯
X004	SC3	右限（常开）	Y005	HL2	分拣站指示灯
X005	SB1	回原点			
X006	SB2	点动前进			
X007	SB3	点动后退			
X010	SB4	启动			
X011	SB5	停止			
X012	SA	手自动切换			

3. 参数设置

输送站的参数设置与表5-18所示相同。

4. 程序设计

伺服电机旋转一周需要5000个脉冲，每旋转一周行走5.0 mm，因此机械手移动到绝对位置30 mm需要(30/5)×5000=30000个脉冲，移动到绝对位置70 mm需要(70/5)×5000=70000个脉冲。

输送站定位控制程序由得电初始化程序、回原点程序、自动程序和手动程序4个部分组成，如图5-58所示。

（1）步0是得电初始化程序。

初始化脉冲M8002对M0～M7复位，同时分别对Y002和M0置位，让伺服使能，得电标志位M0=1，保证PLC得电时让机械手自动回原点。

（2）步8～步50是回原点程序。

当伺服驱动器准备就绪时，步8中的X000=1，对M1置位。步16中，M1的常开触点闭合，则M8342=1，选择原点回归方向为正向；用右限开关X004和左限开关X003分别接通M8343、M8344，保证在寻找原点的过程中碰到左限或右限时机械手反转去寻找原点；将爬行速度2000 Hz和原点回归速度20000 Hz分别传送到D8345和D8346中，执行DSZR指令寻找原点，当找到原点时，M8029=1，对M1复位，同时置位回归结束标志位M2。步8中M2的常开触点闭合，对M0和M2复位。

步50中，只有在伺服驱动器没有发脉冲时，即机械手不运动时，M8340的常闭触点闭合，此时按下回原点按钮X005，置位M0，执行步8和步16中的回原点程序。

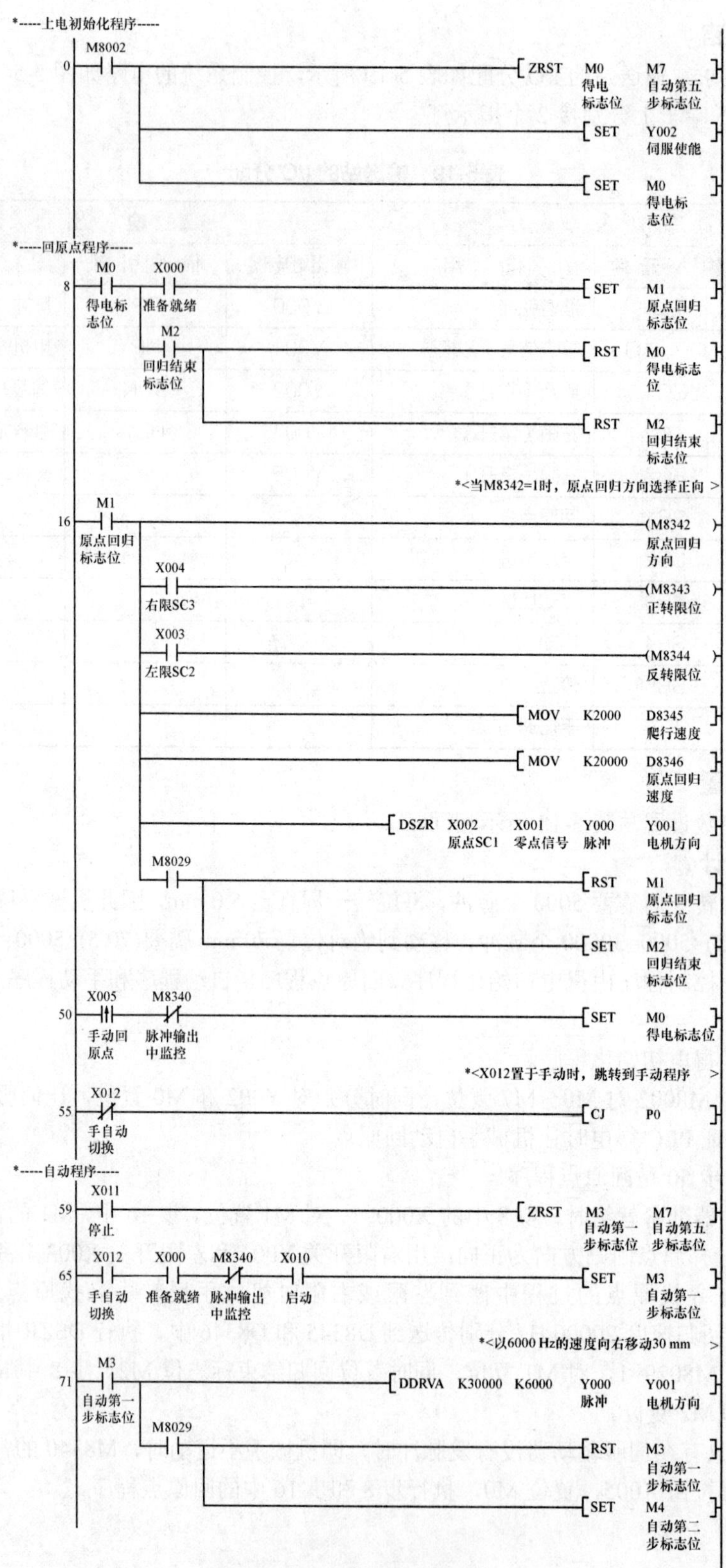

图5-58 输送站定位控制程序

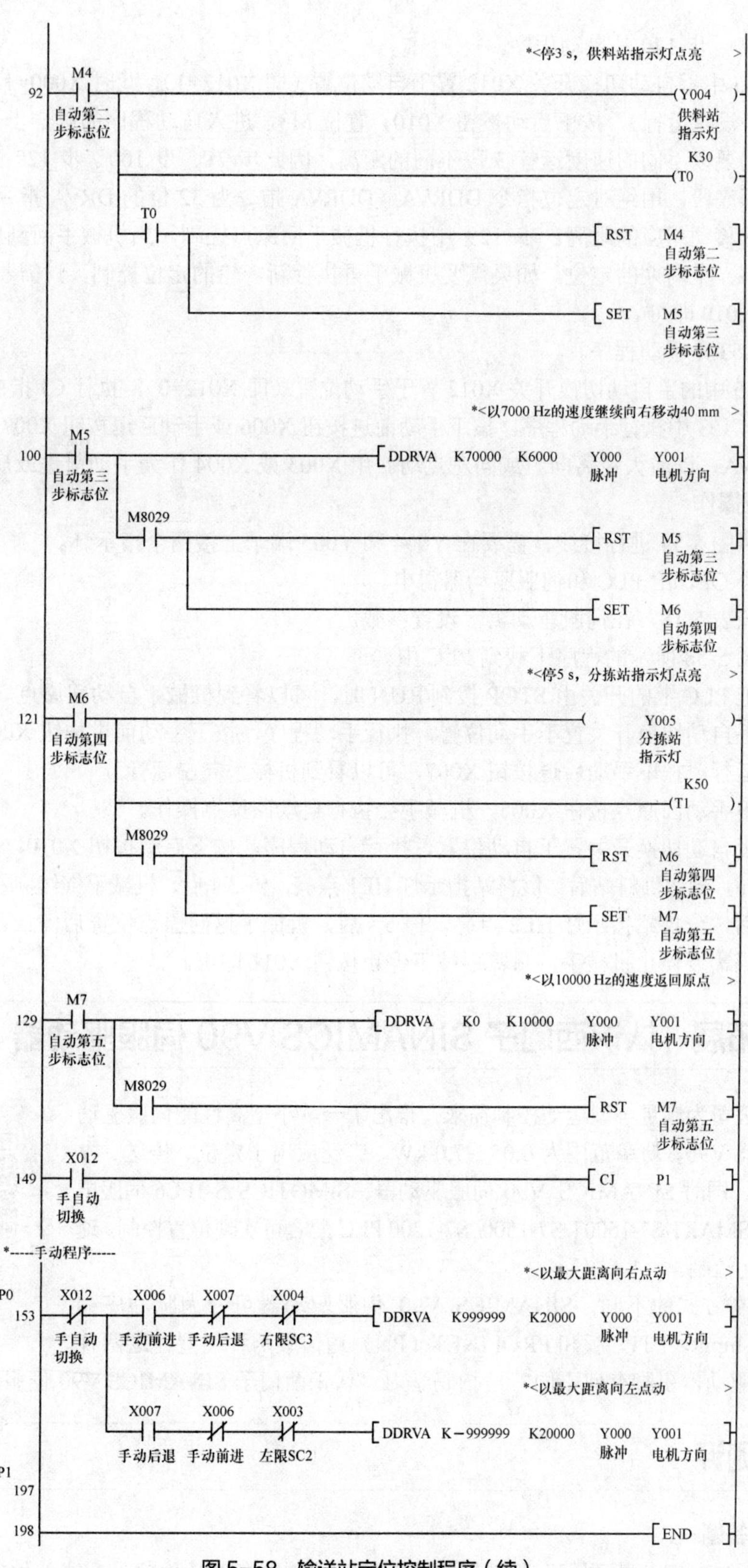

图 5-58 输送站定位控制程序（续）

（3）步 59～步 149 是自动程序。

如果步 65 中手自动切换开关 X012 置于自动位置（即 X012=1），此时 X000=1，没有脉冲输出（即机械手没有运行），按下启动按钮 X010，置位 M3，进入自动程序的第一步。自动程序在运行过程中需要以不同的速度运行 3 段不同的距离，因此步 71、步 100、步 129 的功能相同，对应相应的程序段，用绝对定位指令 DDRVA（DDRVA 指令为 32 位的 DRVA 指令），让机械手按照控制要求移动相应的距离。步 129 中执行机械手回原点控制，当机械手回到原点后，完成自动控制程序一个周期的定位。如果需要机械手再执行新一轮的定位控制，只需要按下步 65 中的启动按钮 X010 即可。

（4）步 153 是手动程序。

如果步 55 中的手自动切换开关 X012 置于手动位置（即 X012=0），执行 CJ 指令，跳转到 P0 指针处，即步 153 中执行手动程序。按下手动前进按钮 X006 或手动后退按钮 X007，执行绝对定位指令 DDRVA，以最大距离向右或向左点动。用 X003 或 X004 作为手动前进或后退的限位。

5．运行操作

（1）按照图 5-54 进行接线，需要在 Y004 和 Y005 端子上接两个指示灯。

（2）闭合 QF，给 PLC 和伺服驱动器得电。

（3）按照表 5-18，在伺服驱动器上设置参数。

（4）将图 5-58 所示的程序下载到 PLC 中。

（5）当把 PLC 上的开关由 STOP 拨到 RUN 时，可以看到机械手自动回原点。

（6）将手自动切换开关置于手动位置，执行手动程序，按下手动前进按钮 X006，可以看到机械手向右运行；按下手动后退按钮 X007，可以看到机械手向左运行。

（7）按下手动回原点按钮 X005，机械手会执行自动回原点操作。

（8）将手自动切换开关置于自动位置，执行自动程序，按下启动按钮 X010，机械手首先向右运行 30 mm，到达供料站后，供料站指示灯 HL1 点亮，停 3 s 后，机械手继续向右运行 40 mm，到达分拣站后，分拣站指示灯 HL2 点亮，停 5 s 后，机械手返回原点位置后停止运行。

（9）如果需要停止机械手，只需要按下停止按钮 X011 即可。

任务拓展　认识西门子 SINAMICS V90 伺服驱动器

西门子公司为满足小型运动控制需求，推出了一款小型高性能伺服驱动器 SINAMICS V90，功率范围为 0.05～7.0 kW，广泛应用于定位、传送、收卷等设备中。同时 SINAMICS V90 伺服驱动器、SIMOTICS S-1FL6 伺服电机与 S7-200 SMART/S7-1500T/S7-1500/ S7-1200 PLC 配合可实现位置控制、速度控制和转矩控制。

认识西门子
SINAMICS V90
伺服驱动器

根据控制方式的不同，SINAMICS V90 伺服驱动器可分为脉冲序列（Pulse Train Input，PTI）版和 PROFINET（PN）通信版两种类型。这两种类型的伺服驱动器引脚有何不同？请扫码学习“认识西门子 SINAMICS V90 伺服驱动器”。

自我测评

一、简答题

1．三菱 MR-JE-A 系列伺服驱动器的输入指令脉冲串有哪几种输入方式？如何接线？

2．三菱 MR-JE-A 系列伺服驱动器的脉冲输入形式有哪几种？由哪个参数设置？

3．比较三菱 MR-JE-A 系列伺服驱动器和西门子 SINAMICS V90 伺服驱动器的异同。

二、填空题

1．三菱 MR-JE-A 系列伺服驱动器的 EM2、LSP、LSN 引脚必须接入________触点，不可以接入________触点，否则伺服驱动器停止运行。

2．三菱伺服驱动器的脉冲输入有两种方式：________脉冲输入方式和________脉冲输入方式。

3．集电极开路脉冲信号有________脉冲、________脉冲和________3 种形式。

4．三菱 MR-JE-A 系列伺服驱动器工作在位置控制模式时，只能接收________输入信号。

5．三菱伺服驱动器的指令脉冲串的方式可以在参数________中设置。

6．三菱 FX_{3U} 系列基本单元的晶体管输出 PLC 的 3 个脉冲输出端分别是________、________、________。

7. ZRN 指令默认的回原点方向是________向。使用 ZRN 指令时要确保 DOG 信号在移动范围的________侧。

8．DSZR 指令通常采用编码器________相脉冲作为零点输入信号。

9．当使用 Y000 作为脉冲输出端子时，定位指令的当前值寄存器是________，爬行速度寄存器是________，原点回归速度寄存器是________。

10．当使用 Y000 作为脉冲输出端子时，原点回归指令 DSZR 搜索原点的方向可由特殊辅助继电器________指定。

三、分析题

如图 5-53 所示，伺服电机拖动机械手在丝杠上左右滑行，伺服电机旋转一周需要 5000 个脉冲，每旋转一周行走 5.0 mm。按下启动按钮 SB1，机械手以 10000 脉冲/s 的速度沿 x 轴方向右行 50 mm，停止 2 s，然后以 10000 脉冲/s 的速度沿 x 轴方向左行 60 mm，停止 3 s，接着又向右行 50 mm，如此反复运行，直到按下停止按钮 SB2，机械手停止运行。请设计硬件接线图，设置参数并编写程序。

参 考 文 献

[1] 向晓汉，郭浩．PLC 编程与伺服控制从入门到工程实战[M]．北京：化学工业出版社，2023．

[2] 蔡杏山．变频器与伺服电机、步进电机驱动技术自学一本通[M]．北京：电子工业出版社，2022．

[3] 李冬冬．变频器应用与实训教、学、做一体化教程[M]．2 版．北京：电子工业出版社，2021．

[4] 李方园．变频器工程案例精讲[M]．北京：化学工业出版社，2021．

[5] 郭艳萍，陈相志，钟立．交直流调速系统[M]．3 版．北京：人民邮电出版社，2019．